普通高等教育“十三五”规划教材

线性代数实用教程

（MATLAB 版）

孟小燕　朱铁锋　石　英　主编

中国铁道出版社
CHINA RAILWAY PUBLISHING HOUSE

内 容 简 介

本书共六章，主要内容包括行列式、矩阵及其运算、向量组的线性相关性、线性方程组、矩阵的特征值与特征向量、二次型。附录A介绍了MATLAB软件的操作；附录B为习题参考答案。

本书适用面较广，可用于工科院校本科各专业，亦可供其他相关专业选用，还可以作为考研读者及科技工作者的参考用书。

图书在版编目(CIP)数据

线性代数实用教程：MATLAB版/孟小燕，朱铁锋，石英主编. —北京：中国铁道出版社，2018.4

普通高等教育“十三五”规划教材

ISBN 978-7-113-24124-7

Ⅰ.①线… Ⅱ.①孟… ②朱… ③石… Ⅲ.①线性代数-高等学校-教材 Ⅳ.①O151.2

中国版本图书馆CIP数据核字(2018)第015979号

书　　名：线性代数实用教程(MATLAB版)
作　　者：孟小燕　朱铁锋　石　英　主编

策　　划：王占清　　**读者热线：**(010) 63550836
责任编辑：吴　楠　徐盼欣
封面设计：王镜夷
责任校对：张玉华
责任印制：郭向伟

出版发行：中国铁道出版社（100054，北京市西城区右安门西街8号）
网　　址：http://www.tdpress.com/51eds/
印　　刷：三河市航远印刷有限公司
版　　次：2018年4月第1版　2018年4月第1次印刷
开　　本：787 mm×1 092 mm　1/16　印张：14.25　字数：320千
书　　号：ISBN 978-7-113-24124-7
定　　价：39.00元

前　言

线性代数以线性问题为主要研究对象，具有广泛的应用性，特别是在数字化时代，大量的工程实际问题和计算结果最后都通过计算线性方程组的解得出，这就更促进了线性代数的广泛应用和发展。所以说，“线性代数”是高等院校大多数专业的学生必修的一门重要基础理论课，也是数学教学三大基础课程之一，具有不可替代的重要地位。另外，线性代数将数学的主要特点浓缩于一身，学生通过对线性代数的学习，可得到良好的逻辑思维能力、抽象及分析能力、综合与推理能力训练。

本书共六章，主要内容包括：行列式、矩阵及其运算、向量组的线性相关性、线性代数方程组、矩阵的特征值与特征向量、二次型。附录A介绍了MATLAB软件的操作；附录B为习题参考答案。

本书具有如下特点：每章前对本章的主要内容进行简述；每章最后一节介绍利用MATLAB软件解决相应线性代数问题的教学实验，为逐步培养学生运用软件解决数学问题的能力打下良好的基础；每章习题按照一定的难易比例进行配备，其中融入了近年考研真题，以期满足各层次学生的学习需求。

本书由孟小燕、朱铁锋、石英主编。编者多年来从事线性代数的教学工作，并且在教学中做了很多尝试，本书就是编者经过长期教学实践、研究、改进与完善的结果。

本书适用面较广，适用于工科院校本科各专业，亦可供其他相关专业选用，还可以作为考研读者及科技工作者的参考用书。

由于编者水平有限，加之时间仓促，书中不足及疏漏之处在所难免，敬请广大读者批评指正。

编　者

2018年1月

前 言

目　录

第5章　矩阵的特征值与特征向量

第6章　二次型

附录A　MATLAB软件简介

附录B　习题参考答案

第1章 行 列 式

线性代数是数学的一个分支，它以向量空间与线性映射为研究对象．线性代数出现于17世纪．历史上线性代数的第一个问题是解线性方程组．最初线性方程组的问题大都来源于生活实践，正是实际应用问题刺激了这一学科的诞生与发展．

行列式出现于研究线性方程组的求解中，它最早是一种速记的表达形式，现在已是一种非常有用的工具．第一个研究行列式理论与线性方程组的求解相分离的人是法国数学家范德蒙德(A. T. Vandermonde，1735—1796)．1772年，他提出了利用二阶子式和它们的余子式来展开行列式的法则．就对行列式本身进行研究而言，他是行列式理论的奠基人．

1815年，法国数学家柯西(A. L. Cauchy，1789—1857)首先提出行列式这个名称，他在一篇论文中给出了有关行列式的第一个系统的、几乎是近代的处理，其中主要结果之一是行列式的乘法公式．另外，他第一个把行列式的元素排成方阵，采用双重足标标记法，改进并证明了拉普拉斯的行列式展开定理．1841年，英国数学家凯莱(A. Cayley，1821—1895)首先创造了行列式记号“‖”．

§1.1 n阶行列式的定义

1.1.1 二阶、三阶行列式

1. 二阶行列式的引入

对于二元线性方程组

$$\begin{cases} a_{11}x_1+a_{12}x_2=b_1 \\ a_{21}x_1+a_{22}x_2=b_2 \end{cases}, \tag{1-1}$$

第一个方程乘以 a_{22} 与第二个方程乘以 a_{12} 相减得 $(a_{11}a_{22}-a_{21}a_{12})x_1=b_1a_{22}-b_2a_{12}$，第二个方程乘以 a_{11} 与第一个方程乘以 a_{21} 相减得 $(a_{11}a_{22}-a_{21}a_{12})x_2=b_2a_{11}-b_1a_{21}$.

若设 $a_{11}a_{22}-a_{21}a_{12}\neq 0$，则方程组的解为

$$x_1=\frac{b_1a_{22}-b_2a_{12}}{a_{11}a_{22}-a_{21}a_{12}},\ x_2=\frac{b_2a_{11}-b_1a_{21}}{a_{11}a_{22}-a_{21}a_{12}}. \tag{1-2}$$

2. 二阶行列式的定义

在(1-2)式中把分母引进一个记号，记

$$\begin{vmatrix} a_{11} & a_{12} \\ a_{21} & a_{22} \end{vmatrix} = a_{11}a_{22} - a_{21}a_{12}, \tag{1-3}$$

(1-3)式左端称为二阶行列式(2-th determinant)，记为Δ，即

$$\Delta = \begin{vmatrix} a_{11} & a_{12} \\ a_{21} & a_{22} \end{vmatrix},$$

而(1-3)式右端称为二阶行列式Δ的展开式．

对于二阶行列式Δ，也称其为方程组(1-1)的系数行列式(determinant of coefficients)．若用二阶行列式记

$$\Delta_1 = \begin{vmatrix} b_1 & a_{12} \\ b_2 & a_{22} \end{vmatrix} = b_1a_{22} - b_2a_{12}, \quad \Delta_2 = \begin{vmatrix} a_{11} & b_1 \\ a_{21} & b_2 \end{vmatrix} = b_2a_{11} - b_1a_{21},$$

则方程组的解(1-2)式可写成 $x_1 = \dfrac{\Delta_1}{\Delta}, \quad x_2 = \dfrac{\Delta_2}{\Delta}.$

3. 三阶行列式的定义

式 $$\begin{vmatrix} a_{11} & a_{12} & a_{13} \\ a_{21} & a_{22} & a_{23} \\ a_{31} & a_{32} & a_{33} \end{vmatrix} = a_{11}a_{22}a_{33} + a_{12}a_{23}a_{31} + a_{13}a_{21}a_{32} - a_{11}a_{23}a_{32} - a_{12}a_{21}a_{33} - a_{13}a_{22}a_{31} \tag{1-4}$$

的左边称为三阶行列式(3-th determinant)，通常也记为Δ. 在Δ中，横的称为行(row)，纵的称为列(column)，其中，$a_{ij}(i, j=1, 2, 3)$是数，称其为此行列式的第i行第j列元素．式(1-4)的右边称为三阶行列式的展开式．

利用二阶行列式可以把展开式写成

$$\begin{vmatrix} a_{11} & a_{12} & a_{13} \\ a_{21} & a_{22} & a_{23} \\ a_{31} & a_{32} & a_{33} \end{vmatrix} = a_{11}\begin{vmatrix} a_{22} & a_{23} \\ a_{32} & a_{33} \end{vmatrix} - a_{12}\begin{vmatrix} a_{21} & a_{23} \\ a_{31} & a_{33} \end{vmatrix} + a_{13}\begin{vmatrix} a_{21} & a_{22} \\ a_{31} & a_{32} \end{vmatrix}.$$

若记 $$M_{11} = \begin{vmatrix} a_{22} & a_{23} \\ a_{32} & a_{33} \end{vmatrix}, \quad M_{12} = \begin{vmatrix} a_{21} & a_{23} \\ a_{31} & a_{33} \end{vmatrix}, \quad M_{13} = \begin{vmatrix} a_{21} & a_{22} \\ a_{31} & a_{32} \end{vmatrix},$$

$$A_{11} = (-1)^{1+1}M_{11}, \quad A_{12} = (-1)^{1+2}M_{12}, \quad A_{13} = (-1)^{1+3}M_{13},$$

则有 $$\Delta = \begin{vmatrix} a_{11} & a_{12} & a_{13} \\ a_{21} & a_{22} & a_{23} \\ a_{31} & a_{32} & a_{33} \end{vmatrix} = a_{11}A_{11} + a_{12}A_{12} + a_{13}A_{13}.$$

其中，A_{1j}称为元素a_{1j}的代数余子式(algebraic complement minor)$(j=1, 2, 3)$，M_{1j}称为元素a_{1j}的余子式(complement minor)，它是Δ中划去元素a_{1j}所在的行、列后所余下的元素按原位置组成的二阶行列式．

4. 三元线性方程组的解法

引进了三阶行列式，三元线性方程组

$$\begin{cases} a_{11}x_1 + a_{12}x_2 + a_{13}x_3 = b_1 \\ a_{21}x_1 + a_{22}x_2 + a_{23}x_3 = b_2 \\ a_{31}x_1 + a_{32}x_2 + a_{33}x_3 = b_3 \end{cases} \tag{1-5}$$

的解就可写成 $$x_1=\frac{\Delta_1}{\Delta},\quad x_2=\frac{\Delta_2}{\Delta},\quad x_3=\frac{\Delta_3}{\Delta}. \tag{1-6}$$

称 Δ 为方程组(1-5)的系数行列式，它是由未知数的所有系数组成的行列式，$\Delta_j\,(j=1,\ 2,\ 3)$是将 Δ 的第 j 列换成常数列而得到的三阶行列式．

5. 三阶行列式对角线法则

三阶行列式对角线法则如图 1-1所示．

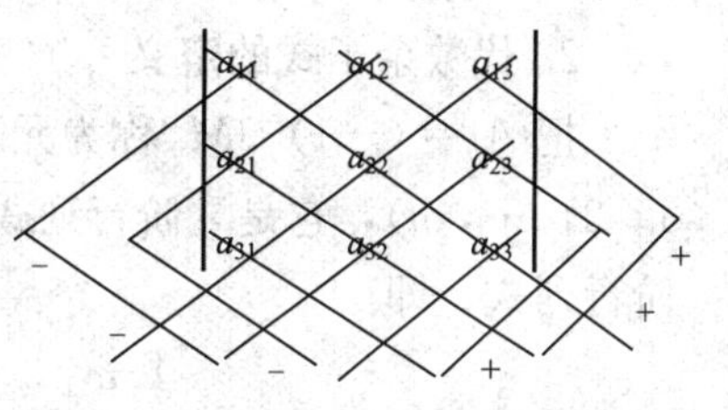

图 1-1　三阶行列式对角线法则

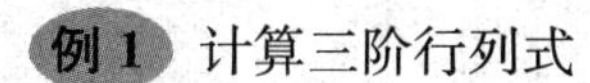
例 1 计算三阶行列式

$$\begin{vmatrix} -1 & 3 & 2 \\ 3 & 0 & -2 \\ -2 & 1 & 3 \end{vmatrix}.$$

解

$$\begin{vmatrix} -1 & 3 & 2 \\ 3 & 0 & -2 \\ -2 & 1 & 3 \end{vmatrix}=(-1)(-1)^{1+1}\begin{vmatrix} 0 & -2 \\ 1 & 3 \end{vmatrix}+3(-1)^{1+2}\begin{vmatrix} 3 & -2 \\ -2 & 3 \end{vmatrix}+$$
$$2(-1)^{1+3}\begin{vmatrix} 3 & 0 \\ -2 & 1 \end{vmatrix}$$
$$=(-1)\times2-3\times5+2\times3$$
$$=-11.$$

例 2 解方程组

$$\begin{cases} x_1+2x_2+3x_3=1 \\ 2x_1+2x_2+5x_3=2 \\ 3x_1+5x_2\ +x_3=3 \end{cases}.$$

解　利用(1-6)式求解方程组．

$$x_1=\frac{\Delta_1}{\Delta}=\frac{15}{15}=1,\ x_2=\frac{\Delta_2}{\Delta}=\frac{0}{15}=0,\ x_3=\frac{\Delta_3}{\Delta}=\frac{0}{15}=0.$$

1.1.2　n 阶行列式

1. n 阶行列式的定义

由 n^2 个数排成 n 行 n 列的式

$$\begin{vmatrix} a_{11} & a_{12} & \cdots & a_{1n} \\ a_{21} & a_{22} & \cdots & a_{2n} \\ \vdots & \vdots & & \vdots \\ a_{n1} & a_{n2} & \cdots & a_{nn} \end{vmatrix}=\sum_{k=1}^{n}a_{1k}A_{1k}. \tag{1-7}$$

(1-7)式左端称为 n 阶行列式(n-th determinant)，它等于其右端展开式运算所得到的数．其中 $A_{1j}=(-1)^{1+j}M_{1j}\,(j=1,\ 2,\ \cdots,\ n)$称为元素 a_{1j} 的代数余子式，M_{1j} 称为元素 a_{1j} 的余子式．

n 阶行列式一般可用 $|D|$ 或 D_n 表示．当 $n=1$ 时称为一阶行列式，规定一阶行列式 $|a|$ 的值等于 a.

2. 代数余子式的定义

把 $A_{ij}=(-1)^{i+j}M_{ij}$ 称为元素 a_{ij} 的代数余子式，M_{ij} 称为元素 a_{ij} 的余子式(i，$j=1$，2，…，n)，它是 n 阶行列式(1-7)中划去元素 a_{ij} 所在第 i 行第 j 列后余下的 $n-1$ 阶行列式，即

$$M_{ij}=\begin{vmatrix} a_{11} & \cdots & a_{1,j-1} & a_{1,j+1} & \cdots & a_{1n} \\ \vdots & & \vdots & \vdots & & \vdots \\ a_{i-1,1} & \cdots & a_{i-1,j-1} & a_{i-1,j+1} & \cdots & a_{i-1,n} \\ a_{i+1,1} & \cdots & a_{i+1,j-1} & a_{i+1,j+1} & \cdots & a_{i+1,n} \\ \vdots & & \vdots & \vdots & & \vdots \\ a_{n1} & \cdots & a_{n,j-1} & a_{n,j+1} & \cdots & a_{nn} \end{vmatrix}.$$

例 3 计算四阶行列式

$$D_4=\begin{vmatrix} 3 & 0 & 0 & -5 \\ -4 & 1 & 0 & 2 \\ 6 & 5 & 7 & 0 \\ -3 & 4 & -2 & -1 \end{vmatrix}.$$

解 由定义有

$$\begin{aligned} D_4 &= \begin{vmatrix} 3 & 0 & 0 & -5 \\ -4 & 1 & 0 & 2 \\ 6 & 5 & 7 & 0 \\ -3 & 4 & -2 & -1 \end{vmatrix} \\ &= 3\cdot(-1)^{1+1}\begin{vmatrix} 1 & 0 & 2 \\ 5 & 7 & 0 \\ 4 & -2 & -1 \end{vmatrix} + (-5)\cdot(-1)^{1+4}\begin{vmatrix} -4 & 1 & 0 \\ 6 & 5 & 7 \\ -3 & 4 & -2 \end{vmatrix} \\ &= 3\left[1\cdot(-1)^{1+1}\begin{vmatrix} 7 & 0 \\ -2 & -1 \end{vmatrix} + 2\cdot(-1)^{1+3}\begin{vmatrix} 5 & 7 \\ 4 & -2 \end{vmatrix}\right]+ \\ &\quad 5\left[(-4)\cdot(-1)^{1+1}\begin{vmatrix} 5 & 7 \\ 4 & -2 \end{vmatrix} + 1\cdot(-1)^{1+2}\begin{vmatrix} 6 & 7 \\ -3 & -2 \end{vmatrix}\right] \\ &= 3(-7-76)+5(152-9)=466. \end{aligned}$$

下面计算几个特殊行列式．

例 4 计算下列行列式：

(1)对角行列式 $\begin{vmatrix} a_{11} & 0 & 0 & 0 \\ 0 & a_{22} & 0 & 0 \\ 0 & 0 & a_{33} & 0 \\ 0 & 0 & 0 & a_{44} \end{vmatrix}$； (2) 下三角行列式 $\begin{vmatrix} a_{11} & 0 & 0 & 0 \\ a_{21} & a_{22} & 0 & 0 \\ a_{31} & a_{32} & a_{33} & 0 \\ a_{41} & a_{42} & a_{43} & a_{44} \end{vmatrix}$.

解 (1) 由行列式定义，有

$$\begin{vmatrix} a_{11} & 0 & 0 & 0 \\ 0 & a_{22} & 0 & 0 \\ 0 & 0 & a_{33} & 0 \\ 0 & 0 & 0 & a_{44} \end{vmatrix} = a_{11}(-1)^{1+1}\begin{vmatrix} a_{22} & 0 & 0 \\ 0 & a_{33} & 0 \\ 0 & 0 & a_{44} \end{vmatrix}$$

$$= a_{11}a_{22}(-1)^{1+1}\begin{vmatrix} a_{33} & 0 \\ 0 & a_{44} \end{vmatrix} = a_{11}a_{22}a_{33}a_{44}.$$

用归纳的方法，可证得 n 阶对角行列式

$$\begin{vmatrix} a_{11} & 0 & \cdots & 0 \\ 0 & a_{22} & \cdots & 0 \\ \vdots & \vdots & & \vdots \\ 0 & 0 & \cdots & a_{nn} \end{vmatrix} = a_{11}a_{22}\cdots a_{nn}.$$

(2) 由行列式定义，有

$$\begin{vmatrix} a_{11} & 0 & 0 & 0 \\ a_{21} & a_{22} & 0 & 0 \\ a_{31} & a_{32} & a_{33} & 0 \\ a_{41} & a_{42} & a_{43} & a_{44} \end{vmatrix} = a_{11}(-1)^{1+1}\begin{vmatrix} a_{22} & 0 & 0 \\ a_{32} & a_{33} & 0 \\ a_{42} & a_{43} & a_{44} \end{vmatrix}$$

$$= a_{11}a_{22}(-1)^{1+1}\begin{vmatrix} a_{33} & 0 \\ a_{43} & a_{44} \end{vmatrix} = a_{11}a_{22}a_{33}a_{44}.$$

用归纳的方法，对于 n 阶下三角行列式可证得下面的结论：

$$\begin{vmatrix} a_{11} & 0 & \cdots & 0 \\ a_{21} & a_{22} & \cdots & 0 \\ \vdots & \vdots & & \vdots \\ a_{n1} & a_{n2} & \cdots & a_{nn} \end{vmatrix} = a_{11}a_{22}\cdots a_{nn}.$$

同学们自己思考一下，行列式

$$\begin{vmatrix} 0 & 0 & 0 & a_{14} \\ 0 & 0 & a_{23} & 0 \\ 0 & a_{32} & 0 & 0 \\ a_{41} & 0 & 0 & 0 \end{vmatrix} \quad 与 \quad \begin{vmatrix} 0 & \cdots & 0 & a_{1n} \\ 0 & \cdots & a_{2,n-1} & 0 \\ \vdots & & \vdots & \vdots \\ a_{n1} & \cdots & 0 & 0 \end{vmatrix}$$

各应等于什么呢?

由例 4 的(2)可知，设法将一般高阶行列式化成下三角行列式再求值，是计算行列式的一种简单方便的方法.

n 阶行列式的定义也可写成

$$\begin{vmatrix} a_{11} & a_{12} & \cdots & a_{1n} \\ a_{21} & a_{22} & \cdots & a_{2n} \\ \vdots & \vdots & & \vdots \\ a_{n1} & a_{n2} & \cdots & a_{nn} \end{vmatrix} = \sum_{k=1}^{n} a_{k1}A_{k1}.$$

§1.2 行列式的性质与计算

行列式的奥妙在于对行列式的行或列进行了某些变换[如行与列互换、交换两行(列)位置、某行(列)乘以某个数、某行(列)乘以某数后加到另一行(列)等]后，行列式虽然会发生相应的变化，但变换前后两个行列式的值却仍保持着线性关系，这意味着，可以利用这些关系大大简化高阶行列式的计算．本节首先讨论行列式在这方面的重要性质，然后进一步讨论如何利用这些性质计算高阶行列式的值．

1.2.1 行列式的性质

将行列式 D 的行与列互换后得到的行列式，称为 D 的**转置行列式**，记为 D^T 或 D'，即若 $D=\begin{vmatrix} a_{11} & a_{12} & \cdots & a_{1n} \\ a_{21} & a_{22} & \cdots & a_{2n} \\ \vdots & \vdots & & \vdots \\ a_{n1} & a_{n2} & \cdots & a_{nn} \end{vmatrix}$，则 $D^T=\begin{vmatrix} a_{11} & a_{21} & \cdots & a_{n1} \\ a_{12} & a_{22} & \cdots & a_{n2} \\ \vdots & \vdots & & \vdots \\ a_{1n} & a_{2n} & \cdots & a_{nn} \end{vmatrix}$.

性质 1 行列式与它的转置行列式相等，即 $D=D^T$.

注： 由性质 1 知道，行列式中的行与列具有相同的地位，行列式的行具有的性质，它的列也同样具有．

性质 2 交换行列式的两行(列)，行列式变号．

注： 交换 i，j 两行(列)记为 $r_i \leftrightarrow r_j (c_i \leftrightarrow c_j)$.

推论 1 若行列式中有两行(列)的对应元素相同，则此行列式为零．

证 互换 D 中相同的两行(列)，有 $D=-D$，故 $D=0$.

性质 3 用数 k 乘行列式的某一行(列)，等于用数 k 乘此行列式，即

$$D_1=\begin{vmatrix} a_{11} & a_{12} & \cdots & a_{1n} \\ \vdots & \vdots & & \vdots \\ ka_{i1} & ka_{i2} & \cdots & ka_{in} \\ \vdots & \vdots & & \vdots \\ a_{n1} & a_{n2} & \cdots & a_{nn} \end{vmatrix}=k\begin{vmatrix} a_{11} & a_{12} & \cdots & a_{1n} \\ \vdots & \vdots & & \vdots \\ a_{i1} & a_{i2} & \cdots & a_{in} \\ \vdots & \vdots & & \vdots \\ a_{n1} & a_{n2} & \cdots & a_{nn} \end{vmatrix}=kD.$$

注： 第 i 行(列)乘以 k，记为 $r_i \times k$(或 $c_i \times k$).

推论 2 行列式的某一行(列)中所有元素的公因子可以提到行列式符号的外面．

推论 3 行列式中若有两行(列)元素成比例，则此行列式为零．

例如，行列式 $D=\begin{vmatrix} 2 & -4 & 1 \\ 3 & -6 & 3 \\ -5 & 10 & 4 \end{vmatrix}$，因为第一列与第二列对应元素成比例，根据推论 3，可直接得到 $D=\begin{vmatrix} 2 & -4 & 1 \\ 3 & -6 & 3 \\ -5 & 10 & 4 \end{vmatrix}=0$.

性质 4 若行列式的某一行(列)的元素都是两数之和，设

$$D=\begin{vmatrix} a_{11} & a_{12} & \cdots & a_{1n} \\ \vdots & \vdots & & \vdots \\ b_{i1}+c_{i1} & b_{i2}+c_{i2} & \cdots & b_{in}+c_{in} \\ \vdots & \vdots & & \vdots \\ a_{n1} & a_{n2} & \cdots & a_{nn} \end{vmatrix},$$

则

$$D=\begin{vmatrix} a_{11} & a_{12} & \cdots & a_{1n} \\ \vdots & \vdots & & \vdots \\ b_{i1} & b_{i2} & \cdots & b_{in} \\ \vdots & \vdots & & \vdots \\ a_{n1} & a_{n2} & \cdots & a_{nn} \end{vmatrix}+\begin{vmatrix} a_{11} & a_{12} & \cdots & a_{1n} \\ \vdots & \vdots & & \vdots \\ c_{i1} & c_{i2} & \cdots & c_{in} \\ \vdots & \vdots & & \vdots \\ a_{n1} & a_{n2} & \cdots & a_{nn} \end{vmatrix}=D_1+D_2.$$

性质 5 将行列式的某一行(列)的所有元素都乘以数 k 后加到另一行(列)对应位置的元素上，行列式的值不变.

例如，以数 k 乘第 j 列加到第 i 列上，则有

$$D=\begin{vmatrix} a_{11} & \cdots & a_{1i} & \cdots & a_{1j} & \cdots & a_{1n} \\ a_{21} & \cdots & a_{2i} & \cdots & a_{2j} & \cdots & a_{2n} \\ \vdots & \vdots & \vdots & & \vdots & \vdots & \vdots \\ a_{n1} & \cdots & a_{ni} & \cdots & a_{nj} & \cdots & a_{nn} \end{vmatrix}$$

$$=\begin{vmatrix} a_{11} & \cdots & a_{1i}+ka_{1j} & \cdots & a_{1j} & \cdots & a_{1n} \\ a_{21} & \cdots & a_{2i}+ka_{2j} & \cdots & a_{2j} & \cdots & a_{2n} \\ \vdots & & \vdots & & \vdots & & \vdots \\ a_{n1} & \cdots & a_{ni}+ka_{nj} & \cdots & a_{nj} & \cdots & a_{nn} \end{vmatrix}=D_1 \quad (i\neq j).$$

证 $D_1 \xlongequal{\text{性质 4}} \begin{vmatrix} a_{11} & \cdots & a_{1i} & \cdots & a_{1j} & \cdots & a_{1n} \\ \vdots & & \vdots & & \vdots & & \vdots \\ a_{n1} & \cdots & a_{ni} & \cdots & a_{nj} & \cdots & a_{nn} \end{vmatrix}+\begin{vmatrix} a_{11} & \cdots & ka_{1j} & \cdots & a_{1j} & \cdots & a_{1n} \\ \vdots & & \vdots & & \vdots & & \vdots \\ a_{n1} & \cdots & ka_{nj} & \cdots & a_{nj} & \cdots & a_{nn} \end{vmatrix}$

$\xlongequal{\text{性质 3}} D+0=D.$

注：以数 k 乘第 j 行加到第 i 行上，记作 r_i+kr_j；以数 k 乘第 j 列加到第 i 列上，记作 c_i+kc_j.

1.2.2 利用“三角化”计算行列式

计算行列式时，常用行列式的性质，把它化为三角形行列式来计算．

例如，化为上三角形行列式的步骤是：如果第一列第一个元素为0，先将第一行与其他行交换，使得第一列第一个元素不为0，然后把第一行分别乘以适当的数加到其他各行，使得第一列除第一个元素外其余元素全为0；再用同样的方法处理除去第一行和第一列后余下的低一阶行列式；如此继续下去，直至使它成为上三角形行列式，这时主对角线上元素的乘积就是所求行列式的值．

注： 今大部分用于计算一般行列式的计算机程序都是按上述方法进行设计的．可以证明，利用行变换计算 n 阶行列式需要大约 $2n^3/3$ 次算术运算．任何一台现代的微型计算机都可以在几分之一秒内计算出50阶行列式的值，运算量大约为83 300次．如果用行列式的定义来计算，其运算量大约为 $49\times50!$ 次，这显然是个非常大的数值．

例1 设 $\begin{vmatrix} a_{11} & a_{12} & a_{13} \\ a_{21} & a_{22} & a_{23} \\ a_{31} & a_{32} & a_{33} \end{vmatrix}=1$，求 $\begin{vmatrix} 6a_{11} & -2a_{12} & -10a_{13} \\ -3a_{21} & a_{22} & 5a_{23} \\ -3a_{31} & a_{32} & 5a_{33} \end{vmatrix}$．

解

$$\begin{vmatrix} 6a_{11} & -2a_{12} & -10a_{13} \\ -3a_{21} & a_{22} & 5a_{23} \\ -3a_{31} & a_{32} & 5a_{33} \end{vmatrix} = -2\begin{vmatrix} -3a_{11} & a_{12} & 5a_{13} \\ -3a_{21} & a_{22} & 5a_{23} \\ -3a_{31} & a_{32} & 5a_{33} \end{vmatrix}$$

$$= -2\times(-3)\times5\begin{vmatrix} a_{11} & a_{12} & a_{13} \\ a_{21} & a_{22} & a_{23} \\ a_{31} & a_{32} & a_{33} \end{vmatrix}$$

$$= -2\times(-3)\times5\times1=30.$$

例2 计算 $D=\begin{vmatrix} 3 & 1 & -1 & 2 \\ -5 & 1 & 3 & -4 \\ 2 & 0 & 1 & -1 \\ 1 & -5 & 3 & -3 \end{vmatrix}$．

解

$$D \xlongequal{c_1\leftrightarrow c_2} -\begin{vmatrix} 1 & 3 & -1 & 2 \\ 1 & -5 & 3 & -4 \\ 0 & 2 & 1 & -1 \\ -5 & 1 & 3 & -3 \end{vmatrix} \xlongequal[r_4+5r_1]{r_2-r_1} -\begin{vmatrix} 1 & 3 & -1 & 2 \\ 0 & -8 & 4 & -6 \\ 0 & 2 & 1 & -1 \\ 0 & 16 & -2 & 7 \end{vmatrix}$$

$$\xlongequal{r_2\leftrightarrow r_3} \begin{vmatrix} 1 & 3 & -1 & 2 \\ 0 & 2 & 1 & -1 \\ 0 & -8 & 4 & -6 \\ 0 & 16 & -2 & -7 \end{vmatrix} \xlongequal[r_4-8r_2]{r_3\leftrightarrow 4r_2} \begin{vmatrix} 1 & 3 & -1 & 2 \\ 0 & 2 & 1 & -1 \\ 0 & 0 & 8 & -10 \\ 0 & 0 & -10 & 15 \end{vmatrix}$$

$$\xlongequal{r_4+\frac{5}{4}r_3}\begin{vmatrix}1&3&-1&2\\0&2&1&-1\\0&0&8&-10\\0&0&0&5/2\end{vmatrix}=40.$$

例 3 计算 $D=\begin{vmatrix}3&1&1&1\\1&3&1&1\\1&1&3&1\\1&1&1&3\end{vmatrix}$.

解 注意到行列式中各行(列)4 个数之和都为 6. 故可把第 2～4 行同时加到第 1 行，提出公因子 6，然后各行减去第 1 行，化为上三角形行列式来计算：

$$D\xlongequal{r_1+r_2+r_3+r_4}\begin{vmatrix}6&6&6&6\\1&3&1&1\\1&1&3&1\\1&1&1&3\end{vmatrix}=6\begin{vmatrix}1&1&1&1\\1&3&1&1\\1&1&3&1\\1&1&1&3\end{vmatrix}\xlongequal[r_4-r_1]{r_2-r_1\\r_3-r_1}\begin{vmatrix}1&1&1&1\\0&2&0&0\\0&0&2&0\\0&0&0&2\end{vmatrix}=48.$$

注：仿照上述方法可得到更一般的结果.

$$\begin{vmatrix}a&b&b&\cdots&b\\b&a&b&\cdots&b\\\vdots&\vdots&\vdots&&\vdots\\b&b&b&\cdots&a\end{vmatrix}=[a+(n-1)b](a-b)^{n-1}.$$

例 4 计算 $D=\begin{vmatrix}a_1&-a_1&0&0\\0&a_2&-a_2&0\\0&0&a_3&-a_3\\1&1&1&1\end{vmatrix}$.

解 根据行列式的特点，可将第 1 列加至第 2 列，然后第 2 列加至第 3 列，再将第 3 列加至第 4 列，目的是使 D 中的零元素增多.

$$D\xlongequal{c_2+c_1}\begin{vmatrix}a_1&0&0&0\\0&a_2&-a_2&0\\0&0&a_3&-a_3\\1&2&1&1\end{vmatrix}\xlongequal{c_3+c_2}\begin{vmatrix}a_1&0&0&0\\0&a_2&0&0\\0&0&a_3&-a_3\\1&2&3&1\end{vmatrix}\xlongequal{c_4+c_3}\begin{vmatrix}a_1&0&0&0\\0&a_2&0&0\\0&0&a_3&0\\1&2&3&4\end{vmatrix}=4a_1a_2a_3.$$

例 5 计算 $D=\begin{vmatrix}a&b&c&d\\a&a+b&a+b+c&a+b+c+d\\a&2a+b&3a+2b+c&4a+3b+2c+d\\a&3a+b&6a+3b+c&10a+6b+3c+d\end{vmatrix}$.

解 从第 4 行开始，后一行减前一行.

$$D\xlongequal[r_2-r_1]{r_4-r_3\\r_3-r_2}\begin{vmatrix}a&b&c&d\\0&a&a+b&a+b+c\\0&a&2a+b&3a+2b+c\\0&a&3a+b&6a+3b+c\end{vmatrix}\xlongequal[r_3-r_2]{r_4-r_3}\begin{vmatrix}a&b&c&d\\0&a&a+b&a+b+c\\0&0&a&2a+b\\0&0&a&3a+b\end{vmatrix}$$

$$\xlongequal{r_4-r_3}\begin{vmatrix} a & b & c & d \\ 0 & a & a+b & a+b+c \\ 0 & 0 & a & 2a+b \\ 0 & 0 & 0 & a \end{vmatrix}=a^4.$$

此外，在行列式的计算中，还应将行列式的性质与行列式按行(列)展开的方法结合起来使用．一般可先用行列式的性质将行列式中某一行(列)化为仅含有一个非零元素，再将行列式按此行(列)展开，化为低一阶的行列式，如此继续下去，直到化为二阶行列式为止．

注： 按行(列)展开计算行列式的方法称为降阶法．

例 6 计算行列式 $D=\begin{vmatrix} 1 & 2 & 3 & 4 \\ 1 & 0 & 1 & 2 \\ 3 & -1 & -1 & 0 \\ 1 & 2 & 0 & -5 \end{vmatrix}$.

解 $D=\begin{vmatrix} 1 & 2 & 3 & 4 \\ 1 & 0 & 1 & 2 \\ 3 & -1 & -1 & 0 \\ 1 & 2 & 0 & -5 \end{vmatrix}\xlongequal[r_4+2r_3]{r_1+2r_3}\begin{vmatrix} 7 & 0 & 1 & 4 \\ 1 & 0 & 1 & 2 \\ 3 & -1 & -1 & 0 \\ 7 & 0 & -2 & -5 \end{vmatrix}$

$$=(-1)\times(-1)^{3+2}\begin{vmatrix} 7 & 1 & 4 \\ 1 & 1 & 2 \\ 7 & -2 & -5 \end{vmatrix}\xlongequal[r_3+2r_2]{r_1-r_2}\begin{vmatrix} 6 & 0 & 2 \\ 1 & 1 & 2 \\ 9 & 0 & -1 \end{vmatrix}$$

$$=1\times(-1)^{2+2}\begin{vmatrix} 6 & 2 \\ 9 & -1 \end{vmatrix}=-6-18=-24.$$

§1.3 克拉默法则

引例 对三元线性方程组

$$\begin{cases} a_{11}x_1+a_{12}x_2+a_{13}x_3=b_1 \\ a_{21}x_1+a_{22}x_2+a_{23}x_3=b_2, \\ a_{31}x_1+a_{32}x_2+a_{33}x_3=b_3 \end{cases}$$

在其系数行列式 $D\neq0$ 的条件下，已知它有唯一解

$$x_1=\frac{D_1}{D}，x_2=\frac{D_2}{D}，x_3=\frac{D_3}{D},$$

其中

$$D=\begin{vmatrix} a_{11} & a_{12} & a_{13} \\ a_{21} & a_{22} & a_{23} \\ a_{31} & a_{32} & a_{33} \end{vmatrix}，D_1=\begin{vmatrix} b_1 & a_{12} & a_{13} \\ b_2 & a_{22} & a_{23} \\ b_3 & a_{32} & a_{33} \end{vmatrix},$$

$$D_2=\begin{vmatrix} a_{11} & b_1 & a_{13} \\ a_{21} & b_2 & a_{23} \\ a_{31} & b_3 & a_{33} \end{vmatrix}, D_3=\begin{vmatrix} a_{11} & a_{12} & b_1 \\ b_{21} & a_{22} & b_2 \\ a_{31} & a_{32} & b_3 \end{vmatrix}.$$

注：这个解可通过消元的方法直接求出．

对更一般的线性方程组是否有类似的结果？答案是肯定的．在引入克拉默法则之前，我们先介绍有关 n 元线性方程组的概念．含有 n 个未知数 x_1，x_2，…，x_n 的线性方程组

$$\begin{cases} a_{11}x_1+a_{12}x_2+\cdots+a_{1n}x_n=b_1 \\ a_{21}x_1+a_{22}x_2+\cdots+a_{2n}x_n=b_2 \\ \cdots\cdots \\ a_{n1}x_1+a_{n2}x_2+\cdots+a_{nn}x_n=b_n \end{cases} \tag{1-8}$$

称为 n 元线性方程组．当其右端的常数项 b_1，b_2，…，b_n 不全为零时，线性方程组(1-8)称为**非齐次线性方程组**，当 b_1，b_2，…，b_n 全为零时，线性方程组(1-8)称为**齐次线性方程组**，即

$$\begin{cases} a_{11}x_1+a_{12}x_2+\cdots+a_{1n}x_n=0 \\ a_{21}x_1+a_{22}x_2+\cdots+a_{2n}x_n=0 \\ \cdots\cdots \\ a_{n1}x_1+a_{n2}x_2+\cdots+a_{nn}x_n=0 \end{cases}. \tag{1-9}$$

线性方程组(1-8)的系数 a_{ij} 构成的行列式称为该方程组的**系数行列式** D，即

$$D=\begin{vmatrix} a_{11} & a_{12} & \cdots & a_{1n} \\ a_{21} & a_{22} & \cdots & a_{2n} \\ \vdots & \vdots & & \vdots \\ a_{n1} & a_{n2} & \cdots & a_{nn} \end{vmatrix}.$$

定理 1 （克拉默法则）若线性方程组(1-8)的系数行列式 $D\neq0$，则线性方程组(1-8)有唯一解，其解为

$$x_j=\frac{D_j}{D}\quad(j=1,\ 2,\ \cdots,\ n), \tag{1-10}$$

其中，$D_j(j=1,\ 2,\ \cdots,\ n)$是把 D 中第 j 列元素 a_{1j}，a_{2j}，…，a_{nj} 对应地换成常数项 b_1，b_2，…，b_n，而其余各列保持不变所得到的行列式．

定理 2 如果线性方程组(1-8)的系数行列式 $D\neq0$，则线性方程组(1-8)一定有解，且解是唯一的．

在解题或证明中，常用到定理 2 的逆否定理：

定理 2′ 如果线性方程组(1-8)无解或解不是唯一的，则它的系数行列式必为零．

对齐次线性方程组(1-9)，易见 $x_1=x_2=\cdots=x_n=0$ 一定是该方程组的解，称其为齐次线性方程组(1-9)的**零解**．把定理 2 应用于齐次线性方程组(1-9)，可得到下列结论．

定理 3　如果齐次线性方程组(1-9)的系数行列式 $D\neq 0$，则齐次线性方程组(1-9)只有零解.

定理 3′　如果齐次线性方程组(1-9)有非零解，则它的系数行列式 $D=0$.

注：在其他章中还将进一步证明，如果齐次线性方程组的系数行列式 $D=0$，则齐次线性方程组(1-9)有非零解.

例 1　用克拉默法则解方程组 $\begin{cases} 2x_1+x_2-5x_3+x_4=8 \\ x_1-3x_2-6x_4=9 \\ 2x_2-x_3+2x_4=-5 \\ x_1+4x_2-7x_3+6x_4=0 \end{cases}$.

解

$$D=\begin{vmatrix} 2 & 1 & -5 & 1 \\ 1 & -3 & 0 & -6 \\ 0 & 2 & -1 & 2 \\ 1 & 4 & -7 & 6 \end{vmatrix} \xlongequal[r_4-r_2]{r_1-2r_2} \begin{vmatrix} 0 & 7 & -5 & 13 \\ 1 & -3 & 0 & -6 \\ 0 & 2 & -1 & 2 \\ 0 & 7 & -7 & 12 \end{vmatrix}$$

$$=-\begin{vmatrix} 7 & -5 & 13 \\ 2 & -1 & 2 \\ 7 & -7 & 12 \end{vmatrix} \xlongequal[c_3+2c_2]{c_1+2c_2} -\begin{vmatrix} -3 & -5 & 3 \\ 0 & -1 & 0 \\ -7 & -7 & -2 \end{vmatrix} = \begin{vmatrix} -3 & 3 \\ -7 & -2 \end{vmatrix} = 27.$$

$$D_1=\begin{vmatrix} 8 & 1 & -5 & 1 \\ 9 & -3 & 0 & -6 \\ -5 & 2 & -1 & 2 \\ 0 & 4 & -7 & 6 \end{vmatrix}=81,\quad D_2=\begin{vmatrix} 2 & 8 & -5 & 1 \\ 1 & 9 & 0 & -6 \\ 0 & -5 & -1 & 2 \\ 1 & 0 & -7 & 6 \end{vmatrix}=-108,$$

$$D_3=\begin{vmatrix} 2 & 1 & 8 & 1 \\ 1 & -3 & 9 & -6 \\ 0 & 2 & -5 & 2 \\ 1 & 4 & 0 & 6 \end{vmatrix}=-27,\quad D_4=\begin{vmatrix} 2 & 1 & -5 & 8 \\ 1 & -3 & 0 & 9 \\ 0 & 2 & -1 & -5 \\ 1 & 4 & -7 & 0 \end{vmatrix}=27,$$

所以

$$x_1=\frac{D_1}{D}=\frac{81}{27}=3,\qquad x_2=\frac{D_2}{D}=\frac{-108}{27}=-4,$$

$$x_3=\frac{D_3}{D}=\frac{-27}{27}=-1,\qquad x_4=\frac{D_4}{D}=\frac{27}{27}=1.$$

例 2　为了身体的健康需注意日常饮食中的营养．大学生每天的配餐需要摄入一定的蛋白质、脂肪和碳水化合物，表 1-1 给出了这三种食物提供的营养以及大学生正常所需的营养(它们的质量以适当的单位计算).

表 1-1　三种食物的营养及大学生所需营养量

营　养	单位食物所含的营养			所需营养量
	食物一	食物二	食物三	
蛋白质	36	51	13	33
脂肪	0	7	1.1	3
碳水化合物	52	34	74	45

试根据这个问题建立一个线性方程组，并通过求解方程组确定每天需要摄入的上述三种食物的量．

解 设 x_1，x_2，x_3 分别为三种食物的摄入量，则由表中的数据可得出下列线性方程组：

$$\begin{cases}36x_1+51x_2+13x_3=33\\ 7x_2+1.1x_3=3\\ 52x_1+34x_2+74x_3=45\end{cases}.$$

由克拉默法则可得

$$D=\begin{vmatrix}36 & 51 & 13\\ 0 & 7 & 1.1\\ 52 & 34 & 74\end{vmatrix}=15\ 486.8,$$

$$D_1=\begin{vmatrix}33 & 51 & 13\\ 3 & 7 & 1.1\\ 45 & 34 & 74\end{vmatrix}=4\ 293.3,\ D_2=\begin{vmatrix}36 & 33 & 13\\ 0 & 3 & 1.1\\ 52 & 45 & 74\end{vmatrix}=6\ 069.6,$$

$$D_3\begin{vmatrix}36 & 51 & 22\\ 0 & 7 & 3\\ 52 & 34 & 45\end{vmatrix}=3\ 612,$$

则
$$x_1=\frac{D_1}{D}=0.277,\ x_2=\frac{D_2}{D}=0.392,\ x_3=\frac{D_3}{D}=0.233.$$

从而每天摄入 0.277 个单位的食物一、0.392 个单位的食物二、0.233 个单位的食物三就可以保证健康饮食了．

例 3 一个土建师、一个电气师、一个机械师组成一个技术服务社．假设在一段时间内，每个人收入 1 元人民币需要支付给其他两人的服务费用以及每个人的实际收入如表 1-2 所示．问：这段时间内，每人的总收入是多少(总收入＝实际收入＋支付服务费)？

表 1-2 每个人的支出服务及实际收入

服务者	被服务者			
	土建师	电气师	机械师	实际收入
土建师	0	0.2	0.3	500
电气师	0.1	0	0.4	700
机械师	0.3	0.4	0	600

解 设土建师、电气师、机械师的总收入分别为 x_1，x_2，x_3 元．

根据题意，可以得到

$$\begin{cases}0.2x_2+0.3x_3+500=x_1\\ 0.1x_1+0.4x_3+700=x_2\\ 0.3x_1+0.4x_2+600=x_3\end{cases}.$$

化简，得

$$\begin{cases} x_1-0.2x_2-0.3x_3=500 \\ -0.1x_1+x_2-0.4x_3=700 \\ -0.3x_1-0.4x_2+x_3=600 \end{cases}.$$

因 $D=\begin{vmatrix} 1 & -0.2 & -0.3 \\ -0.1 & 1 & -0.4 \\ -0.3 & -0.4 & 1 \end{vmatrix}=0.694\neq 0$，根据克拉默法则，方程组有唯一解．

由 $D_1=872$，$D_2=1\ 005$，$D_3=1\ 080$，可得

$$x_1=\frac{D_1}{D}\approx 1\ 256.48,\quad x_2=\frac{D_2}{D}\approx 1\ 448.13,\quad x_3=\frac{D_3}{D}\approx 1\ 556.20$$

因此，在这段时间内土建师、电气师、机械师的总收入分别是 1 256.48 元、1 448.13 元、1 556.20 元．

一般来说，用克拉默法则求线性方程组的解时，计算量是比较大的．对具体的线性方程组，当未知数较多时往往可用计算机来求解．目前用计算机解线性方程组已经有了一整套成熟的方法．

克拉默法则在一定条件下给出了线性方程组解的存在性、唯一性，与其在计算方面的作用相比，克拉默法则更具有重大的理论价值．

例 4 λ 为何值时，齐次线性方程组

$$\begin{cases} (1-\lambda)x_1-2x_2+4x_3=0 \\ 2x_1+(3-\lambda)x_2+x_3=0 \\ x_1+x_2+(1-\lambda)x_3=0 \end{cases}$$

有非零解?

解 由定理 3′知，若所给齐次线性方程组有非零解，则其系数行列式 $D=0$.

$$D=\begin{vmatrix} 1-\lambda & -2 & 4 \\ 2 & 3-\lambda & 1 \\ 1 & 1 & 1-\lambda \end{vmatrix} \xlongequal{c_2-c_1} \begin{vmatrix} 1-\lambda & -3+\lambda & 4 \\ 2 & 1-\lambda & 1 \\ 1 & 0 & 1-\lambda \end{vmatrix}$$

$$=(\lambda-3)(-1)^{1+2}\begin{vmatrix} 2 & 1 \\ 1 & 1-\lambda \end{vmatrix}+(1-\lambda)(-1)^{2+2}\begin{vmatrix} 1-\lambda & 4 \\ 1 & 1-\lambda \end{vmatrix}\text{（按第二列展开）}$$

$$=(\lambda-2)[-2(1-\lambda)+1]+(1-\lambda)[(1-\lambda)^2-4]$$

$$=(1-\lambda)^3+2(1-\lambda)^2+\lambda-3=\lambda(\lambda-2)(3-\lambda).$$

如果齐次性方程组有非零解，则 $D=0$，即 $\lambda=0$ 或 $\lambda=2$ 或 $\lambda=3$ 时，齐次线性方程组有非零解．

§1.4 习　题

1. 选择题：

(1)行列式$\begin{pmatrix} a & 0 & 0 & b \\ 0 & a & b & 0 \\ 0 & b & a & 0 \\ b & 0 & 0 & a \end{pmatrix}$的值为(　　).

(A)0；　(B) a^4+b^4；　(C) $(a^2+b^2)(a^2-b^2)$；　(D) $(a^2-b^2)^2$

(2)n 阶行列式$\begin{pmatrix} 0 & \cdots & 0 & 1 \\ 0 & \cdots & 2 & 0 \\ \vdots & & \vdots & \vdots \\ n & \cdots & 0 & 0 \end{pmatrix}=$(　　).

(A)$n!$；　(B)$-n!$；　(C)$(-1)^{\frac{n(n-1)}{2}}n!$；　(D)$(-1)^n n!$

(3)设 $f(x)=\begin{pmatrix} 2 & x & 1 & 3 \\ 1 & 2 & 3 & 4 \\ -1 & 0 & -2 & -3 \\ -1 & 7 & -2 & -2 \end{pmatrix}$，则 $f(x)$的一次项系数为(　　).

(A)1；　(B)2；　(C)-1；　(D)-2

(4)当 $a\neq$(　　)时，方程组$\begin{cases} ax+z=0 \\ 2x+ay+z=0 \\ ax-2y+z=0 \end{cases}$只有零解.

(A) -1；　(B)0；　(C) -2；　(D)2

2. 填空题：

(1)4 阶行列式 $D_4=\begin{vmatrix} 3 & 0 & 4 & 0 \\ 2 & 2 & 2 & 2 \\ 0 & -7 & 0 & 0 \\ 5 & 3 & 2 & 2 \end{vmatrix}$中第 4 行各元素余子式之和等于________.

(2)设$\begin{vmatrix} a & 3 & 1 \\ b & 0 & 1 \\ c & 2 & 1 \end{vmatrix}=1$，则$\begin{vmatrix} a-3 & b-3 & c-3 \\ 1 & 1 & 1 \\ 5 & 2 & 4 \end{vmatrix}=$________.

(3)代数方程$\begin{vmatrix} 1+x & x & x \\ x & 2+x & x \\ x & x & 3+x \end{vmatrix}$的根 $x=$________.

(4)如果行列式 $\begin{vmatrix} a_{11} & a_{12} & a_{13} \\ a_{21} & a_{22} & a_{23} \\ a_{31} & a_{32} & a_{33} \end{vmatrix}=d\neq 0$，则 $\begin{vmatrix} 2a_{11} & 2a_{12} & 2a_{13} \\ 3a_{31} & 3a_{32} & 3a_{33} \\ -a_{21} & a_{22} & -a_{23} \end{vmatrix}=$ ________ .

3. 计算下列行列式：

(1) $\begin{vmatrix} 1 & 2 & 0 & 1 \\ 1 & 3 & 5 & 0 \\ 0 & 1 & 5 & 6 \\ 1 & 2 & 3 & 4 \end{vmatrix}$； (2) $\begin{vmatrix} 1 & 2 & 3 & 4 \\ 2 & 3 & 4 & 1 \\ 3 & 4 & 1 & 2 \\ 4 & 1 & 2 & 3 \end{vmatrix}$；

(3) $\begin{vmatrix} x & -1 & 0 & 0 \\ 0 & x & -1 & 0 \\ 0 & 0 & x & -1 \\ a_0 & a_1 & a_2 & a_3 \end{vmatrix}$； (4) $\begin{vmatrix} a_1 & a_2 & \cdots & a_n \\ a_1^2 & a_2^2 & \cdots & a_n^2 \\ \vdots & \vdots & & \vdots \\ a_1^n & a_2^n & \cdots & a_n^n \end{vmatrix}$；

4. 计算下列行列式：

(1) $\begin{vmatrix} 0 & 0 & \cdots & 0 & 1 & 0 \\ 0 & 0 & \cdots & 2 & 0 & 0 \\ \vdots & \vdots & & \vdots & \vdots & \vdots \\ n-1 & 0 & \cdots & 0 & 0 & 0 \\ 0 & 0 & \cdots & 0 & 0 & n \end{vmatrix}$；

(2) $\begin{vmatrix} 1 & a_1 & a_2 & \cdots & a_n \\ 1 & a_1+b_1 & a_2 & \cdots & a_n \\ 1 & a_1 & a_2+b_2 & \cdots & a_n \\ \vdots & \vdots & \vdots & & \vdots \\ 1 & a_1 & a_2 & \cdots & a_n+b_n \end{vmatrix}$；

(3) $\begin{vmatrix} 1 & 2 & 3 & \cdots & n \\ 1 & x+1 & 3 & \cdots & n \\ 1 & 2 & x+1 & \cdots & n \\ \vdots & \vdots & \vdots & & \vdots \\ 1 & 2 & 3 & \cdots & x+1 \end{vmatrix}$.

5. 设 x，y，z 是互异的实数，证明：$\begin{vmatrix} 1 & 1 & 1 \\ x & y & z \\ x^3 & y^3 & z^3 \end{vmatrix}=0$ 的充要条件是 $x+y+z=0$.

6. 设 4 阶行列式的第 1 行元素依次为 2，m，k，3，第 1 行元素的余子式全为 1，第 3 行元素的代数余子式依次为 3，1，4，2，且行列式的值为 1，求 m，k 的值.

7. 设 a，b，c 为三角形的三边边长，证明 $D=\begin{vmatrix} 0 & a & b & c \\ a & 0 & c & b \\ b & c & 0 & a \\ c & b & a & 0 \end{vmatrix}<0$.

8. 设多项式 $f(x)=a_0+a_1x+a_2x^2+\cdots+a_nx^n$，用克拉默法则证明：如果 $f(x)$ 存在 $n+1$ 个互不相等的根，则 $f(x)=0$.

9. 设 $D=\begin{vmatrix} 1 & -5 & 1 & 3 \\ 1 & 1 & 3 & 4 \\ 1 & 1 & 2 & 3 \\ 2 & 2 & 3 & 4 \end{vmatrix}$，计算 $A_{41}+A_{42}+A_{43}+A_{44}$ 的值，其中 $A_{4i}(i=1,2,3,4)$ 是对应元素的代数余子式.

10. λ 取何值时齐次线性方程组 $\begin{cases} \lambda x+y+z=0 \\ x+\lambda y-z=0 \\ 2x-y-z=0 \end{cases}$ 有非零解.

11. 设矩阵 $\boldsymbol{A}=\begin{pmatrix} 2a & 1 & & & & \\ a^2 & 2a & 1 & & & \\ & a^2 & 2a & \ddots & & \\ & & a^2 & \ddots & 1 & \\ & & & \ddots & 2a & 1 \\ & & & & a^2 & 2a \end{pmatrix}$，现矩阵满足方程 $\boldsymbol{AX}=\boldsymbol{B}$，其中 $\boldsymbol{X}=(x_1,x_2,\cdots,x_n)^{\mathrm{T}}$，$\boldsymbol{B}=(1,0,\cdots,0)^{\mathrm{T}}$.

(1)求证 $|\boldsymbol{A}|=(n+1)a^n$；

(2)a 为何值时，方程组有唯一的解？求 x_1.

§1.5 教学实验

1.5.1 内容提要

行列式是在线性方程组的研究过程中产生的一个数学概念，现在它的理论和方法已广泛应用于数学及其他自然科学的各个领域，成为一个非常有用的数学工具．例如，线性方程组的求解，矩阵的求逆，几何上平面图形的面积与空间立体的体积的计算，密码的加密、解密与破译等，都需用到行列式.

一个 n 阶行列式 $D=\sum\limits_{j_1j_2\cdots j_n}-1^{\tau(j_1j_2\cdots j_n)}a_{1j_1}a_{2j_2}\cdots a_{nj_n}$，其中，$\tau(j_1j_2\cdots j_n)$ 是排列 $j_1j_2\cdots j_n$ 的逆序数，$a_{ik}(i,k=1,2,\cdots,n)$ 是 n^2 个数，而 $\sum\limits_{j_1j_2\cdots j_n}$ 表示对一切 n 元排列求和．换句话说，一个 n 阶行列式 D 表示一个数，这个数是 D 的所有不同行、不同列的 n 个数之积的代数和．D 是一个"积和式"，共有 $n!$ 项，其中一半带有正号，另一半带有负号.

从函数的角度来理解，它是一个 n^2 元函数，行列式的值就是这个函数的值.

从几何的角度来理解，一个二阶行列式 $\begin{vmatrix} a_1 & b_1 \\ a_2 & b_2 \end{vmatrix}$ 的绝对值，几何上表示由该行列式确定的两个二维向量 $\boldsymbol{u}=(a_1, b_1)$ 和 $v=(a_2, b_2)$ 所构成的平行四边形的面积，如图 1-2(a)所示，即

$$S=|a_1b_2-a_2b_1|. \tag{1-11}$$

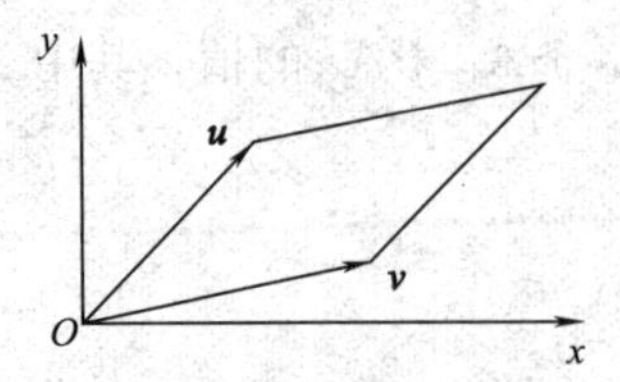

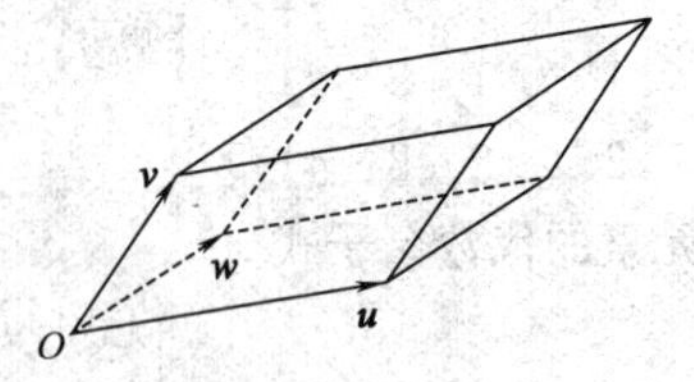

(a) 两个二维向量构成的平行四边形　(b) 三个三维向量构成的平行六面体

图 1-2　行列式的几何意义

换句话说，两个二维向量 $\boldsymbol{u}=(a_1, b_1)$ 和 $v=(a_2, b_2)$ 几何上可构成一个平行四边形，这个平行四边形的面积就是由其所构成的二阶行列式 $\begin{vmatrix} a_1 & b_1 \\ a_2 & b_2 \end{vmatrix}$ 的绝对值.

同样，一个三阶行列式 $\begin{vmatrix} a_1 & b_1 & c_1 \\ a_2 & b_2 & c_2 \\ a_3 & b_3 & c_3 \end{vmatrix}$ 的绝对值在几何上表示为由该行列式确定的三个三维向量 $\boldsymbol{u}=(a_1, a_1, c_1)$，$v=(a_2, b_2, c_2)$ 和 $\boldsymbol{w}=(a_3, b_3, c_3)$ 所构成的平行六面体的体积，如图 1-2(b)所示.

换句话说，三个三维向量在几何上可构成一个平行六面体，这个平行六面体的体积就是由其所构成的三阶行列式 $\begin{vmatrix} a_1 & b_1 & c_1 \\ a_2 & b_2 & c_2 \\ a_3 & b_3 & c_3 \end{vmatrix}$ 的绝对值. 如果这三个向量共面，甚至共线，那么这个六面体就退化为平面或直线，体积为零，这时其所构成的三阶行列式也等于零.

在“线性代数”课程中，行列式这部分内容主要有：二、三阶行列式，n 阶行列式的概念，行列式的性质，行列式的计算，克拉默(Cramer)法则.

计算行列式的主要方法是：对于二、三阶行列式，一般用对角线法则来计算；对于三阶以上的行列式，一般用化三角法，即首先熟记用定义和性质容易求出其值的典型行列式，如三角行列式、四分块三角行列式、箭形行列式、范德蒙德行列式等，其次利用行列式的性质，化行列式为易求其值的典型行列式(如三角行列式等)，或者利用降阶法(即利用行列式的性质)，将行列式的某一行(列)化出较多的零，再将行列式按该行展开，降阶计算.

克拉默法则不但给出了系数行列式不等于 0、n 个未知量、n 个方程的线性方程组的解的存在性及唯一性，而且用公式把解通过系数及常数项表示出来. 这在理论上有重要意义. 但当 n 较大时，用克拉默法则求解线性方程组则是不实用的，因为计算量太大.

1.5.2　机算实验

1. 实验目的

熟悉用 MATLAB 软件处理和解决下列问题的程序和方法：

(1) 行列式的计算 .

(2) 应用克拉默法则求解线性方程组 .

(3) 验证行列式按行(列)展开定理及符号变量在行列式中的应用 .

2. 与实验相关的 MATLAB 命令或函数

(1) 运算符号 . 表 1-3 给出了线性代数实验用到的 MATLAB 基本运算符号 .

表 1-3　MATLAB 的基本运算符号

运算符号	=	+	−	*	\	/	^	'	.
说　明	赋值	加	减	乘	左除	右除	幂运算	转置	群运算

(2) 命令(函数)和语句. 表 1-4 给出了与本实验相关的 MATLAB 命令或函数，若要进一步了解和学习某个命令或函数的详细功能和用法，可参考 MATLAB 提供的 help 命令 .

表 1-4　与本实验相关的 MATIAB 命令或函数

命　令	功 能 说 明	位置
help inv	在命令窗口中显示函数 inv 的帮助信息	—
[]	创建矩阵	例 1
,	矩阵行元素分隔符号	例 1
;	矩阵列元素分隔符号	例 1
%	注释行	例 1
clear	清除工作空间中的各种变量，往往写在一个程序最前面	例 2
n=input('…')	数据输入函数，撇号内的字符串起说明作用	例 2
if…elseif…end	条件语句，用于控制程序流程，和 C 语言功能类似	例 2
[m,　n]=size(A)	计算结果为一个二维行向量，m、n 分别存放矩阵 $\boldsymbol{A}$ 的行数和列数	例 2
==	关系运算符号：等于	例 2
~=	关系运算符号：不等于	例 2
disp('…')	显示撇号中的字符串	例 2
det(A)	计算矩阵 $\boldsymbol{A}$ 的行列式	例 2
B(:, i)=b	把向量 $\boldsymbol{b}$ 赋给矩阵 $\boldsymbol{B}$ 的第 i 列，要求矩阵 $\boldsymbol{B}$ 的列向量和向量 $\boldsymbol{b}$ 同型	例 2
for…end	for 循环语句，用于控制程序流程，和 C 语言功能类似	例 2
syms x	定义 x 为符号变量	例 3
factor(D)	对符号变量多项式 D 进行因式分解	例 3
solve(D)	求符号变量多项式方程 $D=0$ 的解	例 3
randn(m, n)	创建 $m\times n$ 阶均值为 0、方差为 1 的标准正态分布的随机矩阵	例 4
round(A)	对矩阵 $\boldsymbol{A}$ 中所有元素进行四舍五入运算	例 4

续表

命　令	功能说明	位置
T(1,:)=[]	把一个空行[]赋给矩阵 **T** 的第1行，即删除矩阵 **T** 的第一行	例4
A(i, j)	引用矩阵 **A** 中第 i 行第 j 列的元素	例4
[L, U]=lu(A)	**L** 为准下三角矩阵，**U** 为上三角矩阵，满足 **A**=**LU**	例5
diag(A)	提取或建立对角矩阵 **A**	例5
prod(A)	求 **A** 的列向量上元素的乘积	例5
A=[…];	在赋值语句后，若有一个分号“;”，则其含义是不在窗口中显示矩阵 **A**	例6

3. 实验内容

例 1 求下列行列式的值.

(1) $\det(\boldsymbol{A})=\begin{vmatrix}1&3&1\\2&2&3\\3&1&5\end{vmatrix}$；

(2) $\det(\boldsymbol{B})=\begin{vmatrix}103&100&204\\199&200&395\\301&300&600\end{vmatrix}$；

(3) $\det(\boldsymbol{C})=\begin{vmatrix}3&2&2&2\\2&3&2&2\\2&2&3&2\\2&2&2&3\end{vmatrix}$.

解一 用笔计算的思路和主要步骤如下：

(1) 根据对角线法则可得

$$\det(\boldsymbol{A})=10+27+2-3-30-6=0.$$

(2) 先用行列式的运算性质化简，第一列减去第二列，第三列减去第二列的2倍，第二列提出公因子100，再用对角线法则可得

$$\det(\boldsymbol{B})=2\ 000.$$

(3) 用行列式的运算性质化简该行列式为上三角行列式，可得

$$\det(\boldsymbol{C})=9.$$

解二 用MATLAB软件计算如下：

(1) 在MATLAB命令窗口输入：

```
A=[1, 3, 1; 2, 2, 3; 3, 1, 5]%矩阵同行元素以逗号或空格分隔
```

或：

```
A=[1 3 1; 2 2 3; 3 1 5]      %行与行之间必须用分号或回车分隔
```

或：

```
A=[1 3 1
   2 2 3
   3 1 5]
```

结果都为：

```
A=
    1    3    1
    2    2    3
    3    1    5
det( A)
ans=
     0
```

(2) 在 MATLAB 命令窗口，输入以下命令：

```
B=[103，100，204；199，200，395；301，300，600]
B=
    103     100     204
    199     200     395
    301     300     600
>>det(B)
ans=
     2 000
```

(3) 在 MATLAB 命令窗口，输入以下命令：

```
C=[3 2 2 2；2 3 2 2；2 2 3 2；2 2 2 3]
C=
    3    2    2    2
    2    3    2    2
    2    2    3    2
    2    2    2    3
>>det(C)
ans=
     9
```

例 2 已知非齐次线性方程组

$$\begin{cases} x_1 + x_2 + 2x_3 + x_4 = 1 \\ 3x_1 - x_2 - x_3 - 2x_4 = -4 \\ 2x_1 + 3x_2 - x_3 - x_4 = -6 \\ x_1 + 2x_2 + 3x_3 - x_4 = -4 \end{cases}.$$

用克拉默法则求解该方程组．

解一 用笔计算的思路和主要步骤如下：

首先，分别求出以下行列式的值：

$$D=\begin{vmatrix}1&1&2&1\\3&-1&-1&-2\\2&3&-1&-1\\1&2&3&-1\end{vmatrix}=-75,$$

$$D_1=\begin{vmatrix}1&1&2&1\\-4&-1&-1&-2\\-6&3&-1&-1\\-4&2&3&-1\end{vmatrix}=21,$$

$$D_2=\begin{vmatrix}1&1&2&1\\3&-4&-1&-2\\2&-6&-1&-1\\1&-4&3&-1\end{vmatrix}=81,$$

$$D_3=\begin{vmatrix}1&1&1&1\\3&-1&-4&-2\\2&3&-6&-1\\1&2&-4&-1\end{vmatrix}=-12,$$

$$D_4=\begin{vmatrix}1&1&2&1\\3&-1&-1&-4\\2&3&-1&-6\\1&2&3&-4\end{vmatrix}=-153.$$

其次，由克拉默法则，得

$$x_1=\frac{D_1}{D}=-0.28,$$

$$x_2=\frac{D_2}{D}=-1.08,$$

$$x_3=\frac{D_3}{D}=-0.16,$$

$$x_4=\frac{D_4}{D}=2.04.$$

解二 用MATLAB软件计算如下：

把齐次线性方程组写为矩阵形式：$\boldsymbol{AX}=\boldsymbol{b}$，则 $\boldsymbol{X}=\boldsymbol{A}^{-1}\boldsymbol{b}$. 根据克拉默法则可得 $x_i=\dfrac{D_i}{D}$，其中，D 是方程组的系数行列式，$D=\det(\boldsymbol{A})$；D_i是用常数列向量 $\boldsymbol{b}$ 代替系数行列式的第 i 列所得到的行列式.

在MATLAB命令窗口，输入以下命令：

```
%用克拉默法则求解方程组
clear                              %清除变量
n=input('方程个数 n=')             %请用户输入方程个数
```

```
A=input('系数矩阵 A=')            %请用户输入方程组的系数矩阵
b=input('常数列向量 b=')           %请用户输入常数列向量
if(size(A)~=[n, n]) | (size(b)~=[n, 1])
                                  %判断矩阵 A 和向量 b 的输入格式是否正确
  disp('输入不正确，要求 A 是 n 阶方阵，b 是 n 维列向量')
                                  %disp：显示字符串
elseif det(A)==0                  %判断系数行列式是否为 0
  disp('系数行列式为零，不能用克拉默法则解此方程.')
else
  for i=1: n                      %计算 x1, x2, …, xn
    B=A;                          %构造与 A 相等的矩阵 B
    B(:, i)=b;                    %用列向量 b 替代矩阵 B 中的第 i 列
    x(i)=det(B)/det(A);           %根据克拉默法则计算 x1, x2, …, xn
  end
  x=x'                            %以列向量形式显示方程组的解
end
```

得到以下人机对话结果：

```
方程个数 n=4
n=
    4
系数矩阵 A=[1 1 2 1; 3 -1 -1 -2; 2 3 -1 -1; 1 2 3 -1]
A=
    1     1     2     1
    3    -1    -1    -2
    2     3    -1    -1
    1     2     3    -1
常数列向量 b=[1; -4; -6; -4]
b=
     1
    -4
    -6
    -4
x=
   -0.2800
   -1.0800
    0.1600
    2.0400
```

注意：当方程组的系数行列式等于零时，不能用克拉默法则求解方程组，即克拉默法则对这种情形的线性方程组失效．在矩阵部分，我们将介绍用初等行变换的方法求解这种情形的线性方程组的方法．

例 3 解方程

$$\begin{vmatrix} 1-x & x & 0 & 0 & 0 \\ -1 & 1-x & x & 0 & 0 \\ 0 & -1 & 1-x & x & 0 \\ 0 & 0 & -1 & 1-x & x \\ 0 & 0 & 0 & -1 & 1-x \end{vmatrix}=0.$$

解一 用笔计算的思路和主要步骤如下：

按第一行展开，得

$$D_5=(1-x)\begin{vmatrix} 1-x & x & 0 & 0 \\ -1 & 1-x & x & 0 \\ 0 & -1 & 1-x & x \\ 0 & 0 & -1 & 1-x \end{vmatrix}-x\begin{vmatrix} -1 & x & 0 & 0 \\ 0 & 1-x & x & 0 \\ 0 & -1 & 1-x & x \\ 0 & 0 & -1 & 1-x \end{vmatrix}$$

$$=(1-x)D_4+xD_3,$$

即得递推公式

$$D_5=(1-x)\ D_4+xD_3,$$
$$D_4=(1-x)D_3+xD_2,$$
$$D_3=(1-x)D_2+xD_1,$$

因此，得

$$D_5=[(1-x)^3+2x(1-x)]D_2+[x(1-x)^2+x^2]D_1,$$

其中

$$D_2=\begin{vmatrix} 1-x & x \\ -1 & 1-x \end{vmatrix}=(1-x)^2+x,\quad D_1=1-x,$$

于是，由

$$D_5=(1-x)(1-x+x^2)(1+x+x^2)=0,$$

解得

$$x_1=1,\quad x_2=\frac{1}{2}+\frac{\sqrt{3}}{2}\mathrm{i},\quad x_3=\frac{1}{2}-\frac{\sqrt{3}}{2}\mathrm{i},$$

$$x_4=-\frac{1}{2}+\frac{\sqrt{3}}{2}\ \mathrm{i},\quad x_5=-\frac{1}{2}-\frac{\sqrt{3}}{2}\ \mathrm{i}.$$

解二 用 MATLAB 软件计算如下：

在 MATLAB 命令窗口，输入以下命令：

```
%求解符号行列式方程
clear all      %清除各种变量
syms x      %定义 x 为符号变量
A=[1-x, x, 0, 0, 0; -1, 1-x, x, 0, 0; 0, -1, 1-x, x, 0; 0, 0,
    -1, 1-x, x; 0, 0, 0, -1, 1-x]
                        %对行列式 D 进行因式分解
                        %给矩阵 A 赋值
```

```
D=det(A)          %计算含符号变量矩阵 A 的行列式 D
f=factor(D)       %从因式分解的结果，可以看出方程的解
x=solve(D)        %求方程 D=0 的解
```

运行结果如下：

```
A=
   [1-x, x, 0, 0, 0]
   [-1, 1-x, x, 0, 0]
   [0, -1, 1-x, x, 0]
   [0, 0, -1, 1-x, x]
   [0, 0, 0, -1, 1-x]
D=
   1-x+x^2-x^3+x^4-x^5
f=
  -(x-1)*(1-x+x^2)*(1+x+x^2)
x=
       1
   -1/2+1/2*i*3^(1/2)
   -1/2-1/2*i*3^(1/2)
    1/2+1/2*i*3^(1/2)
    1/2-1/2*i*3^(1/2)
```

向量 $\boldsymbol{x}$ 即为方程的解．MATLAB 针对符号变量可以得出解析解．

例 4 用 MATLAB 软件验证行列式按行(列)展开公式：

$$\sum_{k=1}^{n} a_{ik}A_{jk}\begin{cases}|\boldsymbol{A}| & (i=j)\\ 0\end{cases}.$$

解一 用笔计算的思路和主要步骤如下：

当 $i=j$ 时，n 阶行列式为

$$D\xlongequal[n\text{ 个数的和}]{\text{第 }i\text{ 行写为}}\begin{vmatrix} a_{11} & a_{12} & \cdots & a_{1n}\\ \vdots & \vdots & & \vdots\\ a_{i1}+0+\cdots+0 & a_{i2}+0+\cdots+0 & \cdots & a_{in}+0+\cdots+0\\ \vdots & \vdots & & \vdots\\ a_{n1} & a_{n2} & \cdots & a_{nn}\end{vmatrix}$$

$$\xlongequal{\text{按行列式性质 4}}\begin{vmatrix} a_{11} & a_{12} & \cdots & a_{1n}\\ \vdots & \vdots & & \vdots\\ a_{i2} & 0 & \cdots & 0\\ \vdots & \vdots & & \vdots\\ a_{n1} & a_{n2} & \cdots & a_{nn}\end{vmatrix}+\begin{vmatrix} a_{11} & a_{12} & \cdots & a_{1n}\\ \vdots & \vdots & & \vdots\\ 0 & a_{i2} & \cdots & 0\\ \vdots & \vdots & & \vdots\\ a_{n1} & a_{n2} & \cdots & a_{nn}\end{vmatrix}+\cdots\begin{vmatrix} a_{11} & a_{12} & \cdots & a_{1n}\\ \vdots & \vdots & & \vdots\\ 0 & 0 & \cdots & a_{in}\\ \vdots & \vdots & & \vdots\\ a_{n1} & a_{n2} & \cdots & a_{nn}\end{vmatrix}$$

$$=a_{i1}A_{i1}+a_{i2}A_{i2}+\cdots+a_{in}A_{in}=\sum_{k=1}^{n}a_{ik}A_{ik}=|\boldsymbol{A}|.$$

当 $i\neq j$ 时，由行列式性质与展开定理，结合 $i=j$ 时的结论，得

$$D=\begin{vmatrix} a_{11} & a_{12} & \cdots & a_{1n} \\ \vdots & \vdots & & \vdots \\ a_{i1} & a_{i2} & \cdots & a_{in} \\ \vdots & \vdots & & \vdots \\ a_{j1} & a_{j2} & \cdots & a_{jn} \\ \vdots & \vdots & & \vdots \\ a_{n1} & an_2 & \cdots & a_{nn} \end{vmatrix} \xlongequal[\text{到第}j\text{行}]{\text{第}i\text{行加}} \begin{vmatrix} a_{11} & a_{12} & \cdots & a_{1n} \\ \vdots & \vdots & & \vdots \\ a_{i1} & a_{i2} & \cdots & a_{in} \\ \vdots & \vdots & & \vdots \\ a_{j1}+a_{j1} & a_{j2}+a_{j2} & \cdots & a_{jn}+a_{in} \\ \vdots & \vdots & & \vdots \\ a_{n1} & a^{n2} & \cdots & a_{nn} \end{vmatrix},$$

按第 j 行展开

$$\begin{aligned} D &= \sum_{k=1}^{n} a_{jk}A_{jk} = 右 = \sum_{k=1}^{n}(a_{jk}+a_{ik})A_{jk} \\ &= \sum_{k=1}^{n} a_{jk}A_{jk} + a_{ik}A_{jk} = \sum_{k=1}^{n} a_{jk}A_{jk} + \sum_{k=1}^{n} a_{jk}A_{jk} \\ &= |\mathbf{A}| \sum_{k=1}^{n} a_{ik}A_{jk}, \end{aligned}$$

故

$$\sum_{k=1}^{n} a_{ik}A_{jk} = 0 \quad (i\neq j).$$

解二 用 MATLAB 软件证明如下：

用 MATLAB 程序构造一个 5 阶随机数方阵 $\mathbf{A}$. 首先，按第一行展开：

$$s=a_{11}A_{11}+a_{12}A_{12}+\cdots+a_{15}A_{15},$$

验证 s 是否与 $\mathbf{A}$ 的行列式相等．

其次，计算 $\mathbf{A}$ 的第一行元素与第三行元素对应的代数余子式乘积之和：

$$s=a_{11}A_{31}+a_{12}A_{32}+\cdots+a_{15}A_{35},$$

验算 s 是否为 0.

在 MATLAB 命令窗口，输入以下命令：

```
%验证行列式按行(列)展开公式
clear
A=round(10 * randn(5));%构造 5 阶随机数方阵
D=det(A);                    %计算矩阵 A 的行列式
%矩阵 A 按第一行元素展开：s=a11 * A11+a12 * A12+... +a15 * A15
s=0;
for i=1：5
    T=A;
    T(1,:)=[];          %删去阵矩第 1 行
    T(:, i)=[];         %删去矩阵第 i 列
                        %此时，|T|为矩阵 A 元素 ali 的余子式
    s=s+A(1, i) * (-1)^(1+i) * det(T);
end
e=D-s      %验算 D 与 s 是否相等
```

输出结果如下：

```
e=
   0
```

在 MATLAB 命令窗口，输入以下命令：

```
%计算 5 阶方阵 A 的第一行元素与第三行元素对应的代数余子式乘积之和：
%s=a11 * A31+a12 * A32+... +a15 * A35
clear
A=round(10 * randn(5));%构造 5 阶随机数方阵
s=0;
for i=1：5
    T=A;
    T(3,:)=[];        %删去矩阵第 3 行
    T(:, i)=[];       %删去矩阵第 i 列
                       %此时，|T|为矩阵 A 元素 a3i 的余子式
    s=s+A(1, i)*(-1)^(3+i)* det(T);
end
s                      %验算 s 是否为 0
```

输出结果如下：

```
s=
  0
```

例 5 用化简为三角行列式的方法，求下列行列式：

$$D=\begin{vmatrix}10&8&6&4&1\\2&5&8&9&4\\6&0&9&9&8\\5&8&7&4&0\\9&4&2&9&1\end{vmatrix}.$$

解一 用笔计算的思路和主要步骤如下：

对行列式 D 施行初等行变换，依次把行列式 D 对角线下方的元素化为 0，得到上三角行列式，从而求出其值．

$$D=\begin{vmatrix}10&8&6&4&1\\2&5&8&9&4\\6&0&9&9&8\\5&8&7&4&0\\9&4&2&9&1\end{vmatrix}\xlongequal{r_1-r_5}\begin{vmatrix}1&4&4&-5&0\\2&5&8&9&4\\6&0&9&9&8\\5&8&7&4&0\\9&4&2&9&1\end{vmatrix}$$

$$
\xlongequal[r_5-9r_1]{\substack{r_2-2r_1\\ r_3-6r_1\\ r_4-5r_1}}
\begin{vmatrix}
1 & 4 & 4 & -5 & 0\\
0 & -3 & 0 & 19 & 4\\
0 & -24 & -15 & 39 & 8\\
0 & -12 & -13 & 29 & 0\\
0 & -32 & -34 & 54 & 1
\end{vmatrix}
$$

$$
\xlongequal[r_5-11r_2]{\substack{r_3-8r_2\\ r_4-4r_2}}
\begin{vmatrix}
1 & 4 & 4 & -5 & 0\\
0 & -3 & 0 & 19 & 4\\
0 & 0 & -15 & -113 & -24\\
0 & 0 & -13 & -47 & -16\\
0 & 1 & -34 & -155 & -43
\end{vmatrix}
$$

$$
\xlongequal{r_2\leftrightarrow r_5}-
\begin{vmatrix}
1 & 4 & 4 & 5 & 0\\
0 & 1 & -34 & -155 & -43\\
0 & 0 & -15 & -113 & -24\\
0 & 0 & -13 & -47 & -16\\
0 & -3 & 0 & 19 & 4
\end{vmatrix}
$$

$$
\xlongequal{r_5+3r_2}-
\begin{vmatrix}
1 & 4 & 4 & 5 & 0\\
0 & -1 & 34 & 155 & 43\\
0 & 0 & 15 & 113 & 24\\
0 & 0 & 13 & 47 & 16\\
0 & 0 & 102 & 446 & 125
\end{vmatrix}
$$

$$
\xlongequal[r_5-\frac{102}{15}r_3]{r_4-\frac{13}{15}r_3}-
\begin{vmatrix}
1 & 4 & 4 & 5 & 0\\
0 & -1 & 34 & 155 & 43\\
0 & 0 & 15 & 113 & 24\\
0 & 0 & 0 & -50.933\,3 & -4.800\,0\\
0 & 0 & 0 & -322.4 & -38.2
\end{vmatrix}
$$

$$
\xlongequal{r_5-\frac{322.4}{50.933\,3}r_4}-
\begin{vmatrix}
1 & 4 & 4 & 5 & 0\\
0 & -1 & 34 & 155 & 43\\
0 & 0 & 15 & 113 & 24\\
0 & 0 & 0 & -50.933\,3 & -4.800\,0\\
0 & 0 & 0 & 0 & -7.816\,7
\end{vmatrix}
$$

$$\approx 5\,972.$$

解二 用 MATLAB 软件计算如下：

在 MATLAB 命令窗口，输入以下命令：

```
A=[1 0 8 6 4 1; 2 5 8 9 4; 6 0 9 9 8; 5 8 7 4 0; 9 4 2 9 1];
[L, U]=lu(A)    %分解为上三角矩阵 U 和准下三角矩阵 L
du=diag(U);     %取出上三角矩阵 U 的主对角线上的元素向量
D=prod(du)      %求主对角线元素的连乘积
```

运行结果如下：

```
L=
    1.000 0          0          0          0          0
    0.200 0   -0.708 3    1.000 0          0          0
    0.600 0    1.000 0          0          0          0
    0.500 0   -0.833 3    0.800 0   -0.295 3    1.000 0
    0.900 0    0.666 7   -0.658 8    1.000 0          0
U=
   10.000 0    8.000 0    6.000 0    4.0000     1.000 0
          0   -4.800 0    5.400 0    6.600 0    7.400 0
          0          0   10.625 0   12.875 0    9.041 7
          0          0          0    9.482 4    1.123 5
          0          0          0          0   -1.234 9
D=
   5.972 0e+003=597 2
```

通过对以上例题笔算和机算两种方法的比较，可以看出机算比笔算的优越性．机算具有省时省力的快捷性，尤其在解决一些实际应用问题的过程中，应该学会运用计算机进行繁杂的数字计算，而不需要用笔算．

例 6 几何图形的面积的计算．设三角形三个顶点的坐标为(x_1, y_1)，(x_2, y_2)，(x_1, y_3)．

(1) 试求此三角形的面积．

(2) 利用此结果计算四个顶点坐标为(0，1)，(3，5)，(4，3)，(2，0)的四边形的面积．

解一 用笔计算的思路和主要步骤如下：

(1) 由于三角形面积为对应平行四边形面积的一半，因此利用行列式等于两向量所构成的平行四边形面积的关系，可求出三角形面积与顶点坐标之间的关系．

将三角形的一个顶点(x_1, y_1)移到原点，则其余两个顶点的坐标分别为(x_2-x_1, y_2-y_1)和(x_3-x_1, y_3-y_1)．这两个顶点所对应的向量构成的平行四边形面积为

$$\begin{aligned} S_p &= a_1b_2-a_2b_1 \\ &= (x_2-x_1)(y_3-y_1)-(x_3-x_1)(y_2-y_1). \end{aligned} \tag{1-12}$$

由于行列式是有正有负的，因此面积也可以规定正负号，通常是用第一个向量到第二个向量的转动方向来定义的，但这不符合大多数应用的习惯，而且在面积相加时，容易造成错误，所以在这里可取它的绝对值，即三角形面积为

$$\begin{aligned} S_s &= 0.5\ |S_p| \\ &= 0.5\ |(x_2-x_1)(y_3-y_1)-(x_3-x_1)(y_2-y_1)|. \end{aligned} \tag{1-13}$$

(2) 据题设条件可绘制四边形，如图 1-3 所示．将它划分为两个三角形，按公式(1-13)分别计算其面积再相加即可．

三角形 ABD 的面积为

$$S_1=0.5\times|(2-0)\times(5-1)-(3-0)\times(0-1)|$$
$$=0.5\times(8+3)=5.5.$$

三角形 CBD 的面积为

$$S_2=0.5\times|(4-2)\times(5-0)-(3-2)\times(3-0)|$$
$$=0.5\times(10-3)=3.5.$$

此四边形的面积为

$$S=S_1+S_2=9.$$

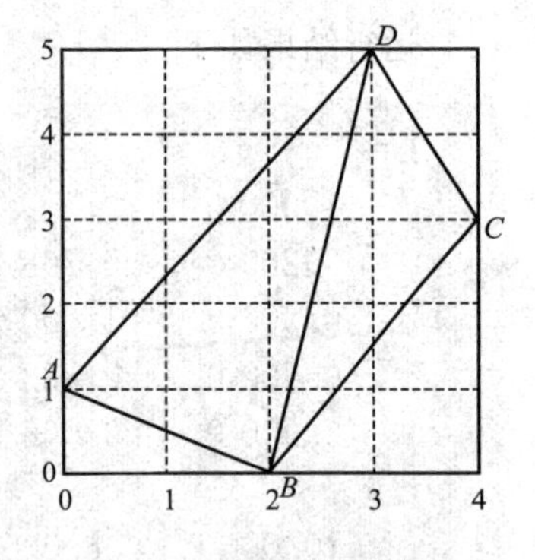

图 1-3　例 6 的四边形

解二　用 MATLAB 软件绘图如下：

编写绘制四边形的程序如下：

```
%画四边形
close all
A=[0, 1; 3, 5; 4, 3; 2, 0; 0, 1]; %矩阵 A 的最后一行和第一行
                                  %相同，目的是画出闭合图形
subplot(1, 2, 1);
plot(A(:, 1), A(:, 2));           %以矩阵 A 的第一列为横坐标
                                  %以矩阵 A 的第二列为纵坐标
hold on;
b=[3, 5; 2, 0];
plot(B(:, 1), B(:, 2));
axis equal;
axis square;
grid on;
```

程序运行结果如图 1-3 所示 .

第 2 章　矩阵及其运算

矩阵(matrix)是数学中的一个重要的基本概念，是数学的一个主要研究对象，也是数学研究和应用的一个重要工具．矩阵这一术语是英格兰数学家西尔维斯特(J. J. Sylvester，1814—1897)在1850年首先使用的，他为了将数字的矩形阵列区别于行列式而发明了这个术语．

矩阵作为线性方程组系数的排列形式可以追溯到古代(我国《九章算术》一书中已有类似形式)．在18世纪，这种排列形式在线性方程组和行列式计算中应用日广．最早利用矩阵概念的是意大利数学家拉格朗日(J. L. Lagrange，1736—1813)，这一工作在其双线性型研究中得到体现．

从19世纪50年代开始，英国数学家凯莱和西尔维斯特进一步发展了矩阵理论，且把矩阵作为极为重要的研究工具．凯莱一般被公认为是矩阵论的创立者，因为他首先把矩阵作为一个独立的数学概念提出来，并首先发表了关于这个题目的一系列文章．

经过两个多世纪的发展，矩阵由最初作为一种工具到现在已成为独立的一门数学分支——矩阵论．矩阵及其理论现在已应用于自然科学、工程技术、社会科学等诸多领域．

§2.1　矩阵的概念

2.1.1　矩阵的定义

线性方程组是经济研究和经济管理中常见的一类数学模型，第1章仅对未知量和方程个数相同的线性方程组进行了讨论，而未知量和方程个数不相同时的线性方程组，可设为

$$\begin{cases} a_{11}x_1+a_{12}x_2+\cdots+a_{1n}x_n=b_1 \\ a_{21}x_1+a_{22}x_2+\cdots+a_{2n}x_n=b_2 \\ \cdots\cdots \\ a_{m1}x_1+a_{m2}x_2+\cdots+a_{mn}x_n=b_m \end{cases}, \tag{2-1}$$

它的解还没有讨论，不过可以明显地感觉到其解完全取决于未知量前面的系数及常数

项，取决于由这些数构成的一个矩形数表，即

$$\begin{pmatrix} a_{11} & a_{12} & \cdots & a_{1n} & b_1 \\ a_{21} & a_{22} & \cdots & a_{2n} & b_2 \\ \vdots & \vdots & & \vdots & \vdots \\ a_{m1} & a_{m2} & \cdots & a_{mn} & b_m \end{pmatrix}. \tag{2-2}$$

例如，设有线性方程组

$$\begin{cases} 2x_1 - x_2 + x_3 + x_4 = 1 \\ x_1 + x_2 - 3x_3 + 2x_4 = -2 \\ x_2 + 2x_3 - x_4 = -1 \\ 3x_1 - 2x_2 + x_3 + 3x_4 = 4 \end{cases},$$

未知量前面的系数及常数项构成一个矩形表，即

$$\begin{pmatrix} 2 & -1 & 1 & 1 & 1 \\ 1 & 1 & -3 & 2 & -2 \\ 0 & 1 & 2 & -1 & -1 \\ 3 & -2 & 1 & 3 & 4 \end{pmatrix}.$$

又如，某企业生产四种产品，各种产品的季度产值(万元)分别如表 2-1 所示．

表 2-1　四种产品的季度产值

产值 产品 / 季度	产品 1	产品 2	产品 3	产品 4
1	45	56	60	70
2	40	55	55	80
3	50	50	60	80
4	55	60	60	85

则该企业各季度产值可以用数表表示成

$$\begin{pmatrix} 45 & 56 & 60 & 70 \\ 40 & 55 & 55 & 80 \\ 50 & 50 & 60 & 80 \\ 55 & 60 & 60 & 85 \end{pmatrix}$$

从数表中可以看出该企业各种产品季度产值，同时也揭示了产值随季度变化的规律、季增长率和年产量等情况．在实际中，这种数表还有许多，如果不考虑这些数字的具体含义而抽象出来，这种数表就称为矩阵．

定义 1　由 $m\times n$ 个数 a_{ij} ($i=1, 2, \cdots, m$; $j=1, 2, \cdots, n$)按一定次序排列成的 m 行 n 列的矩形数表

$$\mathbf{A}=\begin{pmatrix} a_{11} & a_{12} & \cdots & a_{1n} \\ a_{21} & a_{22} & \cdots & a_{2n} \\ \vdots & \vdots & & \vdots \\ a_{m1} & a_{m2} & \cdots & a_{mn} \end{pmatrix} \tag{2-3}$$

称为 m 行 n 列矩阵，或 $m\times n$ 矩阵，简称矩阵．这 $m\times n$ 个数 a_{ij} 称为矩阵 $\boldsymbol{A}$ 的元素，简称为元；数 a_{ij} 位于矩阵 $\boldsymbol{A}$ 的第 i 行第 j 列，称为矩阵 $\boldsymbol{A}$ 的 (i,j) 元．

式(2-3)可简记为 $\boldsymbol{A}=(a_{ij})_{m\times n}$，$m\times n$ 矩阵 $\boldsymbol{A}$ 也记为 $\boldsymbol{A}_{m\times n}$．一般矩阵用大写字母 $\boldsymbol{A}$，$\boldsymbol{B}$，$\boldsymbol{C}$，…表示．

元素是实数的矩阵称为实矩阵，元素是复数的矩阵称为复矩阵．本书中的矩阵除特别说明外，都指实矩阵．

定义 2 两个矩阵的行数相等，列数也相等时，则称它们是同型矩阵．

定义 3 如果 $\boldsymbol{A}=(a_{ij})$ 与 $\boldsymbol{B}=(b_{ij})$ 是同型矩阵，并且它们的对应元素相等，即 $a_{ij}=b_{ij}(i=1,2,\cdots,m;j=1,2,\cdots,n)$，则称矩阵 $\boldsymbol{A}$ 与矩阵 $\boldsymbol{B}$ 相等，记为 $\boldsymbol{A}=\boldsymbol{B}$.

2.1.2 几种特殊矩阵

1. 行矩阵和列矩阵

当 $m=1$ 时，

$$\boldsymbol{A}=(a_{11},a_{12},\cdots,a_{1n})$$

称为行矩阵(在第 4 章中也称行向量).

当 $n=1$ 时，

$$\boldsymbol{A}=\begin{pmatrix}a_{11}\\a_{21}\\\vdots\\a_{m1}\end{pmatrix}$$

称为列矩阵(在第 4 章中也称列向量).

2. 零矩阵

元素都是零的矩阵称为零矩阵，记为 $\boldsymbol{O}$. 注意不同型的零矩阵是不同的．例如

$$\begin{pmatrix}0&0\\0&0\end{pmatrix}\quad 与\quad \begin{pmatrix}0&0&0\\0&0&0\\0&0&0\end{pmatrix}$$

是不同的零矩阵．

3. 方阵

$m=n$ 的矩阵(又称 n 阶方阵)记为 $\boldsymbol{A}_n$ 或 $\boldsymbol{A}$.

4. 三角矩阵

如果 n 阶方阵 $\boldsymbol{A}=(a_{ij})$ 中的元素满足条件

$$a_{ij}=0\quad(i>j)\quad(i,j=1,2,\cdots,n),$$

即 $\boldsymbol{A}$ 的主对角线以下的元素都为零，则称 $\boldsymbol{A}$ 为上三角矩阵．类似地，当 $i<j$ 时，$a_{ij}=0$，称为下三角矩阵．如

$$\begin{pmatrix}a_{11}&a_{12}&\cdots&a_{1n}\\&a_{22}&\cdots&a_{2n}\\&&\ddots&\vdots\\&&&a_{nn}\end{pmatrix}\quad 与\quad \begin{pmatrix}a_{11}&&&\\a_{21}&a_{22}&&\\\vdots&\vdots&\ddots&\\a_{n1}&a_{n2}&\cdots&a_{nn}\end{pmatrix}$$

分别为 n 阶上三角矩阵和 n 阶下三角矩阵.

5. 对角矩阵

主对角线以外的所有元素都为 0 的方阵

$$\boldsymbol{A}=\mathrm{diag}(a_{11}, a_{22}, \cdots, a_{nn})=\begin{pmatrix} a_{11} & & & \\ & a_{22} & & \\ & & \ddots & \\ & & & a_{nn} \end{pmatrix}$$

称为对角矩阵.

如果对角线元素 $a_{11}=a_{22}=\cdots a_{nn}=a$，则称 $\boldsymbol{A}$ 为数量矩阵，记为 $a\boldsymbol{E}$.

6. 单位矩阵

主对角线上元素都为 1 的对角矩阵称为 n 阶单位矩阵，记做 $\boldsymbol{E}_n$ 或 $\boldsymbol{E}$.

$$\boldsymbol{E}_n=\begin{pmatrix} 1 & 0 & \cdots & 0 \\ 0 & 1 & \cdots & 0 \\ \vdots & \vdots & & \vdots \\ 0 & 0 & \cdots & 1 \end{pmatrix}.$$

7. 对称矩阵

设 $\boldsymbol{A}$ 为 n 阶方阵，如果满足

$$a_{ij}=a_{ji} \quad (i, j=1, 2, \cdots, n),$$

则称 $\boldsymbol{A}$ 为对称矩阵.

对称矩阵的特点：它的元素以主对角线为对称轴对应相等. 例如,

$$\begin{pmatrix} 0 & 2 \\ 2 & 1 \end{pmatrix} \quad 与 \quad \begin{pmatrix} 1 & 0 & 2 \\ 0 & 2 & -1 \\ 2 & -1 & 3 \end{pmatrix}$$

均为对称矩阵.

8. 反对称矩阵

设 $\boldsymbol{A}$ 为 n 阶方阵，如果满足

$$a_{ij}=-a_{ji} \quad (i, j=1, 2, \cdots, n),$$

则称 $\boldsymbol{A}$ 为反对称矩阵，显然反对称矩阵的主对角线元都是零. 例如,

$$\begin{pmatrix} 0 & -2 \\ 2 & 0 \end{pmatrix} \quad 与 \quad \begin{pmatrix} 0 & 1 & 2 \\ -1 & 0 & 3 \\ -2 & -3 & 0 \end{pmatrix}$$

均为反对称矩阵.

矩阵的应用非常广泛，下面仅举几例.

例如，四个城市间单向航线如图 2-1 所示，若令

$$a_{ij}=\begin{cases} 1 & 当从 i 市到 j 市有一条单向航线 \\ 0 & 当从 i 市到 j 市没有单向航线 \end{cases},$$

则图 2-1 可用矩阵表示为

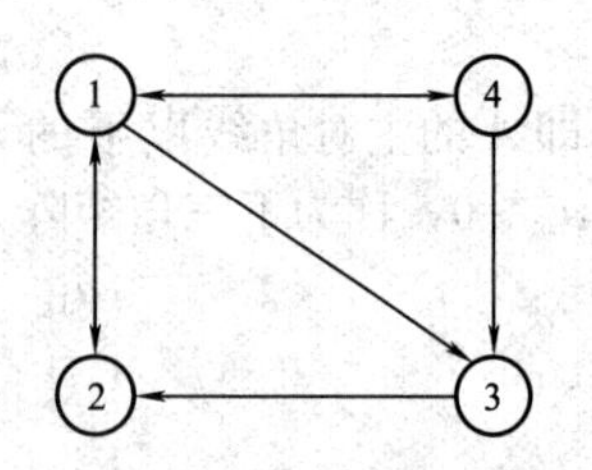

图 2-1　四个城市间单向航线

$$\mathbf{A}=(a_{ij})=\begin{pmatrix}0&1&1&1\\1&0&0&0\\0&1&0&0\\1&0&1&0\end{pmatrix}.$$

一般地，若干点之间的单向通道都可用类似的矩阵表示．

例如，n 个变量 x_1，x_2，x_3，…，x_n 与 m 个变量 y_1，y_2，y_3，…，y_m 之间的关系式

$$\begin{cases}y_1=a_{11}x_1+a_{12}x_2+\cdots+a_{1n}x_n\\y_2=a_{21}x_1+a_{22}x_2+\cdots+a_{2n}x_n\\\cdots\cdots\\y_m=a_{m1}x_1+a_{m2}x_2+\cdots+a_{mn}x_n\end{cases}\tag{2-4}$$

表示一个从变量 x_1，x_2，x_3，…，x_n 到变量 y_1，y_2，y_3，…，y_m 的线性变换，其中，a_{ij} 为常数，线性变换(2-4)的系数 a_{ij} 构成矩阵 $\mathbf{A}=(a_{ij})_{m\times n}$．给定了线性变换(2-4)，它的系数所构成的矩阵(称为系数矩阵)也就确定．反之，如果给出一个矩阵作为线性变换的系数矩阵，则线性变换也就确定．在这个意义上，线性变换和矩阵之间存在着一一对应的关系．

如线性变换

$$\begin{cases}y_1=\lambda_1x_1\\y_2=\lambda_2x_2\\\cdots\cdots\\y_n=\lambda_nx_n\end{cases}$$

对应 n 阶方阵

$$\mathbf{A}=\begin{pmatrix}\lambda_1&0&\cdots&0\\0&\lambda_2&\cdots&0\\\vdots&\vdots&&\vdots\\0&0&\cdots&\lambda_n\end{pmatrix},$$

也可记为

$$\mathbf{A}=\mathrm{diag}(\lambda_1,\ \lambda_2,\ \cdots,\ \lambda_n).$$

由于矩阵和线性变换之间存在一一对应的关系，因此可以利用矩阵来研究线性变换，也可以利用线性变换来解释矩阵的含义．

例如，矩阵 $\begin{pmatrix}1&0\\0&0\end{pmatrix}$ 所对应的线性变换

$$\begin{cases}x_1=x\\y_1=0\end{cases}$$

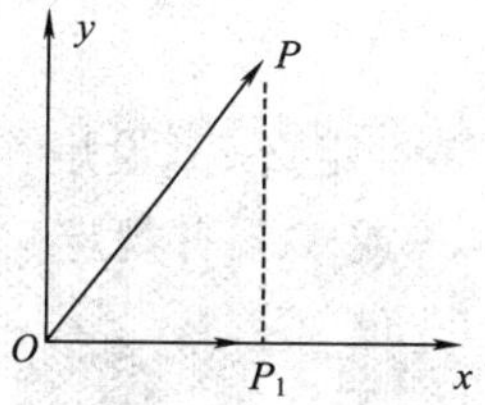

图 2-2　投影变换

可看为 xOy 平面上把点 $P(x,\ y)$ 变为点 $P_1(x,\ 0)$ 的变换(见图 2-2)，由于 $P_1(x,\ 0)$ 是点 $P(x,\ y)$ 在 x 轴上的投影(也就是向量 $\overrightarrow{OP_1}$ 是向量 $\overrightarrow{OP}$ 在 x 轴上的投影向量)，因此这是一个投影变换．

§2.2 矩阵的运算

2.2.1 矩阵的加法与减法

定义 4 设有两个 $m\times n$ 矩阵 $\boldsymbol{A}=(a_{ij})$，$\boldsymbol{B}=(b_{ij})$，那么矩阵 $\boldsymbol{A}$ 与 $\boldsymbol{B}$ 的和记为 $\boldsymbol{A}+\boldsymbol{B}$，并规定

$$\boldsymbol{A}+\boldsymbol{B}=\begin{pmatrix} a_{11}+b_{11} & a_{12}+b_{12} & \cdots & a_{1n}+b_{1n} \\ a_{21}+b_{21} & a_{22}+b_{22} & \cdots & a_{2n}+b_{2n} \\ \vdots & \vdots & & \vdots \\ a_{m1}+b_{m1} & a_{m2}+b_{m2} & \cdots & a_{mn}+b_{mn} \end{pmatrix}.$$

应该注意，只有当两个矩阵是同型矩阵时，这两个矩阵才能进行加法运算.

由定义，不难证明矩阵加法满足下列运算规律(设 $\boldsymbol{A}$，$\boldsymbol{B}$，$\boldsymbol{C}$，$\boldsymbol{O}$ 都是 $m\times n$ 矩阵)：

(1)交换律：$\boldsymbol{A}+\boldsymbol{B}=\boldsymbol{B}+\boldsymbol{A}$；

(2)结合律：$(\boldsymbol{A}+\boldsymbol{B})+\boldsymbol{C}=\boldsymbol{A}+(\boldsymbol{B}+\boldsymbol{C})$；

(3)$\boldsymbol{A}+\boldsymbol{O}=\boldsymbol{A}$；

(4)$\boldsymbol{A}+(-\boldsymbol{A})=\boldsymbol{O}$.

设矩阵 $\boldsymbol{A}=(a_{ij})_{m\times n}$，记 $-\boldsymbol{A}=(-a_{ij})_{m\times n}$，$-\boldsymbol{A}$ 称为矩阵 $\boldsymbol{A}$ 的负矩阵，显然有

$$\boldsymbol{A}+(-\boldsymbol{A})=\boldsymbol{O}.$$

由此规定矩阵的减法为 $\boldsymbol{A}-\boldsymbol{B}=\boldsymbol{A}+(-\boldsymbol{B})$.

注意： 只有当两个矩阵是同型矩阵时，这两个矩阵才能进行加(减)法运算，且同型矩阵之和(差)与原来两个矩阵仍为同型矩阵.

2.2.2 数与矩阵相乘

定义 5 设矩阵 $\boldsymbol{A}=(a_{ij})_{m\times n}$，$\lambda$ 为任意实数，则数 λ 与矩阵 $\boldsymbol{A}$ 的乘积(λa_{ij})记为 $\lambda\boldsymbol{A}$ 或 $\boldsymbol{A}\lambda$，并规定

$$\lambda\boldsymbol{A}=\boldsymbol{A}\lambda=\begin{pmatrix} \lambda a_{11} & \lambda a_{12} & \cdots & \lambda a_{1n} \\ \lambda a_{21} & \lambda a_{22} & \cdots & \lambda a_{2n} \\ \vdots & \vdots & & \vdots \\ \lambda a_{m1} & \lambda a_{m2} & \cdots & \lambda a_{mn} \end{pmatrix}.$$

数乘矩阵满足下列运算规律(设 $\boldsymbol{A}$，$\boldsymbol{B}$ 为 $m\times n$ 矩阵；k，λ 为常数)：

(1)$1\boldsymbol{A}=\boldsymbol{A}$；

(2)$(k\lambda)\boldsymbol{A}=k(\lambda\boldsymbol{A})$；

(3)$(k+\lambda)\boldsymbol{A}=k\boldsymbol{A}+\lambda\boldsymbol{A}$；

(4)$\lambda(\boldsymbol{A}+\boldsymbol{B})=\lambda\boldsymbol{A}+\lambda\boldsymbol{B}$.

矩阵相加与数乘矩阵合起来，统称为矩阵的线性运算．

2.2.3 矩阵的乘法

设有两个线性运算，即由变量 x_1，x_2，x_3 到变量 y_1，y_2 的一个线性运算，以及由变量 t_1，t_2 到变量 x_1，x_2，x_3 的一个线性运算，分别为

$$\begin{cases} y_1=a_{11}x_1+a_{12}x_2+a_{13}x_3 \\ y_2=a_{21}x_1+a_{22}x_2+a_{23}x_3 \end{cases}, \tag{2-5}$$

$$\begin{cases} x_1=b_{11}t_1+b_{12}t_2 \\ x_2=b_{21}t_1+b_{22}t_2, \\ x_3=b_{31}t_1+b_{32}t_2 \end{cases} \tag{2-6}$$

若想求出从 t_1，t_2 到 y_1，y_2 的线性变换，可将式(2-6)代入式(2-5)，便得

$$\begin{cases} y_1=(a_{11}b_{11}+a_{12}b_{21}+a_{13}b_{31})t_1+(a_{11}b_{12}+a_{12}b_{22}+a_{13}b_{32})t_2 \\ y_2=(a_{21}b_{11}+a_{22}b_{21}+a_{23}b_{31})t_1+(a_{21}b_{12}+a_{22}b_{22}+a_{23}b_{32})t_2 \end{cases}. \tag{2-7}$$

把线性变换(2-7)称为线性运算式(2-5)与式(2-6)的乘积，相应地，把式(2-7)所对应的矩阵定义为式(2-5)与式(2-6)所对应的矩阵的乘积，即

$$\begin{pmatrix} a_{11} & a_{12} & a_{13} \\ a_{21} & a_{22} & a_{23} \end{pmatrix}\begin{pmatrix} b_{11} & b_{12} \\ b_{21} & b_{22} \\ b_{31} & b_{32} \end{pmatrix}=\begin{pmatrix} a_{11}b_{11}+a_{12}b_{21}+a_{13}b_{31} & a_{11}b_{12}+a_{12}b_{22}+a_{13}b_{32} \\ a_{21}b_{11}+a_{22}b_{21}+a_{23}b_{31} & a_{21}b_{12}+a_{22}b_{22}+a_{23}b_{32} \end{pmatrix}.$$

定义 6 设有矩阵 $\boldsymbol{A}=(a_{ij})_{m\times l}$，$\boldsymbol{B}=(b_{ij})_{l\times n}$，则矩阵 $\boldsymbol{C}$ 称为矩阵 $\boldsymbol{A}$ 与矩阵 $\boldsymbol{B}$ 的乘积，记为 $\boldsymbol{C}=\boldsymbol{AB}$，其中 $\boldsymbol{C}=(a_{ij})_{m\times n}$满足

$$c_{ij}=c_{i1}b_{1j}+a_{i2}b_{2j}+\cdots+a_{il}b_{lj}=\sum_{k=1}^{l}a_{ik}b_{kj}$$

$$(i=1, 2, \cdots, m; j=1, 2, \cdots, n). \tag{2-8}$$

由定义 6 不难发现：

(1)只有当第一个矩阵(左矩阵)的列数和第二个矩阵(右矩阵)的行数相等时，两矩阵才能相乘；

(2)$\boldsymbol{C}$ 中第 i 行第 j 列的元素 c_{ij} 等于矩阵 $\boldsymbol{A}$ 的第 i 行与矩阵 $\boldsymbol{B}$ 的第 j 列对应元素乘积的和；

(3)一个行矩阵与一个列矩阵的乘积为一个数，例如

$$\boldsymbol{A}=(a_1, a_2, \cdots, a_n), \boldsymbol{B}=\begin{pmatrix} b_1 \\ b_2 \\ \vdots \\ b_n \end{pmatrix},$$

则
$$\boldsymbol{AB}=(a_1, a_2, \cdots, a_n)\begin{pmatrix}b_1\\b_2\\\vdots\\b_n\end{pmatrix}=a_1b_1+a_2b_2+\cdots+a_nb_n;$$

(4)$\boldsymbol{E}_m\boldsymbol{A}_{m\times n}=\boldsymbol{A}_{m\times n}\boldsymbol{E}_n=\boldsymbol{A}_{m\times n}$，其中，$\boldsymbol{E}$ 为单位矩阵，这说明单位矩阵和矩阵的乘法运算中的作用与数 1 在数的乘法中的作用类似．

注意：

(1)矩阵的乘法不满足交换律，即在一般情形下，$\boldsymbol{AB}\neq\boldsymbol{BA}$；

(2)由 $\boldsymbol{AB}=\boldsymbol{O}$，不能得出 $\boldsymbol{A}=\boldsymbol{O}$ 或 $\boldsymbol{B}=\boldsymbol{O}$ 的结论；

(3)由 $\boldsymbol{AB}=\boldsymbol{AC}$，且 $\boldsymbol{A}\neq\boldsymbol{O}$，不能推出 $\boldsymbol{B}=\boldsymbol{C}$.

由定义 6 可以证明，矩阵的乘法和数乘满足下列运算规律(假设运算都是可行的)：

(1)结合律$(\boldsymbol{AB})\boldsymbol{C}=\boldsymbol{A}(\boldsymbol{BC})$；

(2)数乘结合律 $k(\boldsymbol{AB})=(k\boldsymbol{A})\boldsymbol{B}=\boldsymbol{A}(k\boldsymbol{B})$(其中 k 为常数)；

(3)左分配律 $\boldsymbol{A}(\boldsymbol{B}+\boldsymbol{C})=\boldsymbol{AB}+\boldsymbol{AC}$；

(4)右分配律$(\boldsymbol{B}+\boldsymbol{C})\boldsymbol{A}=\boldsymbol{BA}+\boldsymbol{CA}$.

由于矩阵的乘法满足结合律，所以 n 个方阵 $\boldsymbol{A}$ 相乘有意义，因此可以定义方阵 $\boldsymbol{A}$ 的幂．

定义 7 设 $\boldsymbol{A}$ 是 n 阶方阵，k 为正整数，则称
$$\boldsymbol{A}^k=\boldsymbol{A}\cdot\boldsymbol{A}\cdot\cdots\cdot\boldsymbol{A}$$
为 $\boldsymbol{A}$ 的 k 次幂．

规定 $\boldsymbol{A}^0=\boldsymbol{E}$，由于矩阵乘法适合结合律，但不满足交换律，因此有

(1)$\boldsymbol{A}^k\boldsymbol{A}^l=\boldsymbol{A}^{k+l}$；

(2)$(\boldsymbol{A}^k)^l=A^{kl}$；

(3)通常情况下，$(\boldsymbol{AB})^k\neq\boldsymbol{A}^k\boldsymbol{B}^k$.

注意： 由 $\boldsymbol{A}^k=\boldsymbol{O}(k>1)$，推不出 $\boldsymbol{A}=\boldsymbol{O}$. 例如，$\boldsymbol{A}=\begin{pmatrix}0&0\\1&0\end{pmatrix}$，$\boldsymbol{A}^2=\boldsymbol{O}$，但 $\boldsymbol{A}\neq\boldsymbol{O}$.

2.2.4 矩阵的转置

定义 8 已知 $m\times n$ 矩阵 $\boldsymbol{A}=(a_{ij})_{m\times n}$，将 $\boldsymbol{A}$ 的行列依次互换，得到一个 $n\times m$ 矩阵，称为矩阵 $\boldsymbol{A}$ 的转置矩阵，记为 $\boldsymbol{A}^{\mathrm{T}}$ 或 $\boldsymbol{A}'$. 即
$$\boldsymbol{A}^{\mathrm{T}}=\begin{pmatrix}a_{11}&a_{21}&\cdots&a_{m1}\\a_{12}&a_{22}&\cdots&a_{m2}\\\vdots&\vdots&&\vdots\\a_{1n}&a_{2n}&\cdots&a_{mn}\end{pmatrix}.$$

例如，$\boldsymbol{A}=\begin{pmatrix}2 & 1 & 0\\ 3 & -1 & 1\end{pmatrix}$，则 $\boldsymbol{A}^{\mathrm{T}}=\begin{pmatrix}2 & 3\\ 1 & -1\\ 0 & 1\end{pmatrix}$.

矩阵转置具有下述运算规律(假设运算都是可行的)，即法则：

(1)$(\boldsymbol{A}^{\mathrm{T}})^{\mathrm{T}}=\boldsymbol{A}$；

(2)$(\boldsymbol{A}+\boldsymbol{B})^{\mathrm{T}}=\boldsymbol{A}^{\mathrm{T}}+\boldsymbol{B}^{\mathrm{T}}$；

(3)$(\lambda\boldsymbol{A})^{\mathrm{T}}=\lambda\boldsymbol{A}^{\mathrm{T}}$；

(4)$(\boldsymbol{AB})^{\mathrm{T}}=\boldsymbol{B}^{\mathrm{T}}\boldsymbol{A}^{\mathrm{T}}$.

由定义知，法则(1)、(2)、(3)易证，此处仅证明法则(4).

设 $\boldsymbol{A}=(a_{ij})_{m\times s}$，$\boldsymbol{B}=(b_{ij})_{s\times m}$，记 $\boldsymbol{AB}=\boldsymbol{C}=(c_{ij})_{m\times n}$，$\boldsymbol{B}^{\mathrm{T}}\boldsymbol{A}^{\mathrm{T}}=\boldsymbol{D}=(d_{ij})_{n\times m}$，于是按(2-4)式，有

$$c_{ij}=\sum_{k=1}^{s}a_{ik}b_{kj}\ .$$

而 $\boldsymbol{B}^{\mathrm{T}}$ 的第 i 行为$(b_{1i},\ \cdots,\ b_{si})$，$\boldsymbol{A}^{\mathrm{T}}$ 的第 j 列为$(a_{j1},\ \cdots,\ a_{js})$，因此

$$d_{ij}=\sum_{k=1}^{s}k_{ik}a_{jk}=\sum_{k=1}^{s}a_{jk}b_{ki}\ ,$$

所以 $d_{ij}=c_{ji}(i=1,\ 2,\ \cdots,\ n;\ j=1,\ 2,\ \cdots,\ m)$，即 $\boldsymbol{D}=\boldsymbol{C}^{\mathrm{T}}$，亦即

$$\boldsymbol{B}^{\mathrm{T}}\boldsymbol{A}^{\mathrm{T}}=(\boldsymbol{AB})^{\mathrm{T}}.$$

注意：法则(2)和法则(4)可以推广到有限个矩阵的情况，即

$$(\boldsymbol{A}_1+\boldsymbol{A}_2+\cdots+\boldsymbol{A}_s)^{\mathrm{T}}=\boldsymbol{A}_1^{\mathrm{T}}+\boldsymbol{A}_2^{\mathrm{T}}+\cdots+\boldsymbol{A}_s^{\mathrm{T}},$$

$$(\boldsymbol{A}_1\boldsymbol{A}_2\cdots\boldsymbol{A}_s)^{\mathrm{T}}=\boldsymbol{A}_s^{\mathrm{T}}\cdots\boldsymbol{A}_2^{\mathrm{T}}\boldsymbol{A}_1^{\mathrm{T}}.$$

2.2.5 方阵的行列式

定义 9 由 n 阶方阵 $\boldsymbol{A}$ 的元素所构成的 n 阶行列式(各元素的位置不变)，称为方阵 $\boldsymbol{A}$ 的行列式，记做 $|\boldsymbol{A}|$ 或 $\det\boldsymbol{A}$，即

$$|\boldsymbol{A}|=|(a_{ij})_{m\times n}|=\begin{vmatrix}a_{11} & a_{12} & \cdots & a_{1n}\\ a_{21} & a_{22} & \cdots & a_{2n}\\ \vdots & \vdots & & \vdots\\ a_{n1} & a_{n2} & \cdots & a_{nn}\end{vmatrix}. \tag{2-9}$$

注意：方阵与行列式是两个不同的概念，n 阶方阵是 n^2 个数按一定方式排成的数表，而 n 阶行列式则是这些数(也就是数表 $\boldsymbol{A}$)按一定的运算法则所确定的一个数.

由 $\boldsymbol{A}$ 确定 $|\boldsymbol{A}|$ 的这个运算满足下述运算规律(设 $\boldsymbol{A}$，$\boldsymbol{B}$ 为 n 阶方阵，k 为常数)：

(1) $|\boldsymbol{A}^{\mathrm{T}}|=|\boldsymbol{A}|$(行列式行列互换，行列式值不变)；

(2) $|k\boldsymbol{A}|=k^n|\boldsymbol{A}|$($n$ 为矩阵的阶数)；

(3) $|\boldsymbol{AB}|=|\boldsymbol{A}|\ |\boldsymbol{B}|$.

注意：对于 n 阶方阵 $\boldsymbol{A}$，$\boldsymbol{B}$，一般来说 $\boldsymbol{AB}\neq\boldsymbol{BA}$，但由(3)可知 $|\boldsymbol{AB}|=|\boldsymbol{BA}|$. 另外，(3)还可以推广到有限个方阵的乘积的行列式，即 $|\boldsymbol{A}_1\boldsymbol{A}_2\cdots\boldsymbol{A}_s|=|\boldsymbol{A}_1||\boldsymbol{A}_2|\cdots|\boldsymbol{A}_s|$.

在此仅证明(3). 设 $\boldsymbol{A}=(a_{ij})$，$\boldsymbol{B}=(b_{ij})$. 记 $2n$ 阶行列式

$$D=\begin{vmatrix} a_{11} & \cdots & a_{1n} & 0 & \cdots & 0 \\ \vdots & & \vdots & \vdots & & \vdots \\ a_{n1} & \cdots & a_{nn} & 0 & \cdots & 0 \\ -1 & \cdots & 0 & b_{11} & \cdots & b_{1n} \\ \vdots & & \vdots & \vdots & & \vdots \\ 0 & \cdots & -1 & b_{n1} & \cdots & b_{nn} \end{vmatrix}=\begin{vmatrix} \boldsymbol{A} & \boldsymbol{O} \\ -\boldsymbol{E} & \boldsymbol{B} \end{vmatrix}.$$

由前面的所学内容可知 $D=|\boldsymbol{A}||\boldsymbol{B}|$，而在 D 中以 b_{1j} 乘第 1 列，b_{2j} 乘第 2 列，…，b_{nj} 乘第 n 列，都加到第 $n+j$ 列上($j=1, 2, \cdots, n$)，有

$$D=\begin{vmatrix} \boldsymbol{A} & \boldsymbol{C} \\ -\boldsymbol{E} & \boldsymbol{O} \end{vmatrix},$$

其中，$\boldsymbol{C}=(c_{ij})$，$c_{ij}=b_{1j}a_{i1}+b_{2j}a_{i2}+\cdots+b_{nj}a_{in}$，故 $\boldsymbol{C}=\boldsymbol{AB}$.

再对 D 的行做 $r_j\leftrightarrow r_{j+n}$($j=1, 2, \cdots, n$)，有

$$D=(-1)^n\begin{vmatrix} \boldsymbol{A} & \boldsymbol{C} \\ -\boldsymbol{E} & \boldsymbol{O} \end{vmatrix},$$

则有

$$D=(-1)^n|-\boldsymbol{E}||\boldsymbol{C}|=(-1)^n(-1)^n|\boldsymbol{C}|=|\boldsymbol{C}|=|\boldsymbol{AB}|,$$

于是 $|\boldsymbol{AB}|=|\boldsymbol{BA}|$.

例 1 设 $\boldsymbol{A}=\begin{pmatrix} 1 & 2 & 3 \\ 0 & 1 & 2 \end{pmatrix}$，$\boldsymbol{B}=\begin{pmatrix} -2 & 3 & 1 \\ 1 & 2 & 0 \end{pmatrix}$，求 $\boldsymbol{A}+\boldsymbol{B}$.

解

$$\boldsymbol{A}+\boldsymbol{B}=\begin{pmatrix} 1+(-2) & 2+3 & 3+1 \\ 0+1 & 1+2 & 2+0 \end{pmatrix}=\begin{pmatrix} -1 & 5 & 4 \\ 1 & 3 & 2 \end{pmatrix}.$$

例 2 设 $\boldsymbol{A}=\begin{pmatrix} 2 & 1 & -1 \\ 3 & 0 & 2 \end{pmatrix}$，$\boldsymbol{B}=\begin{pmatrix} -1 & 0 & 1 \\ 2 & 3 & -1 \end{pmatrix}$，求 $\boldsymbol{A}-2\boldsymbol{B}$.

解

$$\begin{aligned}\boldsymbol{A}-2\boldsymbol{B}&=\begin{pmatrix} 2 & 1 & -1 \\ 3 & 0 & 2 \end{pmatrix}-2\begin{pmatrix} -1 & 0 & 1 \\ 2 & 3 & -1 \end{pmatrix}\\&=\begin{pmatrix} 2 & 1 & -1 \\ 3 & 0 & 2 \end{pmatrix}-\begin{pmatrix} -2 & 0 & 2 \\ 4 & 6 & -2 \end{pmatrix}\\&=\begin{pmatrix} 4 & 1 & -3 \\ -1 & -6 & 4 \end{pmatrix}.\end{aligned}$$

例 3 设 $\boldsymbol{A}=\begin{pmatrix} 2 & 1 \\ -1 & 2 \end{pmatrix}$ 与 $\boldsymbol{B}=\begin{pmatrix} 2 & -1 & 1 \\ 3 & 0 & 2 \end{pmatrix}$，求 $\boldsymbol{AB}$.

解

$$\boldsymbol{AB}=\begin{pmatrix} 2 & 1 \\ -1 & 2 \end{pmatrix}\begin{pmatrix} 2 & -1 & 1 \\ 3 & 0 & 2 \end{pmatrix}$$

$$=\begin{pmatrix} 2\times2+1\times3 & 2\times(-1)+1\times0 & 2\times1+1\times2 \\ (-1)\times2+2\times3 & (-1)\times(-1)+2\times0 & (-1)\times1+2\times2 \end{pmatrix}$$

$$=\begin{pmatrix} 7 & -2 & 4 \\ 4 & 1 & 3 \end{pmatrix}.$$

注意： 这里 $\boldsymbol{BA}$ 没有意义(请读者思考).

例 4 求矩阵 $\boldsymbol{A}=\begin{pmatrix} 1 & -1 \\ -1 & 1 \end{pmatrix}$ 与 $\boldsymbol{B}=\begin{pmatrix} 1 & -1 \\ 1 & -1 \end{pmatrix}$ 的乘积 $\boldsymbol{AB}$ 与 $\boldsymbol{BA}$.

解 由定义，可得

$$\boldsymbol{AB}=\begin{pmatrix} 1 & -1 \\ -1 & 1 \end{pmatrix}\begin{pmatrix} 1 & -1 \\ 1 & -1 \end{pmatrix}=\begin{pmatrix} 0 & 0 \\ 0 & 0 \end{pmatrix},$$

$$\boldsymbol{BA}=\begin{pmatrix} 1 & -1 \\ 1 & -1 \end{pmatrix}\begin{pmatrix} 1 & -1 \\ -1 & 1 \end{pmatrix}=\begin{pmatrix} 2 & -2 \\ 2 & -2 \end{pmatrix}.$$

例 5 证明 $\begin{pmatrix} \cos\varphi & -\sin\varphi \\ \sin\varphi & -\cos\varphi \end{pmatrix}^n \begin{pmatrix} \cos n\varphi & -\sin n\varphi \\ \sin n\varphi & -\cos n\varphi \end{pmatrix}$.

证 用数学归纳法. 当 $n=1$ 时，等式显然成立. 设 $n=k$ 时成立，即设

$$\begin{pmatrix} \cos\varphi & -\sin\varphi \\ \sin\varphi & -\cos\varphi \end{pmatrix}^k \begin{pmatrix} \cos k\varphi & -\sin k\varphi \\ \sin k\varphi & -\cos k\varphi \end{pmatrix},$$

要证 $n=k+1$ 时成立. 此时有

$$\begin{aligned}\begin{pmatrix} \cos\varphi & -\sin\varphi \\ \sin\varphi & -\cos\varphi \end{pmatrix}^{k+1} &= \begin{pmatrix} \cos\varphi & -\sin\varphi \\ \sin\varphi & -\cos\varphi \end{pmatrix}^k \begin{pmatrix} \cos\varphi & -\sin\varphi \\ \sin\varphi & -\cos\varphi \end{pmatrix} \\ &= \begin{pmatrix} \cos k\varphi & -\sin k\varphi \\ \sin k\varphi & -\cos k\varphi \end{pmatrix}\begin{pmatrix} \cos\varphi & -\sin\varphi \\ \sin\varphi & -\cos\varphi \end{pmatrix} \\ &= \begin{pmatrix} \cos(k+1)\varphi & -\sin(k+1)\varphi \\ \sin(k+1)\varphi & \cos(k+1)\varphi \end{pmatrix},\end{aligned}$$

于是等式得证.

例 6 设 $f(x)=3x^2-4x+1$，矩阵 $\boldsymbol{A}=\begin{pmatrix} 1 & -2 \\ 0 & 3 \end{pmatrix}$，求矩阵多项式 $f(\boldsymbol{A})$.

解 因为

$$\boldsymbol{A}^2=\begin{pmatrix} 1 & -2 \\ 0 & 3 \end{pmatrix}\begin{pmatrix} 1 & -2 \\ 0 & 3 \end{pmatrix}=\begin{pmatrix} 1 & -8 \\ 0 & 9 \end{pmatrix},$$

所以

$$f(\boldsymbol{A})=3\boldsymbol{A}^2-4\boldsymbol{A}+\boldsymbol{E}=3\begin{pmatrix} 1 & -8 \\ 0 & 9 \end{pmatrix}-4\begin{pmatrix} 1 & -2 \\ 0 & 3 \end{pmatrix}+\begin{pmatrix} 1 & 0 \\ 0 & 1 \end{pmatrix}=\begin{pmatrix} 0 & -16 \\ 0 & 16 \end{pmatrix}.$$

例 7 已知 $\boldsymbol{A}=\begin{pmatrix} 2 & 0 & -1 \\ 1 & 3 & 2 \end{pmatrix}$，$\boldsymbol{B}=\begin{pmatrix} 1 & 7 & -1 \\ 4 & 2 & 3 \\ 2 & 0 & 1 \end{pmatrix}$，求 $(\boldsymbol{AB})^{\mathrm{T}}$.

解一 因为

$$\boldsymbol{AB}=\begin{pmatrix}2&0&-1\\1&3&2\end{pmatrix}\begin{bmatrix}1&7&-1\\4&2&3\\2&0&1\end{bmatrix}=\begin{pmatrix}0&14&-3\\17&13&10\end{pmatrix},$$

所以

$$(\boldsymbol{AB})^{\mathrm{T}}=\begin{bmatrix}0&17\\14&13\\-3&10\end{bmatrix}.$$

解二

$$(\boldsymbol{AB})^{\mathrm{T}}=\boldsymbol{B}^{\mathrm{T}}\boldsymbol{A}^{\mathrm{T}}=\begin{bmatrix}1&4&2\\7&2&0\\-1&3&1\end{bmatrix}\begin{bmatrix}2&1\\0&3\\-1&2\end{bmatrix}=\begin{bmatrix}0&17\\14&13\\-3&10\end{bmatrix}.$$

例 8 设 $\boldsymbol{A}$ 与 $\boldsymbol{B}$ 是两个 n 阶反对称矩阵，证明：当且仅当 $\boldsymbol{AB}=-\boldsymbol{BA}$ 时，$\boldsymbol{AB}$ 是反对称矩阵.

证 因为 $\boldsymbol{A}$ 与 $\boldsymbol{B}$ 是反对称矩阵，所以

$$\boldsymbol{A}=-\boldsymbol{A}^{\mathrm{T}},\ \boldsymbol{B}=-\boldsymbol{B}^{\mathrm{T}}.$$

若 $\boldsymbol{AB}=-\boldsymbol{BA}$，则

$$(\boldsymbol{AB})^{\mathrm{T}}=\boldsymbol{B}^{\mathrm{T}}\boldsymbol{A}^{\mathrm{T}}=\boldsymbol{BA}=-\boldsymbol{AB},$$

所以 $\boldsymbol{AB}$ 是反对称矩阵.

反之，若 $\boldsymbol{AB}$ 反对称，即

$$(\boldsymbol{AB})^{\mathrm{T}}=-\boldsymbol{AB},$$

则

$$\boldsymbol{AB}=-(\boldsymbol{AB})^{\mathrm{T}}=-\boldsymbol{B}^{\mathrm{T}}\boldsymbol{A}^{\mathrm{T}}=(-\boldsymbol{B})(-\boldsymbol{A})=-\boldsymbol{BA}.$$

例 9 设列矩阵 $\boldsymbol{X}=(x_1,\ x_2,\ \cdots,\ x_n)^{\mathrm{T}}$ 满足 $\boldsymbol{X}^{\mathrm{T}}\boldsymbol{X}=1$，$\boldsymbol{E}$ 为 n 阶单位矩阵，$\boldsymbol{H}=\boldsymbol{E}-2\boldsymbol{XX}^{\mathrm{T}}$，证明 $\boldsymbol{H}$ 是对称矩阵，且 $\boldsymbol{HH}^{\mathrm{T}}=\boldsymbol{E}$.

证明前请注意：$\boldsymbol{X}^{\mathrm{T}}\boldsymbol{X}=x_1^2+x_2^2+\cdots+x_n^2$ 是一阶方阵，也就是一个数，而 $\boldsymbol{XX}^{\mathrm{T}}$ 是 n 阶方阵.

证 $\boldsymbol{H}^{\mathrm{T}}=(\boldsymbol{E}-2\boldsymbol{XX}^{\mathrm{T}})^{\mathrm{T}}=\boldsymbol{E}^{\mathrm{T}}-2(\boldsymbol{XX}^{\mathrm{T}})^{\mathrm{T}}\boldsymbol{E}-2\boldsymbol{XX}^{\mathrm{T}}=\boldsymbol{H}$，所以 $\boldsymbol{H}$ 是对称矩阵.

$$\begin{aligned}\boldsymbol{HH}^{\mathrm{T}}&=\boldsymbol{H}^2=(\boldsymbol{E}-2\boldsymbol{XX}^{\mathrm{T}})^2\\&=\boldsymbol{E}-4\boldsymbol{XX}^{\mathrm{T}}+4(\boldsymbol{XX}^{\mathrm{T}})(\boldsymbol{XX}^{\mathrm{T}})\\&=\boldsymbol{E}-4\boldsymbol{XX}^{\mathrm{T}}+4\boldsymbol{X}(\boldsymbol{X}^{\mathrm{T}}\boldsymbol{X})\boldsymbol{X}^{\mathrm{T}}\\&=\boldsymbol{E}-4\boldsymbol{XX}^{\mathrm{T}}+4\boldsymbol{XX}^{\mathrm{T}}=\boldsymbol{E}.\end{aligned}$$

例 10 设 $\boldsymbol{A}$ 为三阶矩阵，$|\boldsymbol{A}|=-2$，求 $|2\boldsymbol{A}|$.

解 由于 $\boldsymbol{A}$ 为三阶矩阵，则 $|2\boldsymbol{A}|=2^3|\boldsymbol{A}|=8\times(-2)=-16$.

例 11 设 n 阶方阵 $\boldsymbol{A}=(a_{ij})_{m\times n}$，行列式 $|\boldsymbol{A}|$ 的各个元素的代数余子式 A_{ij} 所构成的如下矩阵

$$
\boldsymbol{A}^*=\begin{pmatrix} A_{11} & A_{21} & \cdots & A_{n1} \\ A_{12} & A_{22} & \cdots & A_{n2} \\ \vdots & \vdots & & \vdots \\ A_{1n} & A_{2n} & \cdots & A_{nn} \end{pmatrix} \tag{2-10}
$$

称为矩阵 $\boldsymbol{A}$ 的伴随矩阵，试证 $\boldsymbol{A}\boldsymbol{A}^*=\boldsymbol{A}^*\boldsymbol{A}=|\boldsymbol{A}|\boldsymbol{E}$.

证 设 $\boldsymbol{A}=(a_{ij})$，记 $\boldsymbol{A}\boldsymbol{A}^*=(b_{ij})$，则

$$
b_{ij}=a_{i1}A_{j1}+a_{i2}A_{j2}+\cdots+a_{in}A_{jn}=|\boldsymbol{A}|\delta_{ij},
$$

故

$$
\boldsymbol{A}\boldsymbol{A}^*=(|\boldsymbol{A}|\delta_{ij})=|\boldsymbol{A}|(\delta_{ij})=|\boldsymbol{A}|\boldsymbol{E}.
$$

类似有

$$
\boldsymbol{A}^*\boldsymbol{A}=\sum_{k=1}^{n}A_{ki}a_{kj}=(|\boldsymbol{A}|\delta_{ij})=|\boldsymbol{A}|\boldsymbol{E}.
$$

注意：此题的结论 $\boldsymbol{A}\boldsymbol{A}^*=\boldsymbol{A}^*\boldsymbol{A}=|\boldsymbol{A}|\boldsymbol{E}$ 经常要用到．

§2.3 逆 矩 阵

解一元线性方程 $ax=1$，当 $a\neq 0$ 时，存在一个数 $a^{-1}=\dfrac{1}{a}$ 是该方程的解，此时称 a^{-1} 为 a 的倒数，也称为 a 的逆数．

由于单位矩阵 $\boldsymbol{E}$ 在矩阵的乘法运算中的作用相当于数 1 在数的乘法中的作用，那么是否也存在一个类似于 a^{-1} 的矩阵(记为 $\boldsymbol{A}^{-1}$)，使 $\boldsymbol{A}\boldsymbol{A}^{-1}=\boldsymbol{A}^{-1}\boldsymbol{A}=\boldsymbol{E}$ 呢？若有，则称 $\boldsymbol{A}$ 可逆，$\boldsymbol{A}^{-1}$ 称为 $\boldsymbol{A}$ 的逆矩阵．

定义 10 设 $\boldsymbol{A}$ 为 n 阶方阵，如果存在一个 n 阶方阵 $\boldsymbol{B}$，使

$$
\boldsymbol{AB}=\boldsymbol{BA}=\boldsymbol{E}, \tag{2-11}
$$

则称矩阵 $\boldsymbol{A}$ 是可逆的，并称矩阵 $\boldsymbol{B}$ 为 $\boldsymbol{A}$ 的逆矩阵(或逆矩阵).

由定义不难发现：

(1)由式(2-11)可以看出，$\boldsymbol{A}$ 与 $\boldsymbol{B}$ 的地位是平等的，故 $\boldsymbol{A}$，$\boldsymbol{B}$ 两矩阵互为逆矩阵，也称 $\boldsymbol{A}$ 是 $\boldsymbol{B}$ 的逆矩阵；

(2)单位矩阵 $\boldsymbol{E}$ 是可逆的，即 $\boldsymbol{E}^{-1}=\boldsymbol{E}$；

(3)零矩阵是不可逆的，即取不到 $\boldsymbol{B}$，使 $\boldsymbol{OB}=\boldsymbol{BO}=\boldsymbol{E}$；

(4)如果 $\boldsymbol{A}$ 可逆，那么 $\boldsymbol{A}$ 的逆矩阵是唯一的．

事实上，设 $\boldsymbol{B}$，$\boldsymbol{C}$ 都是 $\boldsymbol{A}$ 的逆矩阵，则有

$$
\boldsymbol{B}=\boldsymbol{BE}=\boldsymbol{B}(\boldsymbol{AC})=(\boldsymbol{BA})\boldsymbol{C}=\boldsymbol{EC}=\boldsymbol{C}.
$$

$\boldsymbol{A}$ 的逆矩阵记为 $\boldsymbol{A}^{-1}$．即若 $\boldsymbol{AB}=\boldsymbol{BA}=\boldsymbol{E}$，则 $\boldsymbol{B}=\boldsymbol{A}^{-1}$．

定义 11 若 n 阶方阵 $\boldsymbol{A}$ 的行列式 $|\boldsymbol{A}|\neq 0$，则称 $\boldsymbol{A}$ 是非奇异矩阵(或非退化矩阵)，否则称 $\boldsymbol{A}$ 为奇异矩阵(或退化矩阵).

定理 1 n 阶方阵 $\boldsymbol{A}$ 可逆 $\Leftrightarrow |\boldsymbol{A}|\neq 0$，即 $\boldsymbol{A}$ 是非奇异矩阵，且当 $\boldsymbol{A}$ 可逆时

$$\boldsymbol{A}^{-1}=\frac{1}{\boldsymbol{A}}\boldsymbol{A}^{*}. \tag{2-12}$$

证 必要性．因为 $\boldsymbol{A}$ 可逆，由定义有 $\boldsymbol{A}\boldsymbol{A}^{-1}=\boldsymbol{E}$. 故 $|\boldsymbol{A}|\ |\boldsymbol{A}^{-1}|=|\boldsymbol{E}|=1$，所以 $|\boldsymbol{A}|\neq 0$.

充分性．由例 11 知，$\boldsymbol{A}\boldsymbol{A}^{*}=\boldsymbol{A}^{*}\boldsymbol{A}=|\boldsymbol{A}|\boldsymbol{E}$.

由于 $|\boldsymbol{A}|\neq 0$，故 $\boldsymbol{A}\dfrac{1}{|\boldsymbol{A}|}\boldsymbol{A}^{*}=\dfrac{1}{\boldsymbol{A}}\boldsymbol{A}^{*}\boldsymbol{A}=\boldsymbol{E}$.

由定义 10 知，$\boldsymbol{A}$ 可逆，且 $\boldsymbol{A}^{-1}=\dfrac{1}{|\boldsymbol{A}|}\boldsymbol{A}^{*}$.

推论 设 $\boldsymbol{A}$，$\boldsymbol{B}$ 都是 n 阶方阵，若 $\boldsymbol{AB}=\boldsymbol{E}$（或 $\boldsymbol{BA}=\boldsymbol{E}$），则 $\boldsymbol{A}$，$\boldsymbol{B}$ 都是可逆矩阵，且 $\boldsymbol{A}^{-1}=\boldsymbol{B}$，$\boldsymbol{B}^{-1}=\boldsymbol{A}$.

证 因为 $\boldsymbol{AB}=\boldsymbol{E}$，故有 $|\boldsymbol{A}|\ |\boldsymbol{B}|=|\boldsymbol{E}|=1$，从而 $|\boldsymbol{A}|\neq 0$，$|\boldsymbol{B}|\neq 0$. 根据定理 1 知，$\boldsymbol{A}$，$\boldsymbol{B}$ 均可逆，故

$$\boldsymbol{A}^{-1}=\boldsymbol{A}^{-1}\boldsymbol{E}=\boldsymbol{A}^{-1}(\boldsymbol{AB})=(\boldsymbol{A}^{-1}\boldsymbol{A})\boldsymbol{B}=\boldsymbol{EB}=\boldsymbol{B}.$$

同理，$\boldsymbol{B}^{-1}=\boldsymbol{A}$.

注意： 由推论知，在证明 $\boldsymbol{A}$ 可逆时，只需验证 $\boldsymbol{AB}=\boldsymbol{E}$ 或 $\boldsymbol{BA}=\boldsymbol{E}$ 中一个成立即可．

可逆矩阵还具有以下性质：

(1)若 $\boldsymbol{A}$ 可逆，则 $\boldsymbol{A}^{-1}$ 亦可逆，且 $(\boldsymbol{A}^{-1})^{-1}=\boldsymbol{A}$；

(2)若 $\boldsymbol{A}$ 可逆，则 $\boldsymbol{A}^{\mathrm{T}}$ 亦可逆，且 $(\boldsymbol{A}^{\mathrm{T}})^{-1}=(\boldsymbol{A}^{-1})^{\mathrm{T}}$；

(3)若 $\boldsymbol{A}$ 可逆，数 $\lambda\neq 0$，则 $\lambda\boldsymbol{A}$ 可逆，且 $(\lambda\boldsymbol{A})^{-1}=\dfrac{1}{\lambda}\boldsymbol{A}^{-1}$；

(4)若 $\boldsymbol{A}$，$\boldsymbol{B}$ 为同阶方阵且均可逆，则 $\boldsymbol{AB}$ 亦可逆，且 $(\boldsymbol{AB})^{-1}=\boldsymbol{B}^{-1}\boldsymbol{A}^{-1}$；

(5)若 $\boldsymbol{A}$ 可逆，且 $|\boldsymbol{A}^{-1}|=\dfrac{1}{\boldsymbol{A}}$.

性质(1)、(2)、(5)的证明由读者完成，以下仅证明性质(3)、(4).

证 性质(3)因为

$$(\lambda\boldsymbol{A})\left(\frac{1}{\lambda}\boldsymbol{A}^{-1}\right)=\left(\lambda\cdot\frac{1}{\lambda}\right)(\boldsymbol{A}\boldsymbol{A}^{-1})=\boldsymbol{E},$$

所以由推论知，$\lambda\boldsymbol{A}$ 可逆，且 $(\lambda\boldsymbol{A})^{-1}=\dfrac{1}{\lambda}\boldsymbol{A}^{-1}$.

性质(4)因为

$$(\boldsymbol{AB})(\boldsymbol{B}^{-1}\boldsymbol{A}^{-1})=\boldsymbol{A}(\boldsymbol{B}\boldsymbol{B}^{-1})\boldsymbol{A}^{-1}=\boldsymbol{AEA}^{-1}=\boldsymbol{A}\boldsymbol{A}^{-1}=\boldsymbol{E},$$

所以由推论知，$\boldsymbol{AB}$ 可逆，且 $(\boldsymbol{AB})^{-1}=\boldsymbol{B}^{-1}\boldsymbol{A}^{-1}$.

注意： 性质(4)可推广到有限个可逆方阵相乘的情形，即若 $\boldsymbol{A}_1$，$\boldsymbol{A}_2$，…，$\boldsymbol{A}_k$ 为同阶可逆方阵，则 $\boldsymbol{A}_1$，$\boldsymbol{A}_2$，…，$\boldsymbol{A}_k$ 可逆，且 $(\boldsymbol{A}_1\boldsymbol{A}_2\cdots\boldsymbol{A}_k)^{-1}=\boldsymbol{A}_k^{-1}\cdots\boldsymbol{A}_2^{-1}\boldsymbol{A}_1^{-1}$.

例 1 如果 $A=\begin{pmatrix} a_1 & 0 & \cdots & 0 \\ 0 & a_2 & \cdots & 0 \\ \vdots & \vdots & & \vdots \\ 0 & 0 & \cdots & a_n \end{pmatrix}$，其中 $a_i \neq 0 (i=1, 2, \cdots, n)$. 验证

$$A^{-1}=\begin{pmatrix} 1/a_1 & 0 & \cdots & 0 \\ 0 & 1/a_2 & \cdots & 0 \\ \vdots & \vdots & & \vdots \\ 0 & 0 & \cdots & 1/a_n \end{pmatrix}.$$

证 因为

$$\begin{pmatrix} a_1 & 0 & \cdots & 0 \\ 0 & a_2 & \cdots & 0 \\ \vdots & \vdots & & \vdots \\ 0 & 0 & \cdots & a_n \end{pmatrix}\begin{pmatrix} 1/a_1 & 0 & \cdots & 0 \\ 0 & 1/a_2 & \cdots & 0 \\ \vdots & \vdots & & \vdots \\ 0 & 0 & \cdots & 1/a_n \end{pmatrix}$$

$$=\begin{pmatrix} 1/a_1 & 0 & \cdots & 0 \\ 0 & 1/a_2 & \cdots & 0 \\ \vdots & \vdots & & \vdots \\ 0 & 0 & \cdots & 1/a_n \end{pmatrix}\begin{pmatrix} a_1 & 0 & \cdots & 0 \\ 0 & a_2 & \cdots & 0 \\ \vdots & \vdots & & \vdots \\ 0 & 0 & \cdots & a_n \end{pmatrix}=\begin{pmatrix} 1 & 0 & \cdots & 0 \\ 0 & 1 & \cdots & 0 \\ \vdots & \vdots & & \vdots \\ 0 & 0 & \cdots & 1 \end{pmatrix},$$

所以

$$A^{-1}=\begin{pmatrix} 1/a_1 & 0 & \cdots & 0 \\ 0 & 1/a_2 & \cdots & 0 \\ \vdots & \vdots & & \vdots \\ 0 & 0 & \cdots & 1/a_n \end{pmatrix}.$$

例 2 判断下列矩阵是否可逆，若可逆，求其逆矩阵：

$$A=\begin{pmatrix} 1 & 2 & 3 \\ 2 & 2 & 1 \\ 3 & 4 & 3 \end{pmatrix}.$$

解 求得 $|A|=\begin{vmatrix} 1 & 2 & 3 \\ 2 & 2 & 1 \\ 3 & 4 & 3 \end{vmatrix}=2\neq 0$，所以 A 可逆，又因为

$$A_{11}=2,\ A_{21}=6,\ A_{31}=-4,$$
$$A_{12}=-3,\ A_{22}=-6,\ A_{32}=5,$$
$$A_{13}=2,\ A_{23}=2,\ A_{33}=-2,$$

得

$$A^*=\begin{pmatrix} 2 & 6 & -4 \\ -3 & -6 & 5 \\ 2 & 2 & -2 \end{pmatrix},$$

所以

$$A^{-1}=\frac{1}{|A|}A^*=\begin{pmatrix} 1 & 3 & -2 \\ -\frac{3}{2} & -3 & \frac{5}{2} \\ 1 & 1 & -1 \end{pmatrix}.$$

例 3 证明矩阵 $\boldsymbol{A}=\begin{pmatrix}1&0\\0&0\end{pmatrix}$ 无逆矩阵．

证 假定 $\boldsymbol{A}$ 有逆矩阵 $\boldsymbol{B}=(b_{ij})_{2\times 2}$ 使 $\boldsymbol{AB}=\boldsymbol{BA}=\boldsymbol{E}_2$，则

$$\begin{pmatrix}1&0\\0&0\end{pmatrix}\begin{pmatrix}b_{11}&b_{12}\\b_{21}&b_{22}\end{pmatrix}=\begin{pmatrix}b_{11}&b_{12}\\0&0\end{pmatrix}=\boldsymbol{E}_2=\begin{pmatrix}1&0\\0&1\end{pmatrix}.$$

但这是不可能的，因为由 $\begin{pmatrix}b_{11}&b_{12}\\0&0\end{pmatrix}=\begin{pmatrix}1&0\\0&1\end{pmatrix}$ 将推出 $0=1$ 的谬论．因此 $\boldsymbol{A}$ 无逆矩阵．

例 4 设 $\boldsymbol{A}=\begin{pmatrix}1&2&3\\2&2&1\\3&4&3\end{pmatrix}$，$\boldsymbol{B}=\begin{pmatrix}2&1\\5&3\end{pmatrix}$，$\boldsymbol{C}=\begin{pmatrix}1&3\\2&0\\3&1\end{pmatrix}$，求矩阵 $\boldsymbol{X}$ 使其满足 $\boldsymbol{AXB}=\boldsymbol{C}$.

解 若 $\boldsymbol{A}^{-1}$，$\boldsymbol{B}^{-1}$ 存在，则用 $\boldsymbol{A}^{-1}$ 左乘上式，$\boldsymbol{B}^{-1}$ 右乘上式，有

$$\boldsymbol{A}^{-1}\boldsymbol{AXBB}^{-1}=\boldsymbol{A}^{-1}\boldsymbol{CB}^{-1},$$

即

$$\boldsymbol{X}=\boldsymbol{A}^{-1}\boldsymbol{CB}^{-1}.$$

由例 2 知，$|\boldsymbol{A}|\neq 0$，而 $|\boldsymbol{B}|=1\neq 0$，故知 $\boldsymbol{A}$，$\boldsymbol{B}$ 都可逆，且

$$\boldsymbol{A}^{-1}=\begin{pmatrix}1&3&-2\\-\frac{3}{2}&-3&\frac{5}{2}\\1&1&-1\end{pmatrix},\ \boldsymbol{B}^{-1}=\begin{pmatrix}3&-1\\-5&2\end{pmatrix},$$

于是

$$\boldsymbol{X}=\boldsymbol{A}^{-1}\boldsymbol{CB}^{-1}=\begin{pmatrix}1&3&-2\\-\frac{3}{2}&-3&\frac{5}{2}\\1&1&-1\end{pmatrix}\begin{pmatrix}1&3\\2&0\\3&1\end{pmatrix}\begin{pmatrix}3&-1\\-5&2\end{pmatrix}$$

$$=\begin{pmatrix}1&1\\0&-2\\0&2\end{pmatrix}\begin{pmatrix}3&-1\\-5&2\end{pmatrix}=\begin{pmatrix}-2&1\\10&-4\\-10&4\end{pmatrix}.$$

例 5 设 $\boldsymbol{P}=\begin{pmatrix}1&2\\1&4\end{pmatrix}$，$\boldsymbol{\Lambda}=\begin{pmatrix}1&0\\0&2\end{pmatrix}$，$\boldsymbol{AP}=\boldsymbol{P\Lambda}$，求 $\boldsymbol{A}^n$.

解

$$|\boldsymbol{P}|=2,\ \boldsymbol{P}^{-1}=\frac{1}{2}\begin{pmatrix}4&-2\\-1&1\end{pmatrix},$$

$$\boldsymbol{A}=\boldsymbol{P\Lambda P}^{-1},\ \boldsymbol{A}^2=\boldsymbol{P\Lambda P}^{-1}\boldsymbol{P\Lambda P}^{-1}=\boldsymbol{P\Lambda}^2\boldsymbol{P}^{-1},\ \cdots,\ \boldsymbol{A}^n=\boldsymbol{P\Lambda}^n\boldsymbol{P}^{-1},$$

而

$$\boldsymbol{\Lambda}^2=\begin{pmatrix}1&0\\0&2\end{pmatrix}\begin{pmatrix}1&0\\0&2\end{pmatrix}=\begin{pmatrix}1&0\\0&2^2\end{pmatrix},\ \cdots,\ \boldsymbol{\Lambda}^n=\begin{pmatrix}1&0\\0&2^n\end{pmatrix},$$

故

$$\boldsymbol{A}^n=\begin{pmatrix}1&2\\1&4\end{pmatrix}\begin{pmatrix}1&0\\0&2^n\end{pmatrix}\frac{1}{2}\begin{pmatrix}4&-2\\-1&1\end{pmatrix}=\frac{1}{2}\begin{pmatrix}1&2^{n+1}\\1&2^{n+2}\end{pmatrix}\begin{pmatrix}4&-2\\-1&1\end{pmatrix}$$

$$=\frac{1}{2}\begin{pmatrix}4-2^{n+1}&2^{n+1}-2\\4-2^{n+2}&2^{n+2}-2\end{pmatrix}=\begin{pmatrix}2-2^n&2^n-1\\2-2^{n+1}&2^{n+1}-1\end{pmatrix}.$$

§2.4 矩阵的分块

在矩阵的运算中，对于行数和列数较大的矩阵，可以考虑将它们进行分块，将大矩阵的运算转化成小矩阵的运算．

所谓矩阵的分块，就是用若干条纵线和横线把一个矩阵 $\boldsymbol{A}$ 分成多个小矩阵，每个小矩阵称为 $\boldsymbol{A}$ 的子块，以子块作为元素，这种形式上的矩阵称为分块矩阵．对于一个矩阵，可以给出多种分块的方法．

例如，将 3×4 矩阵

$$\boldsymbol{A}=\begin{pmatrix} a_{11} & a_{12} & a_{13} & a_{14} \\ a_{21} & a_{22} & a_{23} & a_{24} \\ a_{31} & a_{32} & a_{33} & a_{34} \end{pmatrix}$$

分成子块的分法很多，下面举出其中四种分块形式：

$$(1)\boldsymbol{A}=\left(\begin{array}{cc:cc} a_{11} & a_{12} & a_{13} & a_{14} \\ a_{21} & a_{22} & a_{23} & a_{24} \\ \hdashline a_{31} & a_{32} & a_{33} & a_{34} \end{array}\right);$$

$$(2)\boldsymbol{A}=\left(\begin{array}{c:ccc} a_{11} & a_{12} & a_{13} & a_{14} \\ a_{21} & a_{22} & a_{23} & a_{24} \\ \hdashline a_{31} & a_{32} & a_{33} & a_{34} \end{array}\right);$$

$$(3)\boldsymbol{A}=\left(\begin{array}{c:c:c:c} a_{11} & a_{12} & a_{13} & a_{14} \\ a_{21} & a_{22} & a_{23} & a_{24} \\ a_{31} & a_{32} & a_{33} & a_{34} \end{array}\right);$$

$$(4)\boldsymbol{A}=\left(\begin{array}{c:cc:c} a_{11} & a_{12} & a_{13} & a_{14} \\ a_{21} & a_{22} & a_{23} & a_{24} \\ \hdashline a_{31} & a_{32} & a_{33} & a_{34} \end{array}\right).$$

分法(1)可记为

$$\boldsymbol{A}=\begin{pmatrix} \boldsymbol{A}_{11} & \boldsymbol{A}_{12} \\ \boldsymbol{A}_{21} & \boldsymbol{A}_{22} \end{pmatrix},$$

其中

$$\boldsymbol{A}_{11}=\begin{pmatrix} a_{11} & a_{12} \\ a_{21} & a_{22} \end{pmatrix},\ \boldsymbol{A}_{12}=\begin{pmatrix} a_{13} & a_{14} \\ a_{23} & a_{24} \end{pmatrix},$$

$$\boldsymbol{A}_{21}=(a_{31} \quad a_{32}),\ \boldsymbol{A}_{22}=(a_{33} \quad a_{34}).$$

即 $\boldsymbol{A}_{11}$，$\boldsymbol{A}_{12}$，$\boldsymbol{A}_{21}$，$\boldsymbol{A}_{22}$ 为 $\boldsymbol{A}$ 的子块，而 $\boldsymbol{A}$ 形式上则以这些子块为元素的分块矩阵．分法(2)及分法(3)的分块矩阵很容易写出．

注意：矩阵 $\boldsymbol{A}$ 本身就可以看成一个只有一块的分块矩阵．

以下列出分块矩阵的几种运算：

(1)设 $\boldsymbol{A}$，$\boldsymbol{B}$ 均为 $m\times n$ 矩阵，将 $\boldsymbol{A}$，$\boldsymbol{B}$ 按同样的方式分块，即得分块矩阵

$$\boldsymbol{A}=\begin{pmatrix}\boldsymbol{A}_{11} & \boldsymbol{A}_{12} & \cdots & \boldsymbol{A}_{1r}\\ \boldsymbol{A}_{21} & \boldsymbol{A}_{22} & \cdots & \boldsymbol{A}_{2r}\\ \vdots & \vdots & & \vdots\\ \boldsymbol{A}_{s1} & \boldsymbol{A}_{s2} & \cdots & \boldsymbol{A}_{sr}\end{pmatrix},\ \boldsymbol{B}=\begin{pmatrix}\boldsymbol{B}_{11} & \boldsymbol{B}_{12} & \cdots & \boldsymbol{B}_{1r}\\ \boldsymbol{B}_{21} & \boldsymbol{B}_{22} & \cdots & \boldsymbol{B}_{2r}\\ \vdots & \vdots & & \vdots\\ \boldsymbol{B}_{s1} & \boldsymbol{B}_{s2} & \cdots & \boldsymbol{B}_{sr}\end{pmatrix},$$

其中，$\boldsymbol{A}_{ij}$ 与 $\boldsymbol{B}_{ij}$ 的行数相同、列数相同，则

$$\boldsymbol{A}+\boldsymbol{B}=\begin{pmatrix}\boldsymbol{A}_{11}+\boldsymbol{B}_{11} & \boldsymbol{A}_{12}+\boldsymbol{B}_{12} & \cdots & \boldsymbol{A}_{1r}+\boldsymbol{B}_{1r}\\ \boldsymbol{A}_{21}+\boldsymbol{B}_{21} & \boldsymbol{A}_{22}+\boldsymbol{B}_{22} & \cdots & \boldsymbol{A}_{2r}+\boldsymbol{B}_{2r}\\ \vdots & \vdots & & \vdots\\ \boldsymbol{A}_{s1}+\boldsymbol{B}_{s1} & \boldsymbol{A}_{s2}\boldsymbol{B}_{s2} & \cdots & \boldsymbol{A}_{sr}+\boldsymbol{B}_{sr}\end{pmatrix}. \tag{2-13}$$

(2)设 $\boldsymbol{A}=\begin{pmatrix}\boldsymbol{A}_{11} & \boldsymbol{A}_{12} & \cdots & \boldsymbol{A}_{1r}\\ \boldsymbol{A}_{21} & \boldsymbol{A}_{22} & \cdots & \boldsymbol{A}_{2r}\\ \vdots & \vdots & & \vdots\\ \boldsymbol{A}_{s1} & \boldsymbol{A}_{s2} & \cdots & \boldsymbol{A}_{sr}\end{pmatrix}$，$k$ 为常数，那么

$$k\boldsymbol{A}=\begin{pmatrix}k\boldsymbol{A}_{11} & k\boldsymbol{A}_{12} & \cdots & k\boldsymbol{A}_{1r}\\ k\boldsymbol{A}_{21} & k\boldsymbol{A}_{22} & \cdots & k\boldsymbol{A}_{2r}\\ \vdots & \vdots & & \vdots\\ k\boldsymbol{A}_{s1} & k\boldsymbol{A}_{s2} & \cdots & k\boldsymbol{A}_{sr}\end{pmatrix}. \tag{2-14}$$

(3)设 $\boldsymbol{A}$ 为 $m\times n$ 矩阵，$\boldsymbol{B}$ 为 $n\times m$ 矩阵，分块成

$$\boldsymbol{A}=\begin{pmatrix}\boldsymbol{A}_{11} & \cdots & \boldsymbol{A}_{1t}\\ \vdots & & \vdots\\ \boldsymbol{A}_{s1} & \cdots & \boldsymbol{A}_{st}\end{pmatrix},\ \boldsymbol{B}=\begin{pmatrix}\boldsymbol{B}_{11} & \cdots & \boldsymbol{B}_{1r}\\ \vdots & & \vdots\\ \boldsymbol{B}_{t1} & \cdots & \boldsymbol{B}_{tr}\end{pmatrix},$$

其中，$\boldsymbol{A}_{i1}$，$\boldsymbol{A}_{i2}$，…，$\boldsymbol{A}_{it}$ 的列数分别等于 $\boldsymbol{B}_{1j}$，$\boldsymbol{B}_{2j}$，…，$\boldsymbol{B}_{ij}$ 的行数，那么

$$\boldsymbol{AB}=\begin{pmatrix}\boldsymbol{C}_{11} & \cdots & \boldsymbol{C}_{1r}\\ \vdots & & \vdots\\ \boldsymbol{C}_{s1} & \cdots & \boldsymbol{C}_{sr}\end{pmatrix}, \tag{2-15}$$

其中，$\boldsymbol{C}_{ij}=\sum\limits_{k=1}^{t}\boldsymbol{A}_{ik}\boldsymbol{B}_{kj}\,(i=1,\ 2,\ \cdots,\ s;\ j=1,\ 2,\ \cdots,\ r)$.

(4)设 $\boldsymbol{A}=\begin{pmatrix}\boldsymbol{A}_{11} & \boldsymbol{A}_{12} & \cdots & \boldsymbol{A}_{1r}\\ \boldsymbol{A}_{21} & \boldsymbol{A}_{22} & \cdots & \boldsymbol{A}_{2r}\\ \vdots & \vdots & & \vdots\\ \boldsymbol{A}_{s1} & \boldsymbol{A}_{s2} & \cdots & \boldsymbol{A}_{sr}\end{pmatrix}$，则

$$\boldsymbol{A}^{\mathrm{T}}=\begin{pmatrix}\boldsymbol{A}_{11}^{\mathrm{T}} & \boldsymbol{A}_{21}^{\mathrm{T}} & \cdots & \boldsymbol{A}_{s1}^{\mathrm{T}}\\ \boldsymbol{A}_{12}^{\mathrm{T}} & \boldsymbol{A}_{22}^{\mathrm{T}} & \cdots & \boldsymbol{A}_{s2}^{\mathrm{T}}\\ \vdots & \vdots & & \vdots\\ \boldsymbol{A}_{1r}^{\mathrm{T}} & \boldsymbol{A}_{2r}^{\mathrm{T}} & \cdots & \boldsymbol{A}_{sr}^{\mathrm{T}}\end{pmatrix}. \tag{2-16}$$

注意： 分块矩阵转置时，不但要将子块行、列互换，而且行、列互换后的各个子块都应转置．

(5)设 $\boldsymbol{A}$ 为 n 阶矩阵，$\boldsymbol{A}$ 的分块矩阵只有在主对角线上有非零子块，其余子块都为零矩阵，且非零子块都是方阵，即

$$\boldsymbol{A}=\begin{pmatrix}\boldsymbol{A}_1 & \boldsymbol{O} & \cdots & \boldsymbol{O}\\ \boldsymbol{O} & \boldsymbol{A}_2 & \cdots & \boldsymbol{O}\\ \vdots & \vdots & & \vdots\\ \boldsymbol{O} & \boldsymbol{O} & \cdots & \boldsymbol{A}_s\end{pmatrix},$$

则 $\boldsymbol{A}$ 为分块对角矩阵，其行列式为

$$|\boldsymbol{A}|=|\boldsymbol{A}_1|\ |\boldsymbol{A}_2|\cdots|\boldsymbol{A}_n|\ . \tag{2-17}$$

若 $|\boldsymbol{A}_i|\neq 0(i=1,2,\cdots,s)$，则 $|\boldsymbol{A}|\neq 0$，易求得

$$\boldsymbol{A}^{-1}\begin{pmatrix}\boldsymbol{A}_1^{-1} & \boldsymbol{O} & \cdots & \boldsymbol{O}\\ \boldsymbol{O} & \boldsymbol{A}_2^{-1} & \cdots & \boldsymbol{O}\\ \vdots & \vdots & & \vdots\\ \boldsymbol{O} & \boldsymbol{O} & \cdots & \boldsymbol{A}_s^{-1}\end{pmatrix}. \tag{2-18}$$

例 1 设 $\boldsymbol{A}=\begin{pmatrix}1&0&0&0\\0&1&0&0\\-1&2&1&0\\1&1&0&1\end{pmatrix}$，$\boldsymbol{B}=\begin{pmatrix}1&0&1&0\\-1&2&0&1\\1&0&4&1\\-1&-1&2&0\end{pmatrix}$，求 $\boldsymbol{AB}$.

解 把 $\boldsymbol{A}$，$\boldsymbol{B}$ 分块成

$$\boldsymbol{A}=\left(\begin{array}{cc|cc}1&0&0&0\\0&1&0&0\\ \hline -1&2&1&0\\1&1&0&1\end{array}\right)=\begin{pmatrix}\boldsymbol{E}&\boldsymbol{O}\\ \boldsymbol{A}_1&\boldsymbol{E}\end{pmatrix},$$

$$\boldsymbol{B}=\left(\begin{array}{cc|cc}1&0&1&0\\-1&2&0&1\\ \hline 1&0&4&1\\-1&-1&2&0\end{array}\right)=\begin{pmatrix}\boldsymbol{B}_{11}&\boldsymbol{E}\\ \boldsymbol{B}_{21}&\boldsymbol{B}_{22}\end{pmatrix},$$

而 $$\boldsymbol{AB}=\begin{pmatrix}\boldsymbol{E}&\boldsymbol{O}\\ \boldsymbol{A}_1&\boldsymbol{E}\end{pmatrix}\begin{pmatrix}\boldsymbol{B}_{11}&\boldsymbol{E}\\ \boldsymbol{B}_{21}&\boldsymbol{B}_{22}\end{pmatrix}=\begin{pmatrix}\boldsymbol{B}_{11}&\boldsymbol{E}\\ \boldsymbol{A}_1\boldsymbol{B}_{11}+\boldsymbol{B}_{21}&\boldsymbol{A}_1+\boldsymbol{B}_{22}\end{pmatrix},$$

$$\boldsymbol{A}_1\boldsymbol{B}_{11}+\boldsymbol{B}_{21}=\begin{pmatrix}-1&2\\1&1\end{pmatrix}\begin{pmatrix}1&0\\-1&2\end{pmatrix}+\begin{pmatrix}1&0\\-1&-1\end{pmatrix}$$

$$=\begin{pmatrix}-3&4\\0&2\end{pmatrix}+\begin{pmatrix}1&0\\-1&-1\end{pmatrix}=\begin{pmatrix}-2&4\\-1&1\end{pmatrix},$$

$$\boldsymbol{A}_1+\boldsymbol{B}_{22}=\begin{pmatrix}-1&2\\1&1\end{pmatrix}+\begin{pmatrix}4&1\\2&0\end{pmatrix}=\begin{pmatrix}3&3\\3&1\end{pmatrix},$$

于是 $$\boldsymbol{AB}=\left(\begin{array}{cc|cc}1&0&1&0\\-1&2&0&1\\ \hline -2&4&3&3\\-1&1&3&1\end{array}\right).$$

例 2 设$\boldsymbol{A}=\begin{pmatrix}2&0&0\\0&3&1\\0&2&1\end{pmatrix}$，求$\boldsymbol{A}^{-1}$.

解
$$\boldsymbol{A}=\begin{pmatrix}2&0&0\\0&3&1\\0&2&1\end{pmatrix}=\begin{pmatrix}\boldsymbol{A}_1&\boldsymbol{O}\\\boldsymbol{O}&\boldsymbol{A}_2\end{pmatrix},$$

$$\boldsymbol{A}_1=(2),\ \boldsymbol{A}_1^{-1}=\left(\frac{1}{2}\right),\ \boldsymbol{A}_2=\begin{pmatrix}3&1\\2&1\end{pmatrix},\ \boldsymbol{A}_2^{-1}=\begin{pmatrix}1&-1\\-2&3\end{pmatrix},$$

所以

$$\boldsymbol{A}^{-1}=\begin{pmatrix}\frac{1}{2}&0&0\\0&1&-1\\0&-2&3\end{pmatrix}.$$

例 3 设$\boldsymbol{A}$为$m\times n$矩阵，$\boldsymbol{C}$为$n\times p$矩阵，则$\boldsymbol{AC}=\boldsymbol{O}$的充分必要条件是$\boldsymbol{C}$的各列均是齐次线性方程组$\boldsymbol{Ax}=\boldsymbol{O}$的解.

证 将矩阵$\boldsymbol{C}$分块为$\boldsymbol{C}=(c_1,\ c_2,\ \cdots,\ c_p)$，其中$c_i$是$\boldsymbol{C}$的第$i$列，于是由分块矩阵的乘法运算得

$$\boldsymbol{AC}=\boldsymbol{A}(c_1,\ c_2,\ \cdots,\ c_p)=(\boldsymbol{A}c_1,\ \boldsymbol{A}c_2,\ \cdots,\ \boldsymbol{A}c_p),$$

所以

$$\begin{aligned}\boldsymbol{AC}=\boldsymbol{O}&\Leftrightarrow(\boldsymbol{A}c_1,\ \boldsymbol{A}c_2,\ \cdots,\ \boldsymbol{A}c_p)=(\boldsymbol{0},\ \boldsymbol{0},\ \cdots,\ \boldsymbol{0})\\&\Leftrightarrow\boldsymbol{A}c_1=\boldsymbol{0},\ \boldsymbol{A}c_2=\boldsymbol{0},\ \cdots,\ \boldsymbol{A}c_p=\boldsymbol{0}\\&\Leftrightarrow c_1,\ c_2,\ \cdots,\ c_p\text{ 是齐次线性方程组 }\boldsymbol{Ax}=\boldsymbol{0}\text{ 的解}.\end{aligned}$$

§2.5 矩阵的初等变换

前面对于方阵求逆矩阵时，由于$\boldsymbol{A}^*$的计算量较大，显得较为困难．本节介绍另一种方法，即用矩阵的初等变换求逆矩阵．当然，矩阵初等变换的应用并不局限于此，后面将陆续体现．

2.5.1 初等变换

定义 12 设$\boldsymbol{A}=(a_{ij})_{m\times n}$，下面三种对矩阵$\boldsymbol{A}$的变换：

(1)交换$\boldsymbol{A}$的i，j行(列)，记为$r_i\leftrightarrow r_j(c_i\leftrightarrow c_j)$；

(2)用一个非零常数k乘以$\boldsymbol{A}$的第i行(列)，记为$ri(kc_i)$；

(3)将$\boldsymbol{A}$的第j行(列)的k倍加到第i行(列)，k为任意常数，记为$r_i+kr_j(c_i+kc_j)$，称为矩阵的初等行(列)变换．一般地，矩阵的初等行变换与初等列变换，统称为矩阵的初等变换．

定义 13 如果矩阵 $\boldsymbol{A}$ 经过有限次初等变换变成矩阵 $\boldsymbol{B}$，则称矩阵 $\boldsymbol{A}$ 与 $\boldsymbol{B}$ 是等价的，记为 $\boldsymbol{A}\sim\boldsymbol{B}$.

等价是矩阵之间的一种关系，显然满足下列性质：

(1)反身性：$\boldsymbol{A}\sim\boldsymbol{A}$；

(2)对称性：若 $\boldsymbol{A}\sim\boldsymbol{B}$，则 $\boldsymbol{B}\sim\boldsymbol{A}$；

(3)传梯性：若 $\boldsymbol{A}\sim\boldsymbol{B}$，$\boldsymbol{B}\sim\boldsymbol{C}$，则 $\boldsymbol{A}\sim\boldsymbol{C}$.

定义 14 一般地，称满足下列条件的矩阵为行阶梯形矩阵：

(1)矩阵的零行(元素全为零的行)位于矩阵的下方；

(2)各非零行的首非零元素(从左至右的第一个不为零的元素)均在上一非零行的首元素的右侧.

定义 15 一般地，称满足下列条件的矩阵为行最简形矩阵：

(1)各非零行的首非零元都是 1；

(2)每个首非零元所在列的其余元素都是零.

如果对矩阵 $\boldsymbol{C}=\begin{pmatrix}1 & 0 & \frac{1}{3} & 0\\ 0 & 1 & \frac{2}{3} & 0\\ 0 & 0 & 0 & 1\\ 0 & 0 & 0 & 0\end{pmatrix}$ 施以初等列变换，则可以将矩阵 $\boldsymbol{C}$ 简化成下面的矩阵：

$$\boldsymbol{C}\xrightarrow[c_3\leftrightarrow c_4]{\substack{c_3-\frac{1}{3}c_1\\ c_3-\frac{2}{3}c_2}}\begin{pmatrix}1 & 0 & 0 & 0\\ 0 & 1 & 0 & 0\\ 0 & 0 & 1 & 0\\ 0 & 0 & 0 & 0\end{pmatrix}=\boldsymbol{D}=\begin{pmatrix}\boldsymbol{E} & \boldsymbol{O}\\ \boldsymbol{O} & \boldsymbol{O}\end{pmatrix}.$$

矩阵 $\boldsymbol{D}$ 的左上角是一个单位矩阵，其他元素为零，称为标准形.

定理 2 任意矩阵 $\boldsymbol{A}=(a_{ij})_{m\times n}$，都与一个形如 $\begin{pmatrix}\boldsymbol{E}_{r\times r} & \boldsymbol{O}_{r\times(n-r)}\\ \boldsymbol{O}_{(m-r)\times r} & \boldsymbol{O}_{(m-r)\times(n-r)}\end{pmatrix}$ 的矩阵等价，这个矩阵称为矩阵 $\boldsymbol{A}$ 的等价标准形(左上角是 r 阶单位矩阵，其他元素均为零).

证 设 $\boldsymbol{A}=(a_{ij})_{m\times n}$，则 $\boldsymbol{A}=\boldsymbol{O}$ 已经是所要的形式，此时 $r=0$.

若 $\boldsymbol{A}\neq\boldsymbol{O}$，不妨设 $a_{11}\neq 0$(假如 $a_{11}=0$，由于 $\boldsymbol{A}$ 中必有 $a_{ij}\neq 0$，可将 $\boldsymbol{A}$ 的第 i 行与第一行交换，再将所得矩阵的第 j 列与第一列交换，即可将 a_{ij} 移到矩阵的左上角的位置). 用 a_{11} 通过行、列的初等交换将 $\boldsymbol{A}$ 的第一行和第一列全部变为零，再用 $\frac{1}{a_{11}}$ 乘以第一行，于是 $\boldsymbol{A}$ 化为 $\begin{pmatrix}1 & 0\\ 0 & \boldsymbol{A}_1\end{pmatrix}$. 其中，$\boldsymbol{A}_1$ 是 $(m-1)\times(n-1)$ 矩阵，对 $\boldsymbol{A}_1$ 重复以上的过程，直到出现的 $(m-r)\times(n-r)$ 矩阵是零矩阵为止.

2.5.2 初等矩阵

矩阵的初等变换是矩阵运算中的一种基本运算，它有着广泛的应用．下面进一步介绍有关的知识．

定义 16 对单位矩阵 $\boldsymbol{E}$ 实施一次初等变换后得到的矩阵称为初等矩阵．

对应于三种初等变换，可以得到以下三种初等矩阵．

(1)交换 n 阶单位矩阵 $\boldsymbol{E}$ 的第 i，j 行，得到的初等矩阵记为 $\boldsymbol{E}(i,\ j)$，即

$$\boldsymbol{E}(i,\ j)=\begin{pmatrix} 1 & & & & & & & & & \\ & \ddots & & & & & & & & \\ & & 1 & & & & & & & \\ & & & 0 & & \cdots & & 1 & & \\ & & & & 1 & & & & & \\ & & & \vdots & & \ddots & & \vdots & & \\ & & & & & & 1 & & & \\ & & & 1 & & \cdots & & 0 & & \\ & & & & & & & & 1 & \\ & & & & & & & & & \ddots \\ & & & & & & & & & & 1 \end{pmatrix}\begin{matrix} \\ \\ \\ \leftarrow 第 i 行 \\ \\ \\ \\ \leftarrow 第 j 行 \\ \\ \\ \\ \end{matrix}. \tag{2-19}$$

显然，把单位矩阵 $\boldsymbol{E}$ 的第 i 列与第 j 列交换，得到的初等矩阵仍是 $\boldsymbol{E}(i,\ j)$.

(2)用数 $k(k\neq0)$乘以 $\boldsymbol{E}$ 的第 i 行，得到的初等矩阵记为 $\boldsymbol{E}(i(k))$，即

$$\boldsymbol{E}(i(k))=\begin{pmatrix} 1 & & & & & & \\ & \ddots & & & & & \\ & & 1 & & & & \\ & & & k & & & \\ & & & & 1 & & \\ & & & & & \ddots & \\ & & & & & & 1 \end{pmatrix}\rightarrow 第 i 行. \tag{2-20}$$

显然，把单位矩阵 $\boldsymbol{E}$ 的第 i 列乘以数 $k(k\neq0)$，得到的初等矩阵仍是 $\boldsymbol{E}(i(k))$.

(3)把 $\boldsymbol{E}$ 的第 j 行的 k 倍加到第 i 行，得到的初等矩阵记为 $\boldsymbol{E}(i,\ j(k))$，即

$$\boldsymbol{E}(i,\ j(k))=\begin{pmatrix} 1 & & & & & \\ & \ddots & & & & \\ & & 1 & \cdots & k & & \\ & & & \ddots & \vdots & & \\ & & & & 1 & & \\ & & & & & \ddots & \\ & & & & & & 1 \end{pmatrix}\begin{matrix} \leftarrow 第 i 行 \\ \\ \\ \\ \\ \leftarrow 第 j 行 \\ \\ \end{matrix}. \tag{2-21}$$

显然，把 $\boldsymbol{E}$ 的第 i 列的 k 倍加到第 j 列，得到的初等矩阵记为 $\boldsymbol{E}(i, j(k))$.

注意：容易验证，初等矩阵都是可逆的，且它们的逆矩阵仍为初等矩阵，即

$$\boldsymbol{E}(i, j)^{-1}=\boldsymbol{E}(i, j),$$

$$\boldsymbol{E}(i(k))^{-1}=\boldsymbol{E}\left(i\left(\frac{1}{k}\right)\right),$$

$$\boldsymbol{E}(i, j(k))^{-1}=\boldsymbol{E}(i, j(-k)).$$

矩阵的初等变换和初等矩阵具有下面的关系.

定理 3 设 $\boldsymbol{A}=(a_{ij})_{m\times n}$，则：

(1)对 $\boldsymbol{A}$ 施行一次初等行变换，相当于在 $\boldsymbol{A}$ 的左边乘以相应的 m 阶初等矩阵；

(2)对 $\boldsymbol{A}$ 施行一次初等列变换，相当于在 $\boldsymbol{A}$ 的右边乘以相应的 n 阶初等矩阵.

证 仅对第三种初等行变换进行证明.

将矩阵 $\boldsymbol{A}$ 和 m 阶单位矩阵分块，记为

$$\boldsymbol{A}=\begin{pmatrix}\boldsymbol{A}_1\\ \vdots\\ \boldsymbol{A}_i\\ \vdots\\ \boldsymbol{A}_j\\ \vdots\\ \boldsymbol{A}_m\end{pmatrix},\quad \boldsymbol{E}=\begin{pmatrix}\boldsymbol{\varepsilon}_1\\ \vdots\\ \boldsymbol{\varepsilon}_i\\ \vdots\\ \boldsymbol{\varepsilon}_j\\ \vdots\\ \boldsymbol{\varepsilon}_m\end{pmatrix},$$

使得

$$\boldsymbol{A}_k=(a_{k1}, a_{k2}, \cdots, a_{kn}),$$

$$\boldsymbol{\varepsilon}_k=(0, 0, \cdots, 1, \cdots, 0)\quad (k=1, 2, \cdots, m),$$

其中，$\boldsymbol{\varepsilon}_k$ 表示的第 k 个元素为 1、其余元素为零的 $1\times m$ 矩阵.

将 $\boldsymbol{A}$ 的第 j 行乘以 k 加到第 i 行上，即

$$\boldsymbol{A}=\begin{pmatrix}\boldsymbol{A}_1\\ \vdots\\ \boldsymbol{A}_i\\ \vdots\\ \boldsymbol{A}_j\\ \vdots\\ \boldsymbol{A}_m\end{pmatrix}\xrightarrow{r_i+kr_j}\begin{pmatrix}\boldsymbol{A}_1\\ \vdots\\ \boldsymbol{A}_i+k\boldsymbol{A}_j\\ \vdots\\ \boldsymbol{A}_j\\ \vdots\\ \boldsymbol{A}_m\end{pmatrix},$$

则相应的初等矩阵为

$$\boldsymbol{E}(i, j(k))=\begin{pmatrix}\boldsymbol{\varepsilon}_1\\ \vdots\\ \boldsymbol{\varepsilon}_i+k\boldsymbol{\varepsilon}_j\\ \vdots\\ \boldsymbol{\varepsilon}_j\\ \vdots\\ \boldsymbol{\varepsilon}_m\end{pmatrix},$$

由分块矩阵的乘法运算得

$$(i,\ j(k)\boldsymbol{A})=\begin{pmatrix}\boldsymbol{\varepsilon}_1\\ \vdots\\ \boldsymbol{\varepsilon}_i+k\boldsymbol{\varepsilon}_j\\ \vdots\\ \boldsymbol{\varepsilon}_j\\ \vdots\\ \boldsymbol{\varepsilon}_m\end{pmatrix}\boldsymbol{A}=\begin{pmatrix}\boldsymbol{\varepsilon}_1\boldsymbol{A}\\ \vdots\\ (\boldsymbol{\varepsilon}_i+k\boldsymbol{\varepsilon}_j)\boldsymbol{A}\\ \vdots\\ \boldsymbol{\varepsilon}_j\boldsymbol{A}\\ \vdots\\ \boldsymbol{\varepsilon}_m\boldsymbol{A}\end{pmatrix}=\begin{pmatrix}\boldsymbol{A}_1\\ \vdots\\ \boldsymbol{A}_i+k\boldsymbol{A}_j\\ \vdots\\ \boldsymbol{A}_j\\ \vdots\\ \boldsymbol{A}_m\end{pmatrix}.$$

这表明施行上述的初等变换，相当于在$\boldsymbol{A}$的左边乘以一个相应的m阶初等矩阵.

注意：对于其他两种形式的初等行变换及结论(2)，读者可以用类似的方法证明.

例如，设有矩阵$\boldsymbol{A}=\begin{pmatrix}3&0&1\\1&-1&2\\0&1&1\end{pmatrix}$，而

$$\boldsymbol{E}(1,\ 2)=\begin{pmatrix}0&1&0\\1&0&0\\0&0&1\end{pmatrix},\ \boldsymbol{E}(3,\ 1(2))=\begin{pmatrix}1&0&0\\0&1&0\\2&0&1\end{pmatrix},$$

则

$$\boldsymbol{E}(1,\ 2)\boldsymbol{A}=\begin{pmatrix}0&1&0\\1&0&0\\0&0&1\end{pmatrix}\begin{pmatrix}3&0&1\\1&-1&2\\0&1&1\end{pmatrix}=\begin{pmatrix}1&-1&2\\3&0&1\\0&0&1\end{pmatrix},$$

即在$\boldsymbol{E}(1,\ 2)$左边乘以$\boldsymbol{A}$，相当于交换矩阵$\boldsymbol{A}$的第一行与第二行. 又

$$\boldsymbol{A}\boldsymbol{E}(3,\ 1(2))=\begin{pmatrix}3&0&1\\1&-1&2\\0&1&1\end{pmatrix}\begin{pmatrix}1&0&0\\0&1&0\\2&0&1\end{pmatrix}=\begin{pmatrix}5&0&1\\5&-1&2\\2&1&1\end{pmatrix},$$

即在$\boldsymbol{E}(3,\ 1(2))$右边乘以$\boldsymbol{A}$，相当于将矩阵$\boldsymbol{A}$的第三列乘以2加于第一列.

定理4 设$\boldsymbol{A}$为可逆矩阵，则存在有限个初等矩阵$\boldsymbol{P}_1$，$\boldsymbol{P}_2$，…，$\boldsymbol{P}_r$，使$\boldsymbol{A}=\boldsymbol{P}_1\boldsymbol{P}_2\cdots\boldsymbol{P}_l$.

证 因$\boldsymbol{A}\sim\boldsymbol{E}$，故$\boldsymbol{E}$经过有限次初等变换后可变成$\boldsymbol{A}$，也就存在有限个初等矩阵$\boldsymbol{P}_1$，$\boldsymbol{P}_2$，…，$\boldsymbol{P}_l$，使得

$$\boldsymbol{P}_1\boldsymbol{P}_2\cdots\boldsymbol{P}_r\boldsymbol{E}\boldsymbol{P}_{r+1}\cdots\boldsymbol{P}_l=\boldsymbol{A},$$

即

$$\boldsymbol{A}=\boldsymbol{P}_1\boldsymbol{P}_2\cdots\boldsymbol{P}_l.$$

由定理3和定理4，很容易得到以下几个推论：

推论1 n阶方阵$\boldsymbol{A}$可逆的充分必要条件是$\boldsymbol{A}$等价于n阶单位矩阵$\boldsymbol{E}$.

推论2 设$\boldsymbol{A}$，$\boldsymbol{B}$都是$m\times n$矩阵，$\boldsymbol{A}$等价于$\boldsymbol{B}$的充分必要条件是：存在m阶可逆矩阵$\boldsymbol{P}$和n阶可逆矩阵$\boldsymbol{Q}$，使$\boldsymbol{PAQ}=\boldsymbol{B}$.

以上推论读者可自己证明.

2.5.3 用初等变换求逆矩阵

如果$\boldsymbol{A}$是可逆的，则$\boldsymbol{A}^{-1}$也是可逆的．由定理 4 知道，当$|\boldsymbol{A}|\neq 0$时，由$\boldsymbol{A}=\boldsymbol{P}_1\boldsymbol{P}_2\cdots\boldsymbol{P}_l$有

$$\boldsymbol{P}_l^{-1}\boldsymbol{P}_{l-1}^{-1}\cdots\boldsymbol{P}_1^{-1}\boldsymbol{A}=\boldsymbol{E}, \tag{2-22}$$

及

$$\boldsymbol{P}_l^{-1}\boldsymbol{P}_{l-1}^{-1}\cdots\boldsymbol{P}_1^{-1}\boldsymbol{E}=\boldsymbol{A}^{-1}, \tag{2-23}$$

式(2-22)表示对$\boldsymbol{A}$施行一系列的初等行变换变成$\boldsymbol{E}$，式(2-23)表示对$\boldsymbol{E}$施行相同的初等行变换变成$\boldsymbol{A}^{-1}$.

可以采用下列方法求逆矩阵：将$\boldsymbol{A}$和$\boldsymbol{E}$并排放在一起，组成一个$n\times 2n$矩阵$(\boldsymbol{A}\mid\boldsymbol{E})$，对矩阵$(\boldsymbol{A}\mid\boldsymbol{E})$施行一系列的初等行变换，将其左半部分化为单位矩阵，这时右半部分就化成了$\boldsymbol{A}^{-1}$，即

$$\boldsymbol{P}_l^{-1}P_{l-1}^{-1}\cdots\boldsymbol{P}_1^{-1}(\boldsymbol{A}\mid\boldsymbol{E})=(\boldsymbol{E}\mid\boldsymbol{A}^{-1}).$$

例 1 已知矩阵$\boldsymbol{A}=\begin{pmatrix}1&-2&-1&-2\\4&1&2&1\\2&5&4&-1\\1&1&1&1\end{pmatrix}$，对其进行初等变换．

解

$$\boldsymbol{A}=\begin{pmatrix}1&-2&-1&-2\\4&1&2&1\\2&5&4&-1\\1&1&1&1\end{pmatrix}\xrightarrow[r_4-r_1]{\substack{r_2-4r_1\\r_3-2r_1}}\begin{pmatrix}1&-2&-1&-2\\0&9&6&9\\0&9&6&3\\0&3&2&3\end{pmatrix}$$

$$\xrightarrow[r_4-\frac{1}{3}r_2]{r_3-r_2}\begin{pmatrix}1&-2&-1&-2\\0&9&6&9\\0&0&0&-6\\0&0&0&0\end{pmatrix}=\boldsymbol{B}.$$

这里的矩阵$\boldsymbol{B}$依其形状的特征称为**行阶梯型矩阵**．

对例 1 中的矩阵$\boldsymbol{B}=\begin{pmatrix}1&-2&-1&-2\\0&9&6&9\\0&0&0&-6\\0&0&0&0\end{pmatrix}$再做初等行变换：

$$\boldsymbol{B}\xrightarrow[-\frac{1}{6}r_3]{\frac{1}{9}r_2}\begin{pmatrix}1&-2&-1&-2\\0&1&\frac{2}{3}&1\\0&0&0&1\\0&0&0&0\end{pmatrix}\xrightarrow[r_2-r_3]{r_1+2r_2}\begin{pmatrix}1&0&\frac{1}{3}&0\\0&1&\frac{2}{3}&0\\0&0&0&1\\0&0&0&0\end{pmatrix}=\boldsymbol{C}.$$

称这种特殊形状的阶梯型矩阵$\boldsymbol{C}$为**行最简形矩阵**．

例 2 计算下列矩阵与初等矩阵的乘积：

(1) $\begin{pmatrix}0&1&0\\1&0&0\\0&0&1\end{pmatrix}\begin{pmatrix}a_{11}&a_{12}&a_{13}\\a_{21}&a_{22}&a_{23}\\a_{31}&a_{32}&a_{33}\end{pmatrix}$;

(2) $\begin{pmatrix}1&0&0\\0&1&2\\0&0&1\end{pmatrix}\begin{pmatrix}a_{11}&a_{12}&a_{13}\\a_{21}&a_{22}&a_{23}\\a_{31}&a_{32}&a_{33}\end{pmatrix}$;

(3) $\begin{pmatrix}a_{11}&a_{12}&a_{13}\\a_{21}&a_{22}&a_{23}\end{pmatrix}\begin{pmatrix}1&0&0\\0&0&1\\0&1&0\end{pmatrix}$.

解 (1) $\begin{pmatrix}0&1&0\\1&0&0\\0&0&1\end{pmatrix}\begin{pmatrix}a_{11}&a_{12}&a_{13}\\a_{21}&a_{22}&a_{23}\\a_{31}&a_{32}&a_{33}\end{pmatrix}=\begin{pmatrix}a_{21}&a_{22}&a_{23}\\a_{11}&a_{12}&a_{13}\\a_{31}&a_{32}&a_{33}\end{pmatrix}$;

(2) $\begin{pmatrix}1&0&0\\0&1&2\\0&0&1\end{pmatrix}\begin{pmatrix}a_{11}&a_{12}&a_{13}\\a_{21}&a_{22}&a_{23}\\a_{31}&a_{32}&a_{33}\end{pmatrix}=\begin{pmatrix}a_{11}&a_{12}&a_{13}\\a_{21}+2a_{31}&a_{22}+2a_{32}&a_{23}+2a_{33}\\a_{31}&a_{32}&a_{33}\end{pmatrix}$;

(3) $\begin{pmatrix}a_{11}&a_{12}&a_{13}\\a_{21}&a_{22}&a_{23}\end{pmatrix}\begin{pmatrix}1&0&0\\0&0&1\\0&1&0\end{pmatrix}=\begin{pmatrix}a_{11}&a_{12}&a_{13}\\a_{21}&a_{22}&a_{23}\end{pmatrix}$.

例3 设$\boldsymbol{A}=\begin{pmatrix}1&2&3\\2&2&1\\3&4&3\end{pmatrix}$，求$\boldsymbol{A}^{-1}$.

解

$$(\boldsymbol{A}\mid\boldsymbol{E})=\begin{pmatrix}1&2&3&1&0&0\\2&2&1&0&1&0\\3&4&3&0&0&1\end{pmatrix}\xrightarrow[r_3-3r_1]{r_2-2r_1}\begin{pmatrix}1&2&3&1&0&0\\0&-2&-5&-2&1&0\\0&-2&-6&-3&0&1\end{pmatrix}$$

$$\xrightarrow[r_3-r_2]{r_1+r_2}\begin{pmatrix}1&0&-2&-1&1&0\\0&-2&-5&-2&1&0\\0&0&-1&-1&-1&1\end{pmatrix}\xrightarrow[r_2-5r_3]{r_1-2r_3}\begin{pmatrix}1&0&0&1&3&-2\\0&-2&0&3&6&-5\\0&0&-1&-1&-1&1\end{pmatrix}$$

$$\xrightarrow[r_3\times(-1)]{r_2\times\left(-\frac{1}{2}\right)}\begin{pmatrix}1&0&0&1&3&-2\\0&1&0&-\frac{3}{2}&-3&\frac{5}{2}\\0&0&1&1&1&-1\end{pmatrix},$$

所以

$$\boldsymbol{A}^{-1}=\begin{pmatrix}1&3&-2\\-\frac{3}{2}&-3&\frac{5}{2}\\1&1&-1\end{pmatrix}.$$

注意： 利用初等行变换，还可用于求矩阵$\boldsymbol{A}^{-1}\boldsymbol{B}$. 由$\boldsymbol{A}^{-1}(\boldsymbol{A}\mid\boldsymbol{B})=(\boldsymbol{E}\mid\boldsymbol{A}^{-1}\boldsymbol{B})$可知，若对矩阵$(\boldsymbol{A}\mid\boldsymbol{B})$施行初等行变换，把$\boldsymbol{A}$变成$\boldsymbol{E}$时，$\boldsymbol{B}$就变成了$\boldsymbol{A}^{-1}\boldsymbol{B}$.

例 4 求矩阵 $\boldsymbol{X}$，使 $\boldsymbol{AX}=\boldsymbol{B}$，其中 $\boldsymbol{A}=\begin{pmatrix}1&2&3\\2&2&1\\3&4&3\end{pmatrix}$，$\boldsymbol{B}=\begin{pmatrix}2&5\\3&1\\4&3\end{pmatrix}$.

解 若 $\boldsymbol{A}$ 可逆，则 $\boldsymbol{X}=\boldsymbol{A}^{-1}\boldsymbol{B}$.

$$(\boldsymbol{A}\mid\boldsymbol{B})=\begin{pmatrix}1&2&3&2&5\\2&2&1&3&1\\3&4&3&4&3\end{pmatrix}\xrightarrow[r_3-3r_1]{r_2-2r_1}\begin{pmatrix}1&2&3&2&5\\0&-2&-5&-1&-9\\0&-2&-6&-2&-12\end{pmatrix}$$

$$\xrightarrow[r_3-r_2]{r_1+r_2}\begin{pmatrix}1&0&-2&1&-4\\0&-2&-5&-1&-9\\0&0&-1&-1&-3\end{pmatrix}$$

$$\xrightarrow[r_2-5r_3]{r_1-r_2}\begin{pmatrix}1&0&0&3&2\\0&-2&0&4&6\\0&0&-1&-1&-3\end{pmatrix}$$

$$\xrightarrow[r_3\times(-1)]{r_2\times\left(-\frac{1}{2}\right)}\begin{pmatrix}1&0&0&3&2\\0&1&0&-2&-3\\0&0&1&1&3\end{pmatrix},$$

所以
$$\boldsymbol{X}=\begin{pmatrix}3&2\\-2&-3\\1&3\end{pmatrix}.$$

注意：也可对矩阵施行初等列变换求逆矩阵，此时，做 $2n\times n$ 矩阵 $\begin{pmatrix}\boldsymbol{A}\\\boldsymbol{E}\end{pmatrix}$，对 $\begin{pmatrix}\boldsymbol{A}\\\boldsymbol{E}\end{pmatrix}$ 施行一系列的初等列变换，当将其上半部分化为单位矩阵时，其下半部分就化成了 $\boldsymbol{A}^{-1}$.

§2.6 矩阵的秩

矩阵的秩的概念是研究线性方程组的重要理论之一，同时在确定向量组的秩、向量组的极大无关组时也起着重要作用.

定义 17 设 $\boldsymbol{A}$ 是 $m\times n$ 矩阵，在 $\boldsymbol{A}$ 中任取 k 行 k 列($1\leqslant k\leqslant\min\{m, n\}$)，位于 k 行 k 列交叉位置上的 k^2 个元素按原有的次序组成的 k 阶行列式，称为矩阵 $\boldsymbol{A}$ 的一个 k 阶子式.

如果 $\boldsymbol{A}$ 是 n 阶方阵，那么 $\boldsymbol{A}$ 的 n 阶子式就是方阵 $\boldsymbol{A}$ 的行列式 $|\boldsymbol{A}|$.

$m\times n$ 矩阵 $\boldsymbol{A}$ 共有 $C_m^k C_n^k$ 个 k 阶子式. 例如，在矩阵

$$\boldsymbol{A}=\begin{pmatrix}1&-2&-1&-2\\4&1&2&1\\2&5&4&-1\\1&1&1&1\end{pmatrix}$$

中，取第2、3行，第1、2列得到$\boldsymbol{A}$的一个二阶子式$\begin{vmatrix} 4 & 1 \\ 2 & 5 \end{vmatrix}$，又取第1、2、4行，第2、3、4列得到$\boldsymbol{A}$的一个三阶子式$\begin{vmatrix} -2 & -1 & -2 \\ 1 & 2 & 1 \\ 1 & 1 & 1 \end{vmatrix}$.

可以看出，$\boldsymbol{A}$的一、二、三阶子式有很多，但是由于$\boldsymbol{A}$是四阶方阵，所以$\boldsymbol{A}$的四阶子式只有一个$|\boldsymbol{A}|$.

定义 18 $\boldsymbol{A}=(a_{ij})_{m\times n}$，如果矩阵$\boldsymbol{A}$中有一个不等于零的$r$阶子式$D$，而所有的$r+1$阶子式(如果存在)都等于零，则$D$称为矩阵$\boldsymbol{A}$的最高阶非零子式．数$r$称为矩阵$\boldsymbol{A}$的秩，记为$R(\boldsymbol{A})=r$.

规定零矩阵的秩为零．

显然

$$R(\boldsymbol{A})=R(\boldsymbol{A}^{\mathrm{T}}),$$

$$0\leqslant R(\boldsymbol{A})\leqslant \min\{m, n\}.$$

当$R(\boldsymbol{A})=\min\{m, n\}$时，称矩阵$\boldsymbol{A}$为满秩矩阵．

用定义确定$\boldsymbol{A}$的秩不是一件容易的事．但对于阶梯形矩阵，确定它的秩变得简单，它的秩就等于非零行的行数．所以自然会想到用初等行变换把矩阵化为行阶梯形矩阵求秩，但两个等价的矩阵的秩是否相等呢？下面的定理对此做出肯定的回答．

定理 5 若$\boldsymbol{A}\sim\boldsymbol{B}$，则$R(\boldsymbol{A})=R(\boldsymbol{B})$.

证 (1)先证明$\boldsymbol{A}$经一次初等行变换变为$\boldsymbol{B}$，则$R(\boldsymbol{A})\leqslant R(\boldsymbol{B})$.

设$R(\boldsymbol{A})=r$，且$\boldsymbol{A}$的某个r阶子式$D_r\neq 0$.

当$\boldsymbol{A}\overset{r_i\leftrightarrow r_j}{\sim}\boldsymbol{B}$或$\boldsymbol{A}\overset{r_i\times k}{\sim}\boldsymbol{B}$时，在$\boldsymbol{B}$中总能找到与$D_r$相对应的子式$\overline{D_r}$，由于$\overline{D_r}=D_r$或$\overline{D_r}=-D_r$或$\overline{D_r}=kD_r$，因此$\overline{D_r}\neq 0$，从而$R(\boldsymbol{B})\geqslant r$.

(2)当$\boldsymbol{A}\overset{r_i\leftrightarrow kr_j}{\sim}\boldsymbol{B}$时，分三种情形讨论：①$D_r$中不含第$i$行；②$D_r$中同时含第$i$行和第$j$行；③$D_r$中含第$i$行但不含第$j$行．对①、②两种情形，显然$\boldsymbol{B}$中与$D_r$对应的子式$\overline{D_r}=D_r\neq 0$，故$R(\boldsymbol{B})\geqslant r$；对情形③，由

$$\overline{D_r}=\begin{vmatrix} \vdots \\ r_i+kr_j \\ \vdots \end{vmatrix}=\begin{vmatrix} \vdots \\ r_i \\ \vdots \end{vmatrix}+k\begin{vmatrix} \vdots \\ r_j \\ \vdots \end{vmatrix}=D_r+k\hat{D}_r.$$

若$\hat{D}_r\neq 0$，则因$\hat{D}_r$中不含第i行知$\boldsymbol{A}$中有不含第i行的r阶非零子式，从而根据情形①知$R(\boldsymbol{B})\geqslant r$；若$\hat{D}_r=0$，则$\overline{D_r}=D_r\neq 0$，也有$R(\boldsymbol{B})\geqslant r$.

以上证明了若$\boldsymbol{A}$经一次初等行变换变为$\boldsymbol{B}$，则$R(\boldsymbol{A})\leqslant R(\boldsymbol{B})$．由于$\boldsymbol{B}$也可经过一次初等行变换变为$\boldsymbol{A}$，故也有$R(\boldsymbol{B})\leqslant R(\boldsymbol{A})$．因此$R(\boldsymbol{A})=R(\boldsymbol{B})$.

经过一次初等行变换矩阵的秩不变，即可知经有限次初等行变换矩阵的秩仍不变.

设 $\boldsymbol{A}$ 经初等列变换变为 $\boldsymbol{B}$，则 $\boldsymbol{A}^{\mathrm{T}}$ 经初等行变换变为 $\boldsymbol{B}^{\mathrm{T}}$，知 $R(\boldsymbol{A}^{\mathrm{T}})=R(\boldsymbol{B}^{\mathrm{T}})$，又 $R(\boldsymbol{A})=R(\boldsymbol{A}^{\mathrm{T}})$，$R(\boldsymbol{B})=R(\boldsymbol{B}^{\mathrm{T}})$，因此 $R(\boldsymbol{A})=R(\boldsymbol{B})$.

总之，若 $\boldsymbol{A}$ 经有限次初等变换变为 $\boldsymbol{B}$（即 $\boldsymbol{A}\sim\boldsymbol{B}$），则 $R(\boldsymbol{A})=R(\boldsymbol{B})$.

定理 5 表明：初等变换不改变矩阵的秩，而且任何一个 $m\times n$ 矩阵 $\boldsymbol{A}$ 都等价于一个行阶梯形矩阵，且行阶梯形矩阵的秩等于它的非零行的行数．因此，求矩阵的秩只需要将其化成行阶梯形矩阵，进一步统计非零行数即可．

定理 6　n 阶方阵 $\boldsymbol{A}$ 可逆 $\Leftrightarrow$ $\boldsymbol{A}$ 为满秩矩阵，即 $R(\boldsymbol{A})=n$.

对于矩阵的秩，不加证明地给出下面的结论：

设矩阵 $\boldsymbol{A}=(a_{ij})_{m\times n}$，$\boldsymbol{B}=(a_{ij})_{n\times p}$，则：

(1)若 $\boldsymbol{P}$，$\boldsymbol{Q}$ 可逆，则 $R(\boldsymbol{PAQ})=R(\boldsymbol{A})$；

(2)$R(\boldsymbol{AB})\leqslant\min\{R(\boldsymbol{A}),R(\boldsymbol{B})\}$；

(3)若 $\boldsymbol{AB}=\boldsymbol{O}$，则 $R(\boldsymbol{A})+R(\boldsymbol{B})\leqslant n$；

若 $\boldsymbol{A}$，$\boldsymbol{B}$ 是同型矩阵，有：

(4)$\max\{R(\boldsymbol{A}),R(\boldsymbol{B})\}\leqslant R(\boldsymbol{A},\boldsymbol{B})\leqslant R(\boldsymbol{A})+R(\boldsymbol{B})$；

(5)$R(\boldsymbol{A}+\boldsymbol{B})\leqslant R(\boldsymbol{A})+R(\boldsymbol{B})$.

例 1　求下列矩阵的秩：

(1)$\boldsymbol{A}=\begin{pmatrix}1 & 1\\ 2 & 2\end{pmatrix}$；　　(2)$\boldsymbol{A}=\begin{pmatrix}1 & 2 & 4 & 1\\ 2 & 4 & 8 & 2\\ 3 & 6 & 0 & 2\end{pmatrix}$.

解　(1)因为 $\boldsymbol{A}$ 的一阶子式全不等于零，而二阶子式只有一个，即

$$|\boldsymbol{A}|=\begin{vmatrix}1 & 1\\ 2 & 2\end{vmatrix}=0,$$

所以，$R(\boldsymbol{A})=1$.

(2)因为 $\boldsymbol{A}$ 中二阶子式

$$\begin{vmatrix}4 & 1\\ 0 & 2\end{vmatrix}=8\neq 0,$$

$\boldsymbol{A}$ 中三阶子式共有四个，分别为

$$\begin{vmatrix}1 & 2 & 4\\ 2 & 4 & 8\\ 3 & 6 & 0\end{vmatrix},\quad\begin{vmatrix}1 & 2 & 1\\ 2 & 4 & 2\\ 3 & 6 & 2\end{vmatrix},\quad\begin{vmatrix}1 & 4 & 1\\ 2 & 8 & 2\\ 3 & 0 & 2\end{vmatrix},\quad\begin{vmatrix}2 & 4 & 1\\ 4 & 8 & 2\\ 6 & 0 & 2\end{vmatrix},$$

由计算可知，这四个三阶子式全等于零，所以 $R(\boldsymbol{A})=2$.

例 2　求矩阵 $\boldsymbol{A}=\begin{pmatrix}2 & 0 & 3 & 1 & 4\\ 3 & -5 & 4 & 2 & 7\\ 1 & 5 & 2 & 0 & 1\end{pmatrix}$ 的秩.

解

$$\boldsymbol{A}=\begin{pmatrix}2&0&3&1&4\\3&-5&4&2&7\\1&5&2&0&1\end{pmatrix}\xrightarrow{r_1\leftrightarrow r_3}\begin{pmatrix}1&5&2&0&1\\3&-5&4&2&7\\2&0&3&1&4\end{pmatrix}$$

$$\xrightarrow[r_3-2r_1]{r_2-3r_1}\begin{pmatrix}1&5&2&0&1\\0&-20&-2&2&4\\0&-10&-1&1&2\end{pmatrix}$$

$$\xrightarrow{r_2-\frac{1}{2}r_2}\begin{pmatrix}1&5&2&0&1\\0&-20&-2&2&4\\0&0&0&0&0\end{pmatrix}=\boldsymbol{B},$$

所以$R(\boldsymbol{A})=R(\boldsymbol{B})=2$.

例 3 求矩阵$\boldsymbol{A}=\begin{pmatrix}1&0&0&1\\0&2&0&-2\\3&-1&0&4\\1&4&5&1\end{pmatrix}$的秩，并求$\boldsymbol{A}$的一个最高阶非零子式．

解 对$\boldsymbol{A}$做初等行变换，化$\boldsymbol{A}$为行阶梯形矩阵．

$$\boldsymbol{A}\xrightarrow[r_4-r_1]{r_3-3r_1}\begin{pmatrix}1&0&0&1\\0&2&0&-2\\0&-1&0&1\\0&4&5&0\end{pmatrix}\xrightarrow[r_4+4r_3]{r_2+2r_3}\begin{pmatrix}1&0&0&1\\0&0&0&0\\0&-1&0&1\\0&0&5&4\end{pmatrix}$$

$$\xrightarrow[r_3\leftrightarrow r_4]{r_2\leftrightarrow r_3}\begin{pmatrix}1&0&0&1\\0&-1&0&1\\0&0&5&4\\0&0&0&0\end{pmatrix}=\boldsymbol{B},$$

所以$R(\boldsymbol{A})=3$.

再求$\boldsymbol{A}$的一个最高阶非零子式．因$R(\boldsymbol{A})=3$，知$\boldsymbol{A}$的最高阶非零子式为三阶．$\boldsymbol{A}$的三阶子式共有$C_4^3\cdot C_4^3=16$个，要从16个子式中找出一个非零子式是比较麻烦的．考虑$\boldsymbol{A}$的行阶梯形矩阵，由矩阵$\boldsymbol{B}$可知，$\boldsymbol{A}$的第1、2、3列所构成的矩阵为

$$\boldsymbol{A}_1=\begin{pmatrix}1&0&0\\0&2&0\\3&-1&0\\1&4&5\end{pmatrix},$$

做初等行变换得到的行阶梯形矩阵为

$$\boldsymbol{A}_1\rightarrow\begin{pmatrix}1&0&0\\0&-1&0\\0&0&5\\0&0&0\end{pmatrix},$$

所以$R(\boldsymbol{A}_1)=3$，故$\boldsymbol{A}_1$中必有三阶非零子式，其共有四个三阶子式，从中找一个非零子式比在$\boldsymbol{A}$中找非零子式容易许多．经检验可知其第1、3、4行所构成的三阶子式

$$\begin{vmatrix} 1 & 0 & 0 \\ 3 & -1 & 0 \\ 1 & 4 & 5 \end{vmatrix} = \begin{vmatrix} -1 & 0 \\ 4 & 5 \end{vmatrix} \neq 0.$$

显然这个子式就是 $\boldsymbol{A}$ 的一个最高阶非零子式．

例 4 设矩阵 $\boldsymbol{A}=\begin{pmatrix} 1 & -2 & 2 & -1 \\ 2 & -4 & 8 & 0 \\ -2 & 4 & -2 & 3 \\ 3 & -6 & 0 & -6 \end{pmatrix}$，$\boldsymbol{b}=\begin{pmatrix} 1 \\ 2 \\ 3 \\ 4 \end{pmatrix}$，求矩阵 $\boldsymbol{A}$ 及矩阵 $\boldsymbol{B}=(\boldsymbol{A} \mid \boldsymbol{b})$ 的秩．

解 对 $\boldsymbol{B}$ 做初等行变换变为行阶梯形矩阵，设 $\boldsymbol{B}$ 的行阶梯形矩阵为$\widetilde{\boldsymbol{B}}=(\widetilde{\boldsymbol{A}},\ \widetilde{\boldsymbol{b}})$，则$\widetilde{\boldsymbol{A}}$就是 $\boldsymbol{A}$ 的行阶梯形矩阵，故从$\widetilde{\boldsymbol{B}}=(\widetilde{\boldsymbol{A}},\ \widetilde{\boldsymbol{b}})$中可以同时求出 $R(\boldsymbol{A})$和 $R(\boldsymbol{B})$.

$$\boldsymbol{B}=\begin{pmatrix} 1 & -2 & 2 & -1 & 1 \\ 2 & -4 & 8 & 0 & 2 \\ -2 & 4 & -2 & 3 & 3 \\ 3 & -6 & 0 & -6 & 4 \end{pmatrix} \xrightarrow[r_4-3r_1]{\substack{r_2-2r_1 \\ r_3+2r_1}} \begin{pmatrix} 1 & -2 & 2 & -1 & 1 \\ 0 & 0 & 4 & 2 & 0 \\ 0 & 0 & 2 & 1 & 5 \\ 0 & 0 & -6 & -3 & 1 \end{pmatrix}$$

$$\xrightarrow[r_4+3r_2]{\substack{r_2\times\left(\frac{1}{2}\right) \\ r_3-r_2}} \begin{pmatrix} 1 & -2 & 2 & -1 & 1 \\ 0 & 0 & 2 & 1 & 0 \\ 0 & 0 & 0 & 0 & 5 \\ 0 & 0 & 0 & 0 & 1 \end{pmatrix} \xrightarrow[r_4-r_3]{r_3\times\left(\frac{1}{5}\right)} \begin{pmatrix} 1 & -2 & 2 & -1 & 1 \\ 0 & 0 & 2 & 1 & 0 \\ 0 & 0 & 0 & 0 & 1 \\ 0 & 0 & 0 & 0 & 0 \end{pmatrix}.$$

因此，$R(\boldsymbol{A})=2$，$R(\boldsymbol{B})=3$.

例 5 设矩阵 $\boldsymbol{A}=\begin{pmatrix} 1 & -1 & 1 & 2 \\ 3 & \lambda & -1 & 2 \\ 5 & 3 & \mu & 6 \end{pmatrix}$，已知 $R(\boldsymbol{A})=2$，求 λ 和 μ 的值．

解

$$\boldsymbol{A}\xrightarrow[r_3-5r_1]{r_2-3r_1}\begin{pmatrix} 1 & -1 & 1 & 2 \\ 0 & \lambda+3 & -4 & -4 \\ 0 & 8 & \mu-5 & -4 \end{pmatrix}\xrightarrow{r_3-r_2}\begin{pmatrix} 1 & -1 & 1 & 2 \\ 0 & \lambda+3 & -4 & -4 \\ 0 & 5-\lambda & \mu-1 & 0 \end{pmatrix},$$

因为 $R(\boldsymbol{A})=2$，故$\begin{cases} 5-\lambda=0 \\ \mu-1=0 \end{cases}$，即 $\lambda=5$，$\mu=1$.

例 6 设 $\boldsymbol{A}$ 为 n 阶矩阵，证明 $R(\boldsymbol{A}+\boldsymbol{E})+R(\boldsymbol{A}-\boldsymbol{E})\geqslant n$.

解 因$(\boldsymbol{A}+\boldsymbol{E})+(\boldsymbol{E}-\boldsymbol{A})=2\boldsymbol{E}$，有

$$R(\boldsymbol{A}+\boldsymbol{E})+R(\boldsymbol{E}-\boldsymbol{A})\geqslant \boldsymbol{R}(2\boldsymbol{E})=n,$$

而 $R(\boldsymbol{A}+\boldsymbol{E})=R(\boldsymbol{A}-\boldsymbol{E})$，所以

$$R(\boldsymbol{A}+\boldsymbol{E})+R(\boldsymbol{A}-\boldsymbol{E})\geqslant n.$$

由于矩阵的初等变换不改变矩阵的秩，所以 $R(\boldsymbol{A})=r$ 的充分必要条件是 $\boldsymbol{A}$ 的标准形是$\begin{pmatrix} \boldsymbol{E}_r & \boldsymbol{O} \\ \boldsymbol{O} & \boldsymbol{O} \end{pmatrix}$. 从而 $\boldsymbol{A}$ 标准形由 $\boldsymbol{A}$ 唯一确定．

§2.7 习　　题

1. 选择题：

(1)若$\boldsymbol{A}$，$\boldsymbol{B}$为同阶方阵，且满足$\boldsymbol{AB}=\boldsymbol{O}$，则有(　　).

(A)$\boldsymbol{A}=\boldsymbol{O}$或$\boldsymbol{B}=\boldsymbol{O}$；　　(B)$|\boldsymbol{A}|=\boldsymbol{O}$或$|\boldsymbol{B}|=\boldsymbol{O}$；

(C)$(\boldsymbol{A}+\boldsymbol{B})^2=\boldsymbol{A}^2+\boldsymbol{B}^2$；　　(D)$\boldsymbol{A}$与$\boldsymbol{B}$均可逆

(2)若对任意方阵$\boldsymbol{B}$，$\boldsymbol{C}$，由$\boldsymbol{AB}=\boldsymbol{AC}$($\boldsymbol{A}$，$\boldsymbol{B}$，$\boldsymbol{C}$为同阶方阵)能推出$\boldsymbol{B}=\boldsymbol{C}$，则$\boldsymbol{A}$满足(　　).

(A)$\boldsymbol{A}\neq\boldsymbol{O}$；　(B)$\boldsymbol{A}=\boldsymbol{O}$；　(C)$|\boldsymbol{A}|\neq 0$；　(D)$|\boldsymbol{AB}|\neq 0$

(3)若同阶方阵$\boldsymbol{A}$，$\boldsymbol{B}$，$\boldsymbol{C}$，$\boldsymbol{E}$满足关系式$\boldsymbol{ABC}=\boldsymbol{E}$，则必有(　　).

(A)$\boldsymbol{ACB}=\boldsymbol{E}$；　(B)$\boldsymbol{CBA}=\boldsymbol{E}$；　(C)$\boldsymbol{BAC}=\boldsymbol{E}$；　(D)$\boldsymbol{BCA}=\boldsymbol{E}$

(4)已知2阶矩阵$\boldsymbol{A}=\begin{pmatrix} a & b \\ c & d \end{pmatrix}$的行列式$|\boldsymbol{A}|=-1$，则$(\boldsymbol{A}^*)^{-1}=$(　　).

(A)$\begin{pmatrix} -a & -b \\ -c & -d \end{pmatrix}$；(B)$\begin{pmatrix} d & -b \\ -c & a \end{pmatrix}$；(C)$\begin{pmatrix} -d & b \\ c & -a \end{pmatrix}$；　(D)$\begin{pmatrix} a & b \\ c & d \end{pmatrix}$

(5)设$\boldsymbol{A}$是3阶矩阵，若$|3\boldsymbol{A}|=3$，则$|2\boldsymbol{A}|=$(　　).

(A)1；　(B)2；　(C)$\frac{2}{3}$；　(D)$\frac{8}{9}$

(6)设$\boldsymbol{A}=\begin{pmatrix} 4 & 2 & 3 \\ 3 & -1 & -2 \\ 5 & 3 & 2 \end{pmatrix}$，$\boldsymbol{B}=\begin{pmatrix} 3 & 2 & 3 \\ 3 & -2 & -2 \\ 5 & 3 & 1 \end{pmatrix}$，则$\boldsymbol{A}^2+\boldsymbol{B}^2-\boldsymbol{AB}-\boldsymbol{BA}=$(　　).

(A)$\boldsymbol{A}$；　(B)$\boldsymbol{B}$；　(C)$\boldsymbol{E}$；　(D)$\boldsymbol{0}$

(7)设$\boldsymbol{A}$，$\boldsymbol{B}$均为2阶矩阵，$\boldsymbol{A}^*$，$\boldsymbol{B}^*$分别为$\boldsymbol{A}$，$\boldsymbol{B}$的伴随矩阵，若$|\boldsymbol{A}|=2$，$|\boldsymbol{B}|=3$，则分块矩阵$\begin{pmatrix} \boldsymbol{O} & \boldsymbol{A} \\ \boldsymbol{B} & \boldsymbol{O} \end{pmatrix}$的伴随矩阵为(　　)：

(A)$\begin{pmatrix} \boldsymbol{O} & 3\boldsymbol{B}^* \\ 2\boldsymbol{A}^* & \boldsymbol{O} \end{pmatrix}$；(B)$\begin{pmatrix} \boldsymbol{O} & 2\boldsymbol{B}^* \\ 3\boldsymbol{A}^* & \boldsymbol{O} \end{pmatrix}$　(C)$\begin{pmatrix} \boldsymbol{O} & 3\boldsymbol{A}^* \\ 2\boldsymbol{B}^* & \boldsymbol{O} \end{pmatrix}$；　(D)$\begin{pmatrix} \boldsymbol{O} & 2\boldsymbol{A}^* \\ 3\boldsymbol{B}^* & \boldsymbol{O} \end{pmatrix}$

(8)设$\boldsymbol{A}$为n阶非零矩阵，$\boldsymbol{E}$为n阶单位矩阵，若$\boldsymbol{A}^3=\boldsymbol{O}$，则(　　).

(A)$\boldsymbol{E}-\boldsymbol{A}$不可逆，$\boldsymbol{E}+\boldsymbol{A}$不可逆；　(B)$\boldsymbol{E}-\boldsymbol{A}$不可逆，$\boldsymbol{E}+\boldsymbol{A}$可逆；

(C)$\boldsymbol{E}-\boldsymbol{A}$可逆，$\boldsymbol{E}+\boldsymbol{A}$可逆；　(D)$\boldsymbol{E}-\boldsymbol{A}$可逆，$\boldsymbol{E}+\boldsymbol{A}$不可逆

2. 填空题：

(1)设$\boldsymbol{A}$为3阶矩阵，$|\boldsymbol{A}|=3$，$\boldsymbol{A}^*$为$\boldsymbol{A}$的伴随矩阵，若交换$\boldsymbol{A}$的第一行与第二行得到矩阵$\boldsymbol{B}$，则$|\boldsymbol{BA}^*|=$________.

(2)设$\boldsymbol{A}=\begin{pmatrix} 2 & 1 \\ -1 & 2 \end{pmatrix}$，$\boldsymbol{E}$为2阶单位矩阵，矩阵$\boldsymbol{B}$满足$\boldsymbol{BA}=\boldsymbol{B}+2\boldsymbol{E}$，则$|\boldsymbol{B}|=$________.

(3)设矩阵$A=\begin{pmatrix}2&1&0\\1&2&0\\0&0&1\end{pmatrix}$，矩阵$B$满足$ABA^*=2BA^*+E$，其中$A^*$为$A$的伴随矩阵，$E$是单位矩阵，则$|B|=$________.

(4)设三阶方阵A，B满足$A^2B-A-B=E$，其中E为三阶单位矩阵$A=\begin{pmatrix}1&0&1\\0&2&0\\-2&0&1\end{pmatrix}$，则$|B|$________.

3. 设$A=\begin{pmatrix}1&2\\1&-1\end{pmatrix}$，$B=\begin{pmatrix}a&b\\3&2\end{pmatrix}$，若$A$与$B$可交换，求$a$，$b$的值.

4. 设矩阵$A=\begin{pmatrix}1\\2\\3\end{pmatrix}$，$B=\begin{pmatrix}1\\\frac{1}{2}\\\frac{1}{3}\end{pmatrix}$，且$C=AB^{\mathrm{T}}$，求$C^n$.

5. 设$P^{-1}AP=\Lambda$，其中$P=\begin{pmatrix}1&-4\\1&1\end{pmatrix}$，$\Lambda=\begin{pmatrix}-1&0\\0&2\end{pmatrix}$，求$A^{11}$.

6. 设$A=\begin{pmatrix}2&0&0\\0&3&5\\0&1&4\end{pmatrix}$，且$AB=A+B$，求$A+B$.

7. 设四阶方阵$A=(A_1\quad A_2\quad A_3\quad A_4)$，$B=(A_1\quad A_2\quad A_3\quad B_4)$，其中$A_1$，$A_2$，$A_3$，$A_4$，$B_4$都是列矩阵，已知$|A|=-1$，$|B|=2$，求行列式$|A+2B|$.

8. 设A为三阶方阵，A^*是A的伴随矩阵，且$|A|=a\neq0$，求下列行列式：

(1)$\left|\frac{1}{3}A^*\right|$；(2)$|(2A)^{-1}|$；(3)$\left|(2A)^{-1}-\frac{1}{3}A^*\right|$

§2.8 教学实验

2.8.1 内容提要

矩阵是数学中最重要的基本概念之一，它将一组有序的数据视为“整体量”进行表述和运算，从而使问题的研究更加简洁和深刻．矩阵理论既是学习经典数学的基础，又是一门使用价值极大的数学理论．它不仅是数学的一个重要分支，也是现代各科技领域处理大量有限维空间形式与数量关系的强有力的工具，特别是计算机的广泛使用，为矩阵理论的应用开辟了广阔的前景，例如，系统工程、优化方法、稳定性理论以及数学学科以外的物理、力学、信号与信号处理、系统控制、电子、通信、航空等科技领域．

矩阵也是“线性代数”的主要研究对象之一，它在这门课程中起着基石和工具的作用．例如，利用矩阵研究向量的线性相关性、线性方程组的相容性和求解、二次型的化简和判定等．

矩阵和行列式是两个完全不同的概念．矩阵是由 $m\times n$ 个元素排列成的一个 m 行 n 列的数表，它的行数与列数不一定相等，而行列式的行数和列数必须相等；行列式表示一个数，这个数就是行列式的值，而矩阵仅仅是一个数表而已，它没有值的概念．

虽然矩阵与行列式是两个不同的概念，但引入方阵的行列式之后，又使方阵和行列式建立起了联系，从而可以利用行列式研究矩阵，例如，矩阵的秩的定义、方阵可逆的判定；同时也可以利用矩阵研究行列式，例如，从矩阵的角度观察和分析行列式的性质会理解得更深更透．

在“线性代数”课程中，矩阵这部分内容主要有矩阵的概念，矩阵的运算，可逆矩阵，分块矩阵，矩阵的初等变换，初等矩阵，矩阵的秩．

矩阵有加法、减法、数乘、乘法及可逆矩阵的求逆运算．这些运算与数的运算有很大的区别．特别要注意以下几点：

(1) 只有当矩阵 $\boldsymbol{A}$，$\boldsymbol{B}$ 同型(行数、列数分别相同)时，$\boldsymbol{A}+\boldsymbol{B}$，$\boldsymbol{A}-\boldsymbol{B}$ 才有意义．

(2) 数 k 乘以矩阵 $\boldsymbol{A}_{m\times n}=(a_{ij})_{m\times n}$，等于矩阵的每一个元素都乘以数 k，即

$$k\boldsymbol{A}_{m\times n}=(ka_{ij})_{m\times n}.$$

注意：用一个数 k 乘行列式 D 等于仅给该行列式 D 的某一行(列)乘以数 k. 因此，若 $\boldsymbol{A}$ 是 n 阶方阵，则 $|k\boldsymbol{A}|=k^n|\boldsymbol{A}|$.

(3) 矩阵的乘法不满足交换律，一般 $\boldsymbol{AB}$ 有意义，$\boldsymbol{BA}$ 不一定有意义；即使 $\boldsymbol{AB}$，$\boldsymbol{BA}$ 均有意义，也不一定有 $\boldsymbol{AB}=\boldsymbol{BA}$；若 $\boldsymbol{A}$，$\boldsymbol{B}$ 都是 n 阶方阵，则 $|\boldsymbol{AB}|=|\boldsymbol{BA}|=|\boldsymbol{A}||\boldsymbol{B}|$.

(4) 由 $\boldsymbol{AB}=\boldsymbol{O}$，推不出 $\boldsymbol{A}=\boldsymbol{O}$ 或 $\boldsymbol{B}=\boldsymbol{O}$；由 $\boldsymbol{AB}=\boldsymbol{AC}$ 且 $\boldsymbol{A}\neq\boldsymbol{O}$，推不出 $\boldsymbol{B}=\boldsymbol{C}$(即消去律不成立).

(5) 对于方阵，才有其是否可逆的概念，方阵 $\boldsymbol{A}$ 可逆 $\Leftrightarrow|\boldsymbol{A}|\neq0$. 对于可逆矩阵 $\boldsymbol{A}$，若 $\boldsymbol{AB}=\boldsymbol{AC}$，则 $\boldsymbol{B}=\boldsymbol{C}$；若 $\boldsymbol{AB}=\boldsymbol{O}$，则 $\boldsymbol{B}=\boldsymbol{O}$；矩阵方程 $\boldsymbol{AX}=\boldsymbol{B}$ 有唯一解 $\boldsymbol{X}=\boldsymbol{A}^{-1}\boldsymbol{B}$.

当方阵 $\boldsymbol{A}$ 可逆时，求逆矩阵的常用方法如下：

①伴随矩阵法(或公式法)：设 $\boldsymbol{A}$ 为 n 阶可逆矩阵，则 $\boldsymbol{A}^{-1}=\frac{1}{|\boldsymbol{A}|}\boldsymbol{A}^*$.

该方法常用于二、三阶方阵的求逆．

当 $n=2$ 时，设 $\boldsymbol{A}=\begin{pmatrix}a & b\\ c & d\end{pmatrix}$，若 $|\boldsymbol{A}|=ad-bc\neq0$，则

$$\boldsymbol{A}^{-1}\frac{1}{ad-bc}=\begin{pmatrix}d & -b\\ -c & a\end{pmatrix}$$ (口诀为：主对调，次反号，除以值).

②初等变换法：设 $\boldsymbol{A}$ 为 n 阶可逆矩阵，$\boldsymbol{E}$ 为 n 阶单位阵，有：

若 $(\boldsymbol{A} \mid \boldsymbol{E}) \xrightarrow{\text{初等行变换}} (\boldsymbol{E} \mid \boldsymbol{B})$，则 $\boldsymbol{A}^{-1}=-\boldsymbol{B}$；

若 $(\boldsymbol{A} \mid \boldsymbol{E}) \xrightarrow{\text{初等列变换}} \begin{pmatrix}\boldsymbol{E}\\ \boldsymbol{B}\end{pmatrix}$，则 $\boldsymbol{A}^{-1}=\boldsymbol{B}$.

它们分别简称为初等行变换法和初等列变换法．一般对三阶以上矩阵求逆常用初等行变换法．

注意：初等行变换法只允许施行初等行变换；初等列变换法只允许施行初等列变换．

③分块求逆法：对于分块对角（或次对角）矩阵，有

$$\begin{pmatrix}\boldsymbol{A}_1 & & \\ & \ddots & \\ & & \boldsymbol{A}_s\end{pmatrix}^{-1}=\begin{pmatrix}\boldsymbol{A}_1^{-1} & & \\ & \ddots & \\ & & \boldsymbol{A}_s^{-1}\end{pmatrix},$$

$$\begin{pmatrix} & & \boldsymbol{A}_1\\ & \iddots & \\ \boldsymbol{A}_s & & \end{pmatrix}^{-1}=\begin{pmatrix} & & \boldsymbol{A}_s^{-1}\\ & \iddots & \\ \boldsymbol{A}_1^{-1} & & \end{pmatrix},$$

其中，$\boldsymbol{A}_i(i=1, 2, \cdots, s)$均为可逆矩阵．

对于四分块三角矩阵，有

$$\begin{pmatrix}\boldsymbol{A} & \boldsymbol{O}\\ \boldsymbol{B} & \boldsymbol{C}\end{pmatrix}^{-1}=\begin{pmatrix}\boldsymbol{A}^{-1} & \boldsymbol{O}\\ -\boldsymbol{C}^{-1}\boldsymbol{B}\boldsymbol{A}^{-1} & \boldsymbol{C}^{-1}\end{pmatrix}$$

$$\begin{pmatrix}\boldsymbol{A} & \boldsymbol{B}\\ \boldsymbol{O} & \boldsymbol{C}\end{pmatrix}^{-1}=\begin{pmatrix}\boldsymbol{A}^{-1} & -\boldsymbol{A}^{-1}\boldsymbol{B}\boldsymbol{C}^{-1}\\ \boldsymbol{O} & \boldsymbol{C}^{-1}\end{pmatrix}$$

其中，$\boldsymbol{A}$，$\boldsymbol{C}$ 为可逆矩阵．

矩阵的初等变换在线性代数中起着十分重要的作用，例如，求矩阵的秩、求逆矩阵、解线性方程组、求二次型的秩等．

初等矩阵是对单位矩阵施行一次初等变换所得到的矩阵，初等矩阵均可逆，且其逆矩阵是同类型的初等矩阵．

对矩阵 $\boldsymbol{A}$ 施行一次初等行变换，相当于对 $\boldsymbol{A}$ 左乘一个相应的初等矩阵；对矩阵 $\boldsymbol{A}$ 施行一次初等列变换，相当于对 $\boldsymbol{A}$ 右乘一个相应的初等矩阵，

方阵 $\boldsymbol{A}$ 可逆⇔方阵 $\boldsymbol{A}$ 可以表示成若干初等矩阵的乘积（这是用初等变换法求逆矩阵的理论依据）．

矩阵的秩是矩阵理论中的又一个重要概念，它是矩阵 $\boldsymbol{A}$ 的最高阶非零子式的阶数，等于矩阵 $\boldsymbol{A}$ 的等价标准形左上角单位阵的阶数．它是矩阵在初等变换下的一个不变量．

求矩阵 $\boldsymbol{A}$ 的秩的方法如下：

①子式法：利用秩的定义，求 $\boldsymbol{A}$ 的最高阶非零子式的阶数，即若矩阵 $\boldsymbol{A}$ 有一个 r 阶子式不为零，而所有的 $r+1$ 阶子式（如果有）全为零，则矩阵 $\boldsymbol{A}$ 的秩为 r．该方法适用于求低阶或一些特殊矩阵的秩．

②初等行变换法：对矩阵 $\boldsymbol{A}$ 施行初等行变换，化 $\boldsymbol{A}$ 为行阶梯形矩阵，则行阶梯形

矩阵的非零行的行数就是矩阵 **A** 的秩．该方法简单，易操作，是矩阵求秩的常用方法．

2.8.2 机算实验

1. 实验目的

熟悉用 MATLAB 软件处理和解决下列问题的程序和方法：

(1) 进行矩阵的运算；

(2) 矩阵的求逆；

(3) 化矩阵为行阶梯形矩阵，进而化为行最简形矩阵．

(4) 求矩阵的秩．

2. 与实验相关的 MATLAB 命令或函数

与本实验相关的 MATLAB 命令或函数如表 2-2 所示．

表 2-2 与本实验相关的 MATLAB 命令或函数

命　　令	功　能　说　明
[]	创建矩阵
，	矩阵行元素分隔符号
；	矩阵列元素分隔符号
eye(n)	创建 n 阶单位矩阵
zeros(m，n)	创建 $m\times n$ 阶零矩阵
zeros(n)	创建 n 阶零方阵
ones(m，n)	创建 $m\times n$ 阶元素全为 1 的矩阵
C=A±B	两个矩阵相加减
C=A*B	两个矩阵相乘
A^n	求矩阵 **A** 的 n 次方
inv(A)	求矩阵 **A** 的逆
U=rref(A)	对矩阵 **A** 进行初等行变换，使之成为最简行阶梯形矩阵

3. 实验内容

例 1 用 MATLAB 软件生成以下矩阵：

(1) $\boldsymbol{A}=\begin{pmatrix}4&5&7&8\\6&1&2&5\\3&5&4&6\\4&2&4&8\end{pmatrix}$；

(2) $\boldsymbol{B}=\begin{pmatrix}1&0&0&0\\0&1&0&0\\0&0&1&0\\0&0&0&1\end{pmatrix}$；

(3) $\boldsymbol{C}=\begin{pmatrix} 0 & 0 & 0 & 0 \\ 0 & 0 & 0 & 0 \\ 0 & 0 & 0 & 0 \\ 0 & 0 & 0 & 0 \end{pmatrix}$;

(4) $\boldsymbol{D}=\begin{pmatrix} 1 & 1 & 1 & 1 \\ 1 & 1 & 1 & 1 \\ 1 & 1 & 1 & 1 \\ 1 & 1 & 1 & 1 \end{pmatrix}$.

解 用MATLAB软件生成如下：

(1) 在MATLAB命令窗口，输入以下命令：

```
A=[4，5，7，8；6，1，2，5；3，5，4，6；4，2，4，8]
```

显示：

```
A=
     4     5     7     8
     6     1     2     5
     3     5     4     6
     4     2     4     8
```

(2) 在MATLAB命令窗口，输入以下命令：

```
B=eye(4)
```

显示：

```
B=
     1     0     0     0
     0     1     0     0
     0     0     1     0
     0     0     0     1
```

(3) 在MATLAB命令窗口，输入以下命令：

```
C=zeros(4)
```

显示：

```
C=
     0     0     0     0
     0     0     0     0
     0     0     0     0
     0     0     0     0
```

(4) 在 MATLAB 命令窗口，输入以下命令：

```
D=ones(4)
```

显示：

```
D=
    1    1    1    1
    1    1    1    1
    1    1    1    1
    1    1    1    1
```

例 2 已知矩阵 $\boldsymbol{A}=\begin{pmatrix}1&2&3\\3&2&1\\1&2&1\end{pmatrix}$，$\boldsymbol{B}=\begin{pmatrix}1&1&2\\2&2&3\\1&4&3\end{pmatrix}$，计算：

(1) $\boldsymbol{A}+\boldsymbol{B}$；　(2) $\boldsymbol{A}-\boldsymbol{B}$；　(3) $5\boldsymbol{A}$；　(4) $\boldsymbol{AB}$；　(5) $\boldsymbol{A}^{\mathrm{T}}$.

解一　用笔计算的思路和主要步骤如下：

直接利用矩阵的和、差、数乘、乘积、转置运算的定义计算即可．

解二　用 MATLAB 软件计算如下：

在 MATLAB 命令窗口，输入以下命令：

```
A=[1, 2, 3; 3, 2, 1; 1, 2, 1]
B=[1, 1, 2; 2, 2, 3; 1, 4, 3]
```

显示：

```
A=
    1    2    3
    3    2    1
    1    2    1
B=
    1    1    2
    2    2    3
    1    4    3
```

(1) 在 MATLAB 命令窗口，输入以下命令：

```
A+B
```

显示：

```
ans=
    2    3    5
    5    4    4
    2    6    4
```

(2) 在 MATLAB 命令窗口，输入以下命令：

```
A-B
```

显示：

```
ans=
     0     1     1
     1     0    -2
     0    -2    -2
```

(3) 在 MATLAB 命令窗口，输入以下命令：

```
5*A
```

显示：

```
ans=
     5    10    15
    15    10     5
     5    10     5
```

(4) 在 MATLAB 命令窗口，输入以下命令：

```
A*B
```

显示：

```
ans=
     8    17    17
     8    11    15
     6     9    11
```

(5) 在 MATLAB 命令窗口，输入以下命令：

```
A'
```

显示：

```
ans=
     1     3     1
     2     2     2
     3     1     1
```

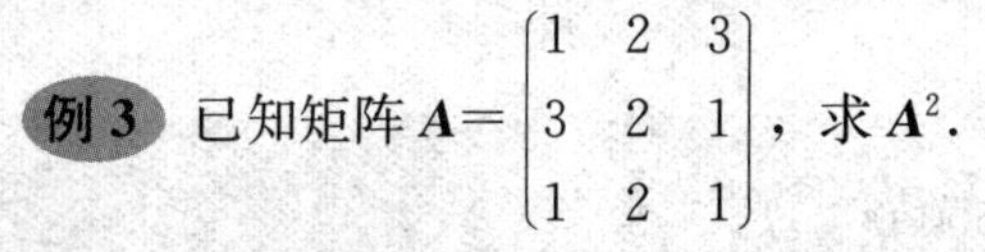

例 3 已知矩阵 $\boldsymbol{A}=\begin{pmatrix}1 & 2 & 3\\ 3 & 2 & 1\\ 1 & 2 & 1\end{pmatrix}$，求 $\boldsymbol{A}^2$.

解一 用笔计算的思路和主要步骤如下：

利用矩阵乘法的定义直接计算即可 .

解二 用 MATLAB 软件计算如下：

在 MATLAB 命令窗口，输入以下命令：

```
A=[1, 2, 3; 3, 2, 1; 1, 2, 1]
```

显示：

```
A=
    1    2    3
    3    2    1
    1    2    1
```

在 MATLAB 命令窗口，输入以下命令：

```
A^2
```

显示：

```
ans=
    10    12     8
    10    12    12
     8     8     6
```

例 4 已知矩阵 $\boldsymbol{A}=\begin{pmatrix}0 & 1 & 2\\ 1 & 1 & -1\\ 2 & 4 & 0\end{pmatrix}$，求 $\boldsymbol{A}^{-1}$.

解一 用笔计算的思路和主要步骤如下：

利用初等行变换计算，首先，构造矩阵$(\boldsymbol{A} \mid \boldsymbol{E})$；其次，利用初等行变换将$(\boldsymbol{A} \mid \boldsymbol{E})$化成$(\boldsymbol{E} \mid \boldsymbol{A}^{-1})$. 具体如下：

$$(\boldsymbol{A} \mid \boldsymbol{E})=\left(\begin{array}{ccc|ccc}0 & 1 & 2 & 1 & 0 & 0\\ 1 & 1 & -1 & 0 & 1 & 0\\ 2 & 4 & 0 & 0 & 0 & 1\end{array}\right)\rightarrow\left(\begin{array}{ccc|ccc}1 & 0 & 0 & 2 & 4 & -3/2\\ 0 & 1 & 0 & -1 & -2 & 1\\ 0 & 0 & 1 & 1 & 1 & -1/2\end{array}\right)=(\boldsymbol{E} \mid \boldsymbol{A}^{-1}),$$

则

$$\boldsymbol{A}^{-1}=\begin{pmatrix}2 & 4 & -3/2\\ -1 & -2 & 1\\ 1 & 1 & -12\end{pmatrix}.$$

解二 用 MATLAB 软件计算如下：

```
在 MATLAB 命令窗口，输入以下命令：
inv(A)=[0, 1, 2; 1, 1, -1; 2, 4, 0]
```

显示：

```
ans=
      2.0000     4.0000   -1.5000
     -1.0000    -2.0000    1.0000
      1.0000     1.0000   -0.5000
```

例 5 已知矩阵 $A=\begin{pmatrix} 1 & 3 & 1 & 2 & 1 \\ 3 & 9 & 3 & 8 & 4 \\ -1 & -5 & 3 & 4 & 2 \\ 2 & 4 & 6 & 12 & 6 \\ 2 & 7 & 0 & 2 & 3 \end{pmatrix}$，将 A 化成行最简形，并求 A 的秩.

解一 用笔计算的思路和主要步骤如下：

利用初等行变换将 A 化成行阶梯形矩阵，则非零行的行数(或主元的个数)为该阵的秩，具体如下：

$$A=\begin{pmatrix} 1 & 3 & 1 & 2 & 1 \\ 3 & 9 & 3 & 8 & 4 \\ -1 & -5 & 3 & 4 & 2 \\ 2 & 4 & 6 & 12 & 6 \\ 2 & 7 & 0 & 2 & 3 \end{pmatrix} \rightarrow \begin{pmatrix} 1 & 0 & 7 & 0 & 0 \\ 0 & 1 & -2 & 0 & 0 \\ 0 & 0 & 0 & 1 & 0 \\ 0 & 0 & 0 & 0 & 1 \\ 0 & 0 & 0 & 0 & 0 \end{pmatrix},$$

则 A 的秩为 4.

解二 用 MATLAB 软件计算如下：

在 MATLAB 命令窗口，输入以下命令：

```
A=[1, 3, 1, 2, 1; 3, 9, 3, 8, 4; -1, -5, 3, 4, 2; 2, 4, 6, 12, 6; 2, 7, 0, 2, 3]
```

显示：

```
A=
     1     3   1    2   1
     3     9   3    8   4
    -1    -5   3    4   2
     2     4   6   12   6
     2     7   0    2   3
```

在 MATLAB 命令窗口，输入以下命令：

```
rref(A)
```

显示：

```
ans=
     1   0    7   0   0
     0   1   -2   0   0
     0   0    0   1   0
     0   0    0   0   1
     0   0    0   0   0
```

在 MATLAB 命令窗口，输入以下命令：

```
rank(A)
```

显示：

```
ans=
     4
```

例 6 某厂生产三种产品，每件产品的成本及每季度生产件数如表 2-3 及表 2-4 所示．试提供该厂每季度的总成本分类表．

表 2-3 每件产品的成本

成本/元	产品 A	产品 B	产品 C
原材料	0.10	0.30	0.15
劳动	0.30	0.40	0.25
企业管理费	0.10	0.20	0.15

表 2-4 每季度产品生产件数

产品	夏	秋	冬	春
A	4 000	4 500	4 500	4 000
B	2 000	2 800	2 400	2 200
C	5 800	6 200	6 000	6 000

解一 用笔计算的思路和主要步骤如下：

设产品分类成本矩阵为 $\boldsymbol{M}$，季度产量矩阵为 $\boldsymbol{P}$，则有

$$\boldsymbol{M}=\begin{pmatrix} 0.10 & 0.30 & 0.15 \\ 0.30 & 0.40 & 0.25 \\ 0.10 & 0.20 & 0.15 \end{pmatrix},$$

$$\boldsymbol{P}=\begin{pmatrix} 4\,000 & 4\,500 & 4\,500 & 4\,000 \\ 2\,000 & 2\,800 & 2\,400 & 2\,200 \\ 5\,800 & 6\,200 & 6\,000 & 6\,000 \end{pmatrix}.$$

令 $\boldsymbol{Q}=\boldsymbol{MP}$，则 $\boldsymbol{Q}$ 的第一行第一列元素为

$$Q(1,\ 1)=0.1\times 4\,000+0.3\times 2\,000+0.15\times 5\,800=1\,870,$$

它表示夏季消耗的原材料总成本．同理，可得

$$\boldsymbol{Q}=\begin{pmatrix} 1\,870 & 2\,220 & 2\,070 & 1\,960 \\ 3\,450 & 4\,020 & 3\,810 & 3\,580 \\ 1\,670 & 1\,940 & 1\,830 & 1\,740 \end{pmatrix}.$$

$\boldsymbol{Q}$ 的第一、二、三行元素之和分别为 8 120、14 860、7 180，它们分别表示全年内原材料、劳动、企业管理费的成本，所以全年总成本为 8 120＋14 860＋7 180＝30 160. $\boldsymbol{Q}$ 的第一、二、三列元素之和分别为 6 900、8 180、7 710、7 280，它们分别表示夏、秋、冬、春每季度的总成本，根据以上计算结果，可以完成每季度总成本分类表，如表 2-5 所示.

表 2-5　每季度总成本分类表

成本/元	夏	秋	冬	春	全年
原材料	1 870	2 220	2 070	1 960	8 120
劳动	3 450	4 020	3 810	3 580	14 860
企业管理费	1 670	1 940	1 830	1 740	7 180
总成本	6 990	8 180	7 710	7 280	30 160

解二　用 MATLAB 软件计算如下：

在 MATLAB 命令窗口，输入以下命令：

```
M=[0.1, 0.3, 0.15; 0.3, 0.4, 0.25; 0.1, 0.2, 0.15]
P=[4 000, 4 500, 4 500, 4 000; 2 000, 2 800, 2 400, 2 200; 5 800, 6 200, 6 000, 6 000]
Q=M*P
```

显示：

```
Q=
    1 870    2 220    2 070    1 960
    3 450    4 020    3 810    3 580
    1 670    1 940    1 830    1 740
```

计算矩阵 Q 的每一行和每一列的和，键入：

```
Q* ones(4, 1)
ans=
    8 120
    14 860
    7 180
ones(1, 3)*Q
ans=
    6 990    8 180    7 710    7 280
```

计算全年的总成本，键入：

```
ans* ones(4, 1)
ans=30 160
```

根据以上计算结果，可以完成每季度总成本分类表，如表 2-5 所示．

第 3 章　向量组的线性相关性

向量空间是线性代数的重要内容，直到 18 世纪末，它研究的领域还只限于平面与空间 . 19 世纪上半叶才完成了到 n 维向量空间的过渡. 现代向量空间的定义是由意大利数学家皮亚诺(Peano Giuseppe，1858—1932)于 1888 年提出的，德国数学家托普利茨(Toplitz Otto，1881—1940)将线性代数的主要定理推广到了任意体上的最一般的向量空间中 .

§3.1　向量组及其线性组合

定义 1　由 n 个数 $a_1, a_2, \cdots, a_n$ 组成的有序数组，记成

$$\boldsymbol{a}=\begin{pmatrix} a_1 \\ a_2 \\ \vdots \\ a_n \end{pmatrix} \quad 或 \quad \boldsymbol{a}^{\mathrm{T}}=(a_1, a_2, \cdots, a_n)$$

称为 n 维向量，称 a_i 为向量 a 的第 i 个分量. 当 a_i 全为实数时，向量 a 称为实向量 . n 维向量写成一行称为行向量，n 维向量写成一列称为列向量 . 向量的加法、数乘和矩形的加法、数乘定义相同 .

如果 $\mathbf{A}=(a_{ij})$ 是 $m\times n$ 矩阵，那么 $\mathbf{A}$ 有 n 个 m 维列向量

$$a_j=\begin{pmatrix} a_{1j} \\ a_{2j} \\ \vdots \\ a_{mj} \end{pmatrix} \quad (j=1, 2, \cdots, n), \tag{3-1}$$

称为矩阵 $\mathbf{A}$ 的列向量组.

$m\times n$ 矩阵 $\mathbf{A}=(a_{ij})$ 又有 m 个 n 维行向量

$$\boldsymbol{\beta}_i^{\mathrm{T}}=(a_{i1}, a_{i2}, \cdots, a_{in}) \quad (i=1, 2, \cdots, m),$$

称为矩阵 $\mathbf{A}$ 的行向量组.

另一方面，由有限个向量所组成的向量组可以构成矩阵 . 例如，由向量组(3-1)可以构成 $m\times n$ 矩阵 $\mathbf{A}=(a_1, a_2, \cdots, a_n)$.

定义 2　设向量组 $\boldsymbol{\alpha}_1, \boldsymbol{\alpha}_2, \cdots, \boldsymbol{\alpha}_n$，任取一组实数 $\lambda_1, \lambda_2, \cdots, \lambda_m$，称向量

$$\lambda_1\boldsymbol{\alpha}_1+\lambda_2\boldsymbol{\alpha}_2+\cdots+\lambda_m\boldsymbol{\alpha}_m$$
是向量组的一个线性组合.

给定向量组 $\boldsymbol{\alpha}_1$，$\boldsymbol{\alpha}_2$，…，$\boldsymbol{\alpha}_m$ 和向量 $\boldsymbol{\beta}$，若存在一组数 λ_1，λ_2，…，λ_m 使
$$\boldsymbol{\beta}=\lambda_1\boldsymbol{\alpha}_1+\lambda_2\boldsymbol{\alpha}_2+\cdots+\lambda_m\boldsymbol{\alpha}_m,$$
则称向量 $\boldsymbol{\beta}$ 能由向量组线性表示.

例如，设 $\boldsymbol{\alpha}_1=\begin{pmatrix}1\\0\\2\\-1\end{pmatrix}$，$\boldsymbol{\alpha}_2=\begin{pmatrix}3\\0\\4\\1\end{pmatrix}$，$\boldsymbol{\beta}=\begin{pmatrix}-1\\0\\0\\-3\end{pmatrix}$，因为 $\boldsymbol{\beta}=2\boldsymbol{\alpha}_1-\boldsymbol{\alpha}_2$，所以说向量 $\boldsymbol{\beta}$ 能由向量组 $\boldsymbol{\alpha}_1$，$\boldsymbol{\alpha}_2$ 线性表示.

向量 $\begin{pmatrix}-1\\0\\0\\-3\end{pmatrix}$ 不能由 $\begin{pmatrix}3\\0\\0\\0\end{pmatrix}$，$\begin{pmatrix}3\\1\\0\\0\end{pmatrix}$ 线性表示，也就是说非齐次线性方程组 $x_1\begin{pmatrix}3\\0\\0\\0\end{pmatrix}+x_2\begin{pmatrix}3\\1\\0\\0\end{pmatrix}=\begin{pmatrix}-1\\0\\0\\-3\end{pmatrix}$ 无解.

向量 $\boldsymbol{\beta}=\begin{pmatrix}-1\\0\\0\\-3\end{pmatrix}$ 能由向量组 $\boldsymbol{\alpha}_1=\begin{pmatrix}1\\0\\2\\-1\end{pmatrix}$，$\boldsymbol{\alpha}_2=\begin{pmatrix}3\\0\\4\\1\end{pmatrix}$ 线性表示，也就是说非齐次线性方程组 $x_1\boldsymbol{\alpha}_1+x_2\boldsymbol{\alpha}_2=\boldsymbol{\beta}$ 有解.

一般地，向量 $\boldsymbol{\beta}$ 能由向量组 $\boldsymbol{\alpha}_1$，$\boldsymbol{\alpha}_2$，…，$\boldsymbol{\alpha}_m$ 线性表示的充分必要条件是非齐次线性方程组 $x_1\boldsymbol{\alpha}_1+x_2\boldsymbol{\alpha}_2+\cdots+x_m\boldsymbol{\alpha}_m=\boldsymbol{\beta}$ 有解.

定理 1 向量 $\boldsymbol{\beta}$ 能由向量组线性表示的充要条件是 $R(\boldsymbol{A})=R(\boldsymbol{B})$，其中，矩阵 $\boldsymbol{A}=(\boldsymbol{\alpha}_1,\boldsymbol{\alpha}_2,\cdots,\boldsymbol{\alpha}_n)$，$\boldsymbol{B}=(\boldsymbol{\alpha}_1,\boldsymbol{\alpha}_2,\cdots,\boldsymbol{\alpha}_n,\boldsymbol{\beta})$.

定义 3 设有向量组 $\boldsymbol{\alpha}$：$\boldsymbol{\alpha}_1$，$\boldsymbol{\alpha}_2$，…，$\boldsymbol{\alpha}_m$ 和向量组 $\boldsymbol{\beta}$：$\boldsymbol{\beta}_1$，$\boldsymbol{\beta}_2$，…，$\boldsymbol{\beta}_s$，如果组 $\boldsymbol{\beta}$ 的每个向量都能由向量组 $\boldsymbol{\alpha}$ 线性表示，那么称向量组 $\boldsymbol{\beta}$ 能由向量组 $\boldsymbol{\alpha}$ 线性表示．若向量组 $\boldsymbol{\alpha}$ 与向量组 $\boldsymbol{\beta}$ 能互相线性表示，则称这两个向量组等价.

例如，向量组 $\begin{pmatrix}-1\\0\\2\end{pmatrix}$，$\begin{pmatrix}1\\-2\\3\end{pmatrix}$ 能由向量组 $\begin{pmatrix}1\\0\\0\end{pmatrix}$，$\begin{pmatrix}0\\1\\0\end{pmatrix}$，$\begin{pmatrix}0\\0\\1\end{pmatrix}$ 线性表示.

又如，向量组 $\begin{pmatrix}1\\0\\0\end{pmatrix}$，$\begin{pmatrix}1\\1\\0\end{pmatrix}$，$\begin{pmatrix}1\\1\\1\end{pmatrix}$ 与向量组 $\begin{pmatrix}1\\0\\0\end{pmatrix}$，$\begin{pmatrix}0\\1\\0\end{pmatrix}$，$\begin{pmatrix}0\\0\\1\end{pmatrix}$ 等价.

例 设向量 $\boldsymbol{\beta}=\begin{pmatrix}2\\6\\8\\7\end{pmatrix}$，向量组 $\boldsymbol{\alpha}_1=\begin{pmatrix}1\\3\\2\\0\end{pmatrix}$，$\boldsymbol{\alpha}_2=\begin{pmatrix}-2\\-1\\1\\5\end{pmatrix}$，$\boldsymbol{\alpha}_3=\begin{pmatrix}3\\5\\2\\-4\end{pmatrix}$，$\boldsymbol{\alpha}_4=\begin{pmatrix}-1\\-3\\-2\\5\end{pmatrix}$，问向量 $\boldsymbol{\beta}$ 能否由向量组线性表示？

解 因为

$$\boldsymbol{B}=\begin{pmatrix}1&-2&3&-1&2\\3&-1&5&-3&6\\2&1&2&-2&8\\0&5&-4&5&7\end{pmatrix}\sim\begin{pmatrix}1&-2&3&-1&2\\0&5&-4&0&0\\0&0&0&5&7\\0&0&0&0&4\end{pmatrix},$$

由此可知，$R(\boldsymbol{A})=3$，$R(\boldsymbol{B})=4$，即 $R(\boldsymbol{A})\neq R(\boldsymbol{B})$，因此向量 $\boldsymbol{\beta}$ 不能由向量组线性表示.

§3.2 向量组的线性相关性

定义 4 设有向量组 $\boldsymbol{\alpha}_1,\boldsymbol{\alpha}_2,\cdots,\boldsymbol{\alpha}_m$，如果存在不全为零的数 $\lambda_1,\lambda_2,\cdots,\lambda_m$ 使

$$\lambda_1\boldsymbol{\alpha}_1+\lambda_2\boldsymbol{\alpha}_2+\cdots+\lambda_m\boldsymbol{\alpha}_m=\boldsymbol{0} \tag{3-2}$$

则称向量组是线性相关的．否则，称它是线性无关的．也就是说，只有当 $\lambda_1=\lambda_2=\cdots=\lambda_m=0$ 时才能使(3-2)式成立，则称向量组是线性无关的.

例如，设向量组 $\boldsymbol{\alpha}_1=\begin{pmatrix}1\\0\\1\end{pmatrix}$，$\boldsymbol{\alpha}_2=\begin{pmatrix}-1\\2\\2\end{pmatrix}$，$\boldsymbol{\alpha}_3=\begin{pmatrix}1\\2\\4\end{pmatrix}$，因为 $2\boldsymbol{\alpha}_1+\boldsymbol{\alpha}_2-\boldsymbol{\alpha}_3=\boldsymbol{0}$，所以向量组 $\boldsymbol{\alpha}_1,\boldsymbol{\alpha}_2,\boldsymbol{\alpha}_3$ 线性相关.

例如，设向量组 $\boldsymbol{\alpha}_1=\begin{pmatrix}1\\0\\0\end{pmatrix}$，$\boldsymbol{\alpha}_2=\begin{pmatrix}0\\1\\0\end{pmatrix}$，$\boldsymbol{\alpha}_3=\begin{pmatrix}0\\0\\1\end{pmatrix}$，因为只有当 $\lambda_1=\lambda_2=\lambda_3=0$ 时才有 $\lambda_1\boldsymbol{\alpha}_1+\lambda_2\boldsymbol{\alpha}_2+\lambda_3\boldsymbol{\alpha}_3=\boldsymbol{0}$，所以向量组线性无关.

向量组 $\boldsymbol{\alpha}_1,\boldsymbol{\alpha}_2,\cdots,\boldsymbol{\alpha}_m$ 线性相关的充分必要条件是齐次线性方程组 $x_1\boldsymbol{\alpha}_1+x_2\boldsymbol{\alpha}_2+\cdots+x_m\boldsymbol{\alpha}_m=\boldsymbol{0}$ 有非零解.

定理 2 向量组 $\boldsymbol{\alpha}_1,\boldsymbol{\alpha}_2,\cdots,\boldsymbol{\alpha}_m$ 线性相关的充分必要条件是矩阵 $\boldsymbol{A}$ 的秩 $R(\boldsymbol{A})<m$，其中矩阵 $\boldsymbol{A}$ 为 $(\boldsymbol{\alpha}_1,\boldsymbol{\alpha}_2,\cdots,\boldsymbol{\alpha}_m)$.

例如，向量组 $\boldsymbol{\alpha}_1=\begin{pmatrix}1\\0\\0\end{pmatrix}$，$\boldsymbol{\alpha}_2=\begin{pmatrix}1\\1\\0\end{pmatrix}$，$\boldsymbol{\alpha}_3=\begin{pmatrix}1\\1\\1\end{pmatrix}$.

因为矩阵 $\boldsymbol{A}=(\boldsymbol{\alpha}_1,\boldsymbol{\alpha}_2,\cdots,\boldsymbol{\alpha}_m)$ 的行列式 $|\boldsymbol{A}|\neq0$，所以 $R(\boldsymbol{A})=3$，故向量组

$\boldsymbol{\alpha}_1$，$\boldsymbol{\alpha}_2$，$\boldsymbol{\alpha}_3$ 是线性无关的.

定理 3 (1)若向量组 $\boldsymbol{\alpha}$：$\boldsymbol{\alpha}_1$，$\boldsymbol{\alpha}_2$，…，$\boldsymbol{\alpha}_m$ 线性相关，则向量组 $\boldsymbol{\beta}$：$\boldsymbol{\alpha}_1$，$\boldsymbol{\alpha}_2$，…，$\boldsymbol{\alpha}_m$，$\boldsymbol{\alpha}_{m+1}$ 也线性相关.

(2)若向量组 $\boldsymbol{\alpha}$：$\boldsymbol{\alpha}_j=\begin{pmatrix}\alpha_{1j}\\ \alpha_{2j}\\ \vdots\\ \alpha_{nj}\end{pmatrix}$ $(j=1, 2, \cdots, m)$ 线性无关，则向量组 $\boldsymbol{\beta}$：$\boldsymbol{\beta}_j=\begin{pmatrix}\alpha_{1j}\\ \vdots\\ \alpha_{nj}\\ \alpha_{n+1,j}\end{pmatrix}$ $(j=1, 2, \cdots, m)$ 也线性无关.

(3) $n+1$ 个 n 维向量必线性相关.

(4)如果向量组 $\boldsymbol{\alpha}$：$\boldsymbol{\alpha}_1$，$\boldsymbol{\alpha}_2$，…，$\boldsymbol{\alpha}_m$ 线性无关，而向量组 $\boldsymbol{\beta}$：$\boldsymbol{\alpha}_1$，$\boldsymbol{\alpha}_2$，…，$\boldsymbol{\alpha}_m$，$\boldsymbol{\varepsilon}$ 线性相关，那么向量 $\boldsymbol{\varepsilon}$ 可由向量组 $\boldsymbol{\alpha}$ 线性表示，且表法唯一.

证 (1)记矩阵 $\boldsymbol{A}=(\boldsymbol{\alpha}_1, \boldsymbol{\alpha}_2, \cdots, \boldsymbol{\alpha}_m)$，$\boldsymbol{B}=(\boldsymbol{\alpha}_1, \boldsymbol{\alpha}_2, \cdots, \boldsymbol{\alpha}_{m+1})$，于是 $R(\boldsymbol{B})\leqslant R(\boldsymbol{A})+1$. 若向量组 $\boldsymbol{\alpha}$：$\boldsymbol{\alpha}_1$，$\boldsymbol{\alpha}_2$，…，$\boldsymbol{\alpha}_m$ 线性相关，据定理 2，有 $R(\boldsymbol{A})<m$，所以 $R(\boldsymbol{B})<R(\boldsymbol{A})+1<m+1$，再由定理 1 可知，向量组 $\boldsymbol{\beta}$ 也线性相关.

(2)记矩阵 $\boldsymbol{A}=(\boldsymbol{\alpha}_1, \boldsymbol{\alpha}_2, \cdots, \boldsymbol{\alpha}_m)$，$\boldsymbol{B}=(\boldsymbol{\beta}_1, \boldsymbol{\beta}_2, \cdots, \boldsymbol{\beta}_m)$，这里 $\boldsymbol{A}$ 为 $n\times m$ 矩阵，$\boldsymbol{B}$ 为 $(n+1)\times m$ 矩阵，有 $R(\boldsymbol{A})\leqslant R(\boldsymbol{B})\leqslant m$.

若向量组 $\boldsymbol{\alpha}$ 线性无关，则 $R(\boldsymbol{A})=m$，于是 $R(\boldsymbol{B})=m$，因此向量组 $\boldsymbol{\beta}$ 也线性无关.

(3)设 $\boldsymbol{\alpha}_1$，$\boldsymbol{\alpha}_2$，…，$\boldsymbol{\alpha}_{n+1}$ 都是 n 维列向量，记矩阵 $\boldsymbol{A}_{n\times(n+1)}=(\boldsymbol{\alpha}_1, \boldsymbol{\alpha}_2, \cdots, \boldsymbol{\alpha}_n, \boldsymbol{\alpha}_{n+1})$，则 $R(\boldsymbol{A})\leqslant n<n+1$，故 $n+1$ 个 n 维向量 $\boldsymbol{\alpha}_1$，$\boldsymbol{\alpha}_2$，…，$\boldsymbol{\alpha}_n$，$\boldsymbol{\alpha}_{n+1}$ 必线性相关.

(4)记矩阵 $\boldsymbol{A}=(\boldsymbol{\alpha}_1, \boldsymbol{\alpha}_2, \cdots, \boldsymbol{\alpha}_m)$ 和 $\boldsymbol{B}=(\boldsymbol{\alpha}_1, \boldsymbol{\alpha}_2, \cdots, \boldsymbol{\alpha}_m, \boldsymbol{\beta})$，有 $R(\boldsymbol{A})\leqslant R(\boldsymbol{B})$，因为向量组 $\boldsymbol{\alpha}$ 线性无关，而向量组 $\boldsymbol{\beta}$ 线性相关，所以 $R(\boldsymbol{A})=m$. 而 $R(\boldsymbol{B})<m+1$，因此 $R(\boldsymbol{B})=m$. 由 $R(\boldsymbol{A})=R(\boldsymbol{B})=m$，据本章定理 1 可知，向量 $\boldsymbol{\beta}$ 可由向量组 $\boldsymbol{\alpha}$ 线性表示. 由反证法易得，向量 $\boldsymbol{\beta}$ 由向量组 $\boldsymbol{\alpha}$ 线性表示式是唯一的.

例 1 讨论向量组 $\boldsymbol{\alpha}_1=\begin{pmatrix}1\\2\\1\end{pmatrix}$，$\boldsymbol{\alpha}_2=\begin{pmatrix}1\\-1\\3\end{pmatrix}$，$\boldsymbol{\alpha}_3=\begin{pmatrix}2\\7\\0\end{pmatrix}$ 的线性相关性.

解 先求矩阵 $(\boldsymbol{\alpha}_1, \boldsymbol{\alpha}_2, \boldsymbol{\alpha}_3)$ 的秩. 由

$$(\boldsymbol{\alpha}_1, \boldsymbol{\alpha}_2, \boldsymbol{\alpha}_3)=\begin{pmatrix}1&1&2\\2&-1&7\\1&3&0\end{pmatrix}\underset{r_3-r_1}{\overset{r_2-2r_1}{\sim}}\begin{pmatrix}1&1&2\\0&-3&3\\0&2&-2\end{pmatrix}\overset{r_3+\frac{2}{3}r_2}{\sim}\begin{pmatrix}1&1&2\\0&-3&3\\0&0&0\end{pmatrix},$$

知 $R(\boldsymbol{\alpha}_1, \boldsymbol{\alpha}_2, \boldsymbol{\alpha}_3)=2<3$，所以向量组 $\boldsymbol{\alpha}_1$，$\boldsymbol{\alpha}_2$，$\boldsymbol{\alpha}_3$ 线性相关.

例 2 讨论向量组 $\boldsymbol{\alpha}_1=\begin{pmatrix}1\\3\\2\\0\end{pmatrix}$，$\boldsymbol{\alpha}_2=\begin{pmatrix}-2\\-1\\1\\5\end{pmatrix}$，$\boldsymbol{\alpha}_3=\begin{pmatrix}3\\5\\2\\-4\end{pmatrix}$，$\boldsymbol{\alpha}_4=\begin{pmatrix}-1\\-3\\-2\\5\end{pmatrix}$ 的线性相

关性.

解 由

$$(\boldsymbol{\alpha}_1, \boldsymbol{\alpha}_2, \boldsymbol{\alpha}_3, \boldsymbol{\alpha}_4)=\begin{pmatrix}1 & -2 & 3 & -1\\ 3 & -1 & 5 & -3\\ 2 & 1 & 2 & -2\\ 0 & 5 & -4 & 5\end{pmatrix}\sim\begin{pmatrix}1 & -2 & 3 & -1\\ 0 & 5 & -4 & 0\\ 0 & 0 & 0 & 5\\ 0 & 0 & 0 & 0\end{pmatrix}$$

可知 $R(\boldsymbol{\alpha}_1, \boldsymbol{\alpha}_2, \boldsymbol{\alpha}_3, \boldsymbol{\alpha}_4)=3$，所以向量组 $\boldsymbol{\alpha}_1$，$\boldsymbol{\alpha}_2$，$\boldsymbol{\alpha}_3$，$\boldsymbol{\alpha}_4$ 线性相关.

同时，由

$$(\boldsymbol{\alpha}_1, \boldsymbol{\alpha}_2, \boldsymbol{\alpha}_4)=\begin{pmatrix}1 & -2 & -1\\ 3 & -1 & -3\\ 2 & 1 & -2\\ 0 & 5 & 5\end{pmatrix}\sim\begin{pmatrix}1 & -2 & -1\\ 0 & 5 & 0\\ 0 & 0 & 5\\ 0 & 0 & 0\end{pmatrix},$$

可知 $r(\boldsymbol{\alpha}_1, \boldsymbol{\alpha}_2, \boldsymbol{\alpha}_4)=3$，所以向量组 $\boldsymbol{\alpha}_1$，$\boldsymbol{\alpha}_2$，$\boldsymbol{\alpha}_4$ 线性无关.

例 3 已知向量组 $\boldsymbol{\alpha}_1$，$\boldsymbol{\alpha}_2$，$\boldsymbol{\alpha}_3$ 线性无关，证明向量组 $\boldsymbol{\alpha}_1+\boldsymbol{\alpha}_2$，$\boldsymbol{\alpha}_2+\boldsymbol{\alpha}_3$，$\boldsymbol{\alpha}_3+\boldsymbol{\alpha}_1$ 也线性无关.

证 设有一组数 x_1，x_2，x_3，使 $x_1(\boldsymbol{\alpha}_1+\boldsymbol{\alpha}_2)+x_2(\boldsymbol{\alpha}_2+\boldsymbol{\alpha}_3)+x_3(\boldsymbol{\alpha}_3+\boldsymbol{\alpha}_1)=\mathbf{0}$，也就是$(x_1+x_3)\boldsymbol{\alpha}_1+(x_1+x_2)\boldsymbol{\alpha}_2+(x_2+x_3)\boldsymbol{\alpha}_3=\mathbf{0}$.

因为向量组 $\boldsymbol{\alpha}_1$，$\boldsymbol{\alpha}_2$，$\boldsymbol{\alpha}_3$ 线性无关，所以有

$$\begin{cases}x_1 \quad\quad +x_3=0\\ x_1+x_2 \quad\quad =0,\\ \quad\quad x_2+x_3=0\end{cases}$$

由于此齐次线性方程组的系数行列式 $\begin{vmatrix}1 & 0 & 1\\ 1 & 1 & 0\\ 0 & 1 & 1\end{vmatrix}=2\neq 0$，故只有零解 $x_1=x_2=x_3=0$，所以向量组 $\boldsymbol{\alpha}_1+\boldsymbol{\alpha}_2$，$\boldsymbol{\alpha}_2+\boldsymbol{\alpha}_3$，$\boldsymbol{\alpha}_3+\boldsymbol{\alpha}_1$ 线性无关.

例 4 向量组 $\boldsymbol{\alpha}_1$，$\boldsymbol{\alpha}_2$，…，$\boldsymbol{\alpha}_m$$(m\geqslant 2)$线性相关的充分必要条件是向量组中至少有一个向量能由其余向量线性表示.

证 向量组 $\boldsymbol{\alpha}_1$，$\boldsymbol{\alpha}_2$，…，$\boldsymbol{\alpha}_m$$(m\geqslant 2)$线性相关，则有不全为零的数 λ_1，λ_2，…，λ_m 使$\lambda_1\boldsymbol{\alpha}_1+\lambda_2\boldsymbol{\alpha}_2+\cdots+\lambda_m\boldsymbol{\alpha}_m=0$，因为$\lambda_1$，$\lambda_2$，…，$\lambda_m$ 不全为零，不妨令 $\lambda_1\neq 0$，于是就有

$$\boldsymbol{\alpha}_1=\left(-\frac{\lambda_2}{\lambda_1}\right)\boldsymbol{\alpha}_2+\left(-\frac{\lambda_3}{\lambda_1}\right)\boldsymbol{\alpha}_3+\cdots+\left(-\frac{\lambda_m}{\lambda_1}\right)\boldsymbol{\alpha}_m,$$

即 $\boldsymbol{\alpha}_1$ 能由 $\boldsymbol{\alpha}_2$，…，$\boldsymbol{\alpha}_m$ 线性表示.

如果向量组中有一个向量能由其余向量线性表示，不妨设 $\boldsymbol{\alpha}_m$ 能由 $\boldsymbol{\alpha}_1$，$\boldsymbol{\alpha}_2$，…，$\boldsymbol{\alpha}_{m-1}$线性表示，于是

$$\boldsymbol{\alpha}_m=\lambda_1\boldsymbol{\alpha}_1+\lambda_2\boldsymbol{\alpha}_2+\cdots+\lambda_{m-1}\boldsymbol{\alpha}_{m-1},$$

即

$$\lambda_1\boldsymbol{\alpha}_1+\lambda_2\boldsymbol{\alpha}_2+\cdots+\lambda_{m-1}\boldsymbol{\alpha}_{m-1}+(-1)\boldsymbol{\alpha}_m=\mathbf{0},$$

所以向量组线性相关.

例 5 讨论向量组 $\boldsymbol{\alpha}$：$\boldsymbol{\alpha}_1=\begin{pmatrix}1\\3\\2\\0\end{pmatrix}$，$\boldsymbol{\alpha}_2=\begin{pmatrix}-2\\-1\\1\\5\end{pmatrix}$，$\boldsymbol{\alpha}_3=\begin{pmatrix}3\\5\\2\\-4\end{pmatrix}$；和向量组 $\boldsymbol{\beta}$：$\boldsymbol{\alpha}_1=\begin{pmatrix}1\\3\\2\\0\end{pmatrix}$，$\boldsymbol{\alpha}_2=\begin{pmatrix}-2\\-1\\1\\5\end{pmatrix}$，$\boldsymbol{\alpha}_3=\begin{pmatrix}3\\5\\2\\-4\end{pmatrix}$，$\boldsymbol{\alpha}_4=\begin{pmatrix}-1\\-3\\-2\\5\end{pmatrix}$的线性相关性.

解 因为

$$\boldsymbol{A}=\begin{pmatrix}1&-2&3\\3&-1&5\\2&1&2\\0&5&-4\end{pmatrix}\sim\begin{pmatrix}1&-2&3\\0&5&-4\\0&5&-4\\0&5&-4\end{pmatrix}\sim\begin{pmatrix}1&-2&3\\0&5&-4\\0&0&0\\0&0&0\end{pmatrix},$$

所以 $R(\boldsymbol{\alpha}_1,\boldsymbol{\alpha}_2,\boldsymbol{\alpha}_3)=2$，向量组 $\boldsymbol{\alpha}_1$，$\boldsymbol{\alpha}_2$，$\boldsymbol{\alpha}_3$ 线性相关. 根据定理 2(1)可知，向量组 $\boldsymbol{\alpha}_1$，$\boldsymbol{\alpha}_2$，$\boldsymbol{\alpha}_3$，$\boldsymbol{\alpha}_4$ 也线性相关.

例 6 讨论向量组 $\boldsymbol{\alpha}_1$，$\boldsymbol{\alpha}_2$，$\boldsymbol{\alpha}_3$ 的线性相关性，其中

$$\boldsymbol{\alpha}_1=\begin{pmatrix}1\\0\\0\\-1\end{pmatrix},\ \boldsymbol{\alpha}_2=\begin{pmatrix}1\\1\\0\\0\end{pmatrix},\ \boldsymbol{\alpha}_3=\begin{pmatrix}1\\1\\1\\2\end{pmatrix}.$$

解 因为向量组$\begin{pmatrix}1\\0\\0\end{pmatrix}$，$\begin{pmatrix}1\\1\\0\end{pmatrix}$，$\begin{pmatrix}1\\1\\1\end{pmatrix}$线性无关，根据定理 2(2)，向量组 $\boldsymbol{\alpha}_1$，$\boldsymbol{\alpha}_2$，$\boldsymbol{\alpha}_3$ 线性无关.

§3.3 向量组的秩

定义 5 如果在向量组 $\boldsymbol{\alpha}$ 中有 r 个向量 $\boldsymbol{\alpha}_1$，$\boldsymbol{\alpha}_2$，…，$\boldsymbol{\alpha}_r$ 满足条件：

(1)向量组 $\boldsymbol{\alpha}_1$，$\boldsymbol{\alpha}_2$，…，$\boldsymbol{\alpha}_r$ 线性无关；

(2)向量组 $\boldsymbol{\alpha}$ 中任意 $r+1$ 个向量都线性相关.

那么称向量组 $\boldsymbol{\alpha}_1$，$\boldsymbol{\alpha}_2$，…，$\boldsymbol{\alpha}_r$ 是向量组 $\boldsymbol{\alpha}$ 的一个最大线性无关向量组，简称为最大无关组. r 称为向量组 $\boldsymbol{\alpha}$ 的秩.

一般来说，向量组的最大无关组不是唯一的.

例如，设向量组 $\boldsymbol{\alpha}$：$\begin{pmatrix}1\\0\\0\end{pmatrix}$，$\begin{pmatrix}0\\1\\0\end{pmatrix}$，$\begin{pmatrix}0\\0\\1\end{pmatrix}$，$\begin{pmatrix}1\\1\\1\end{pmatrix}$，则$\begin{pmatrix}1\\0\\0\end{pmatrix}$，$\begin{pmatrix}0\\1\\0\end{pmatrix}$，$\begin{pmatrix}0\\0\\1\end{pmatrix}$和$\begin{pmatrix}1\\0\\0\end{pmatrix}$，$\begin{pmatrix}0\\1\\0\end{pmatrix}$，

$\begin{pmatrix}1\\1\\1\end{pmatrix}$都是向量组$\boldsymbol{\alpha}$的极大无关组.

如果向量组的秩是r，那么此向量组的任意r个线性无关的向量都可以是它的一个最大无关组. 易知，向量组与它的最大无关组是等价的.

定理 4 矩阵的秩等于它的列向量组的秩，也等于它的行量组的秩.

证 设矩阵$\boldsymbol{A}_{n\times m}(\boldsymbol{\alpha}_1, \boldsymbol{\alpha}_2, \cdots, \boldsymbol{\alpha}_m)$，且$R(\boldsymbol{A})=r$，并设$r$阶子式$\boldsymbol{D}_r\neq\boldsymbol{O}$，据定理1可知，$\boldsymbol{D}_r$所在的$r$个列向量线性无关. 又由于$\boldsymbol{A}$中所有的$r+1$阶子式都为$\boldsymbol{D}$，再由定理1知，$\boldsymbol{A}$中所有的$r+1$个列向量都线性相关，因此$\boldsymbol{D}_r$所在的$r$列是$\boldsymbol{A}$的列向量组的一个最大无关组，所以$\boldsymbol{A}$的列向量组的秩等于$r$.

类似可证，矩阵$\boldsymbol{A}$的行向量组的秩也等于矩阵$\boldsymbol{A}$的秩$R(\boldsymbol{A})$.

定理 5 如果向量组$\boldsymbol{\beta}$能由向量组$\boldsymbol{\alpha}$线性表示，那么向量组$\boldsymbol{\beta}$的秩不大于向量组$\boldsymbol{\alpha}$的秩.

证 设向量组$\boldsymbol{\alpha}$的一个最大无关组为$\boldsymbol{\alpha}_0$：$\boldsymbol{\alpha}_1, \boldsymbol{\alpha}_2, \cdots, \boldsymbol{\alpha}_s$，向量组$\boldsymbol{\beta}$的一个最大无关组为$\boldsymbol{\beta}_0$：$\boldsymbol{\beta}_1, \boldsymbol{\beta}_2, \cdots, \boldsymbol{\beta}_r$，下证$r\leqslant s$.

因为向量组$\boldsymbol{\beta}$能由向量组$\boldsymbol{\alpha}$线性表示，所以向量组$\boldsymbol{\beta}_0$能由向量组$\boldsymbol{\alpha}_0$线性表示. 于是有$s\times r$矩阵$\boldsymbol{K}=(k_{ij})$，使

$$(\boldsymbol{\beta}_1, \boldsymbol{\beta}_2, \cdots, \boldsymbol{\beta}_r)=(\boldsymbol{\alpha}_1, \boldsymbol{\alpha}_2, \cdots, \boldsymbol{\alpha}_s)\begin{pmatrix}k_{11} & k_{12} & \cdots & k_{1r}\\ k_{21} & k_{22} & \cdots & k_{2r}\\ \vdots & \vdots & & \vdots\\ k_{s1} & k_{s2} & \cdots & k_{sr}\end{pmatrix}.$$

假设$r>s$，齐次线性方程组

$$\begin{pmatrix}k_{11} & k_{12} & \cdots & k_{1r}\\ k_{21} & k_{22} & \cdots & k_{2r}\\ \vdots & \vdots & & \vdots\\ k_{s1} & k_{s2} & \cdots & k_{sr}\end{pmatrix}\begin{pmatrix}x_1\\x_2\\\vdots\\x_r\end{pmatrix}=\boldsymbol{0},$$

即

$$\boldsymbol{K}\begin{pmatrix}x_1\\x_2\\\vdots\\x_r\end{pmatrix}=\boldsymbol{0},$$

它的系数矩阵的秩$R(\boldsymbol{K})\leqslant s<r$，所以有非零解.

任取其一个非零解$(\lambda_1, \lambda_2, \cdots, \lambda_r)^{\mathrm{T}}$，有

$$(\boldsymbol{\beta}_1, \boldsymbol{\beta}_2, \cdots, \boldsymbol{\beta}_r)=\begin{pmatrix}\lambda_1\\\lambda_2\\\vdots\\\lambda_r\end{pmatrix}=(\boldsymbol{\alpha}_1, \boldsymbol{\alpha}_2, \cdots, \boldsymbol{\alpha}_s)\boldsymbol{K}\begin{pmatrix}\lambda_1\\\lambda_2\\\vdots\\\lambda_r\end{pmatrix}=\boldsymbol{0}.$$

这与向量组$\boldsymbol{\beta}_0$线性无关矛盾，因此$r\leqslant s$.

推论 1 等价的向量组秩相等.

推论 2 设 $\boldsymbol{A}$ 是 $m\times n$ 矩阵，$\boldsymbol{B}$ 为 $n\times s$ 矩阵，则 $R(\boldsymbol{AB})\leqslant R(\boldsymbol{A})$，$R(\boldsymbol{AB})\leqslant r(\boldsymbol{B})$.

推论 3 设向量组 $\boldsymbol{\alpha}_0$ 是向量组 $\boldsymbol{\alpha}$ 的部分组，若向量组 $\boldsymbol{\alpha}_0$ 线性无关，且向量组 $\boldsymbol{\alpha}$ 能由向量组 $\boldsymbol{\alpha}_0$ 线性表示，则向量组 $\boldsymbol{\alpha}_0$ 是向量组 $\boldsymbol{\alpha}$ 的一个最大无关组.

例如，向量组 $\boldsymbol{\alpha}$：$\boldsymbol{\alpha}_1=\begin{pmatrix}1\\0\\0\end{pmatrix}$，$\boldsymbol{\alpha}_2=\begin{pmatrix}0\\1\\0\end{pmatrix}$ 与 $\boldsymbol{\beta}$：$\boldsymbol{\beta}_1=\begin{pmatrix}1\\0\\0\end{pmatrix}$，$\boldsymbol{\beta}_2=\begin{pmatrix}0\\0\\1\end{pmatrix}$ 的秩相等，都为 2，但向量组 $\boldsymbol{\alpha}$ 与 $\boldsymbol{\beta}$ 不等价．秩相等的向量组未必等价.

例 7 求下列向量组的秩和它的一个最大无关组：

$$\boldsymbol{\alpha}_1=\begin{pmatrix}1\\2\\2\\3\end{pmatrix},\ \boldsymbol{\alpha}_2=\begin{pmatrix}1\\-1\\-3\\6\end{pmatrix},\ \boldsymbol{\alpha}_3=\begin{pmatrix}-2\\-1\\1\\-9\end{pmatrix},\ \boldsymbol{\alpha}_4=\begin{pmatrix}1\\1\\-1\\6\end{pmatrix}.$$

解 组成矩阵 $\boldsymbol{A}=(\boldsymbol{\alpha}_1,\ \boldsymbol{\alpha}_2,\ \boldsymbol{\alpha}_3,\ \boldsymbol{\alpha}_4)$，用初等行变换把 $\boldsymbol{A}$ 变成行阶梯形矩阵，

$$\boldsymbol{A}\sim\begin{pmatrix}1&1&-2&1\\0&1&-1&1\\0&0&0&2\\0&0&0&0\end{pmatrix}.$$

知 $R(\boldsymbol{A})=3$，所以向量组 $\boldsymbol{\alpha}_1$，$\boldsymbol{\alpha}_2$，$\boldsymbol{\alpha}_3$，$\boldsymbol{\alpha}_4$ 的秩等于 3.

因为向量组 $\boldsymbol{\alpha}_1$，$\boldsymbol{\alpha}_2$，$\boldsymbol{\alpha}_4$ 构成的矩阵经初等行变换可以变成

$$(\boldsymbol{\alpha}_1,\ \boldsymbol{\alpha}_2,\ \boldsymbol{\alpha}_4)\sim\begin{pmatrix}1&1&1\\0&1&1\\0&0&2\\0&0&0\end{pmatrix},$$

所以向量组 $\boldsymbol{\alpha}_1$，$\boldsymbol{\alpha}_2$，$\boldsymbol{\alpha}_4$ 的秩为 3，因此向量组 $\boldsymbol{\alpha}_1$，$\boldsymbol{\alpha}_2$，$\boldsymbol{\alpha}_4$ 线性无关．于是 $\boldsymbol{\alpha}_1$，$\boldsymbol{\alpha}_2$，$\boldsymbol{\alpha}_4$ 是向量组 $\boldsymbol{\alpha}_1$，$\boldsymbol{\alpha}_2$，$\boldsymbol{\alpha}_3$，$\boldsymbol{\alpha}_4$ 的一个最大无关组.

§3.4 向量空间

定义 6 设 V 是 n 维向量的集合，如果集合 V 非空，且对任意 $\boldsymbol{\alpha}$，$\boldsymbol{\beta}\in V$ 和任意实数 λ，都有 $\boldsymbol{\alpha}+\boldsymbol{\beta}\in V$，$\lambda\boldsymbol{\alpha}\in V$，那么称集合 V 为向量空间.

例如：(1)3 维向量的全体 $\mathbf{R}^3$ 是一个向量空间，由单个零向量组成的集合也是一个向量空间.

(2)集合 $V=\{(0,\ x_2,\ \cdots,\ x_n)^{\mathrm{T}}\mid x_2,\ \cdots,\ x_n\in\mathbf{R}\}$是一个向量空间.

(3)集合 $V=\{(1,\ x_2,\ \cdots,\ x_n)^{\mathrm{T}}\mid x_2,\ \cdots,\ x_n\in\mathbf{R}\}$不是向量空间.

定义 7 设有向量空间 U 及 V，是空间的概念就称 U 是 V 的子空间.

定义 8 设 V 为向量空间，如果 r 个向量 $\boldsymbol{\alpha}_1$，$\boldsymbol{\alpha}_2$，…，$\boldsymbol{\alpha}_r \in V$，且满足：

(1)$\boldsymbol{\alpha}_1$，$\boldsymbol{\alpha}_2$，…，$\boldsymbol{\alpha}_r$ 线性无关；

(2)V 中任意向量都可由 $\boldsymbol{\alpha}_1$，$\boldsymbol{\alpha}_2$，…，$\boldsymbol{\alpha}_r$ 线性表示.

那么，向量组 $\boldsymbol{\alpha}_1$，$\boldsymbol{\alpha}_2$，…，$\boldsymbol{\alpha}_r$ 就称为 V 的一个基，称 r 为向量空间 V 的维数，并说 V 是 r 维向量空间.

如上例(1)中 $\mathbf{R}^3$ 的维数为 3，因此 $\boldsymbol{\varepsilon}_1=(1, 0, 0)^{\mathrm{T}}$，$\boldsymbol{\varepsilon}_2=(0, 1, 0)^{\mathrm{T}}$，$\boldsymbol{\varepsilon}_3=(0, 0, 1)^{\mathrm{T}}$ 是 $\mathbf{R}^3$ 的一个基.

如上例(2)、(3)中 V 的维数为 $n-1$，因为 $\boldsymbol{\varepsilon}_2=(0, 1, 0, \cdots, 0, 0)^{\mathrm{T}}$，$\boldsymbol{\varepsilon}_3=(0, 0, 1, \cdots, 0, 0)^{\mathrm{T}}$，$\boldsymbol{\varepsilon}_3=(0, 0, 0, \cdots, 0, 1)^{\mathrm{T}}$ 是它的一个基.

事实上，r 维向量空间中的 r 个线性无关的向量就可以组成它的一个基.

如果向量 $\boldsymbol{\alpha}_1$，$\boldsymbol{\alpha}_2$，…，$\boldsymbol{\alpha}_r$ 是向量空间 V 的一个基，则

$$V=\{\lambda_1\boldsymbol{\alpha}_1+\lambda_2\boldsymbol{\alpha}_2+\cdots+\lambda_r\boldsymbol{\alpha}_r \mid \lambda_1, \lambda_2, \cdots, \lambda_r \in \mathbf{R}\},$$

也称 V 为 $\boldsymbol{\alpha}_1$，$\boldsymbol{\alpha}_2$，…，$\boldsymbol{\alpha}_r$ 所生成的子空间，记为 $V=L(\boldsymbol{\alpha}_1, \boldsymbol{\alpha}_2, \cdots, \boldsymbol{\alpha}_r)$.

例 8 设 $V=\{(\boldsymbol{\alpha}, 2\boldsymbol{\alpha}, 3\boldsymbol{\alpha})^{\mathrm{T}} \mid \boldsymbol{\alpha}\in V\}$，问 V 是否为向量空间？若是向量空间，试求出它的一个基和它的维数.

解 因为对任意的 $\boldsymbol{x}=(a, 2a, 3a)^{\mathrm{T}}$，$\boldsymbol{y}=(b, 2b, 3b)^{\mathrm{T}}\in V$，和任意的 $\lambda\in\mathbf{R}$，都有 $\boldsymbol{x}+\boldsymbol{y}\in V$，$\lambda\boldsymbol{x}\in \boldsymbol{V}$，所以 V 是向量空间.

因为向量 $(1, 2, 3)^{\mathrm{T}}\in V$ 线性无关，且每个 $x=(a, 2a, 3a)^{\mathrm{T}}\in V$ 都可由 $(1, 2, 3)^{\mathrm{T}}$ 表示为 $x=a(1, 2, 3)^{\mathrm{T}}$，所以向量组 $(1, 2, 3)^{\mathrm{T}}$ 是 V 的一个基 . V 是 1 维向量空间 .

§3.5 习　　题

1. 设 $\boldsymbol{a}$ 为 3 维列向量，$\boldsymbol{a}^{\mathrm{T}}$ 是 $\boldsymbol{a}$ 的转置. 若 $\boldsymbol{a}\boldsymbol{a}^{\mathrm{T}}=\begin{pmatrix} 1 & -1 & 1 \\ -1 & 1 & -1 \\ 1 & -1 & 1 \end{pmatrix}$，则 $\boldsymbol{a}^{\mathrm{T}}\boldsymbol{a}=$ ________.

2. 判别下列向量组的线性相关性.

$$\boldsymbol{\alpha}_1=(1, 1, 1)^{\mathrm{T}}, \boldsymbol{\alpha}_2=(0, 2, 5)^{\mathrm{T}}, \boldsymbol{\alpha}_3=(1, 3, 6)^{\mathrm{T}}.$$

3. 设矩阵 $\boldsymbol{A}$，$\boldsymbol{B}$，$\boldsymbol{C}$ 均为 n 阶矩阵，若 $\boldsymbol{AB}=\boldsymbol{C}$，$\boldsymbol{B}$ 可逆，则(　　).

(A)矩阵 $\boldsymbol{C}$ 的行向量组与矩阵 $\boldsymbol{A}$ 的行向量组等价；

(B)矩阵 $\boldsymbol{C}$ 的列向量组与矩阵 $\boldsymbol{A}$ 的列向量组等价；

(C)矩阵 $\boldsymbol{C}$ 的行向量组与矩阵 $\boldsymbol{B}$ 的行向量组等价；

(D)矩阵 $\boldsymbol{C}$ 的行向量组与矩阵 $\boldsymbol{B}$ 的列向量组等价

4. 已知向量组 $\boldsymbol{\beta}_1=(0, 1, -1)^{\mathrm{T}}$，$\boldsymbol{\beta}_2=(a, 2, 1)^{\mathrm{T}}$，$\boldsymbol{\beta}_3=(b, 1, 0)^{\mathrm{T}}$ 与向量组

$\boldsymbol{\alpha}_1=(1,\ 2,\ -3)^{\mathrm{T}}$，$\boldsymbol{\alpha}_2=(3,\ 0,\ 1)^{\mathrm{T}}$，$\boldsymbol{\alpha}_3=(9,\ 6,\ -7)^{\mathrm{T}}$ 具有相同的秩，且 $\boldsymbol{\beta}_3$ 可由 $\boldsymbol{\alpha}_1$，$\boldsymbol{\alpha}_2$，$\boldsymbol{\alpha}_3$ 线性表示，求 a，b 之值.

5. 设向量组Ⅰ：$\boldsymbol{\alpha}_1$，$\boldsymbol{\alpha}_2$，…，$\boldsymbol{\alpha}_r$ 可由向量组Ⅱ：$\boldsymbol{\beta}_1$，$\boldsymbol{\beta}_2$，…，$\boldsymbol{\beta}_s$ 线性表示，则下列命题正确的是(　　).

(A)若向量组Ⅰ线性无关，则 $r\leqslant s$；

(B)若向量组Ⅰ线性相关，则 $r>s$；

(C)若向量组Ⅱ线性无关，则 $r\leqslant s$；

(D)若向量组Ⅱ线性相关，则 $r>s$

6. 设 $\boldsymbol{\alpha}_1=(1,\ 2,\ -1,\ 0)^{\mathrm{T}}$，$\boldsymbol{\alpha}_2=(1,\ 1,\ 0,\ 2)^{\mathrm{T}}$，$\boldsymbol{\alpha}_3=(2,\ 1,\ 1,\ a)^{\mathrm{T}}$，若由向量 $\boldsymbol{\alpha}_1$，$\boldsymbol{\alpha}_2$，$\boldsymbol{\alpha}_3$ 形成的向量空间维数是 2，则 $a=$________.

7. 设 $\boldsymbol{A}=(\boldsymbol{a}_1,\ \boldsymbol{a}_2,\ \boldsymbol{a}_3,\ \boldsymbol{a}_4)$ 是四阶矩阵，$\boldsymbol{A}^*$ 为 $\boldsymbol{A}$ 的伴随矩阵，若 $\begin{pmatrix}1\\0\\1\\0\end{pmatrix}$ 是方程组 $\boldsymbol{AX}=\boldsymbol{0}$ 的一个基础解系，则 $\boldsymbol{A}^*\boldsymbol{X}=\boldsymbol{0}$ 的基础解系为(　　).

(A)$\boldsymbol{a}_1$，$\boldsymbol{a}_2$；　　(B)$\boldsymbol{a}_1$，$\boldsymbol{a}_3$；　　(C)$\boldsymbol{a}_1$，$\boldsymbol{a}_2$，$\boldsymbol{a}_3$；　　(D)$\boldsymbol{a}_2$，$\boldsymbol{a}_3$，$\boldsymbol{a}_4$

8. 当 a 取何值时，线性方程组

$$\begin{cases}x_1+x_2-x_3=1\\2x_1+3x_2+ax_3=3\\x_1+ax_2+3x_3=2\end{cases}$$

无解？有唯一解？有无穷多解？当方程组有无穷多解时，求其通解.

§3.6 教学实验

3.6.1 内容提要

现实世界中有许多既有大小、又有方向的量，如力、速度等，这些量称为"向量"，现实三维空间中的向量都可用有一定次序的三个数(简称三元有序数组)来表示，推而广之，n 元有序数组$(a_1,\ a_2,\ \cdots,\ a_n)$称为 n 维向量. 其中，第 j 个分量 a_j 称为向量 $\boldsymbol{a}=(a_1,\ a_2,\ \cdots,\ a_n)$的第 j 个坐标$(j=1,\ 2,\ \cdots,\ n)$. n 维向量有加法和数乘运算，且满足相应的运算律.

n 维向量也是现实世界中客观事物的本质属性的数学模型. 例如，在运输过程中的每一件货物都有价值、体积、质量、运输里程，按这个次序给出的四个数，就构成一个 4 维向量. 这个 4 维向量就代表了这个货物，可见，n 维向量是一个有实际背景的数学概念.

在"线性代数"课程中，研究 n 维向量的线性相关性是为了利用向量来研究线性方程组. 线性方程组和向量组可以建立一一对应关系，因而方程组是否有多余方程就转化为相应的向量组是否线性相关，齐次线性方程组是否有非零解就转化为未知数系数矩阵对应的向量组的秩是否小于未知数的个数(向量的维数)，非齐次线性方程组是否有解(或有无穷多解)就转化为增广矩阵对应的向量组的秩是否等于未知数系数矩阵对应的向量组的秩(或相等，但小于未知数的个数).

两个二维向量是否线性相关，几何上表示平面上两条由原点出发的射线是否共线；两个三维向量是否线性相关，几何上表示空间中两条由原点出发的射线是否共线；三个三维向量是否线性相关，几何上表示空间中三条由原点出发的射线是否共面.

在“线性代数”课程中，向量的线性相关性这部分内容主要有 n 维向量的概念，向量的线性相关性，向量组的秩，向量空间及向量空间的基、坐标、维数，学习这部分内容时，要注意以下几点：

1. 关于向量组的线性相关性

向量组的线性相关性是线性代数中一个较为抽象的概念，它既是线性代数中的一个重点，又是一个难点. 理解时应注意以下三点：

(1) 注意向量组、线性方程组及矩阵之间的联系. 设有 m 维列向量组 $\boldsymbol{\alpha}_1$，$\boldsymbol{\alpha}_2$，…，$\boldsymbol{\alpha}_n$，$\boldsymbol{\beta}$，令 $\boldsymbol{A}_{m\times n}=(\boldsymbol{\alpha}_1, \boldsymbol{\alpha}_2, \cdots, \boldsymbol{\alpha}_n)$，$\boldsymbol{B}=(\boldsymbol{\beta})$，$\boldsymbol{X}=(x_1, x_2, \cdots, x_n)^{\mathrm{T}}$，则有：

①向量 $\boldsymbol{\beta}$ 可由向量组 $\boldsymbol{\alpha}_1$，$\boldsymbol{\alpha}_2$，…，$\boldsymbol{\alpha}_n$ 线性表示⇔矩阵方程 $\boldsymbol{AX}=\boldsymbol{B}$ 有解⇔线性方程组 $x_1\boldsymbol{\alpha}_1+x_2\boldsymbol{\alpha}_2+\cdots+x_n\boldsymbol{\alpha}_n=\boldsymbol{\beta}$ 有解.

②向量组 $\boldsymbol{\alpha}_1$，$\boldsymbol{\alpha}_2$，…，$\boldsymbol{\alpha}_n$ 线性相关⇔$R(\boldsymbol{\alpha}_1, \boldsymbol{\alpha}_2, \cdots, \boldsymbol{\alpha}_n)<n$⇔齐次线性方程组 $x_1\boldsymbol{\alpha}_1+x_2\boldsymbol{\alpha}_2+\cdots+x_n\boldsymbol{\alpha}_n=\boldsymbol{0}$ 有非零解.

③向量组 $\boldsymbol{\alpha}_1$，$\boldsymbol{\alpha}_2$，…，$\boldsymbol{\alpha}_n$ 线性无关⇔$R(\boldsymbol{\alpha}_1, \boldsymbol{\alpha}_2, \cdots, \boldsymbol{\alpha}_n)=n$⇔齐次线性方程组 $x_1\boldsymbol{\alpha}_1+x_2\boldsymbol{\alpha}_2+\cdots+x_n\boldsymbol{\alpha}_n=\boldsymbol{0}$ 只有零解.

④当 $m=n$ 时，向量组 $\boldsymbol{\alpha}_1$，$\boldsymbol{\alpha}_2$，…，$\boldsymbol{\alpha}_n$ 线性无关⇔ $|\boldsymbol{A}|\neq 0$；向量组 $\boldsymbol{\alpha}_1$，$\boldsymbol{\alpha}_2$，…，$\boldsymbol{\alpha}_n$ 线性相关⇔ $|\boldsymbol{A}|=0$.

⑤矩阵 $\boldsymbol{A}$ 的秩等于其列向量组的秩，也等于其行向量组的秩. 已知向量组、线性方程组与矩阵之间的联系，就可以从矩阵或线性方程组的角度，认识向量组的线性相关性.

(2) 注意线性相关与线性无关这两个概念的转化. 由于线性相关和线性无关是互相对立的两个概念，即向量组 $\boldsymbol{\alpha}_1$，$\boldsymbol{\alpha}_2$，…，$\boldsymbol{\alpha}_n$ 线性相关，则一定不线性无关，反之也真，而正命题和逆否命题是等价的，所以，将线性相关性的命题转化为它的逆否命题，就得到相应线性无关性的命题. 这在许多有关线性相关性的命题的证明中是很有必要的.

(3) 注意线性相关性的几何意义.

2. 判断向量组线性相关性的常用方法

若要判定 n 个 m 维列向量 $\boldsymbol{\alpha}_1$，$\boldsymbol{\alpha}_2$，…，$\boldsymbol{\alpha}_n$ 的线性相关性，一般有如下方法：

方法 1(定义法或方程组法)：考察齐次线性方程组 $x_1\boldsymbol{\alpha}_1+x_2\boldsymbol{\alpha}_2+\cdots+x_n\boldsymbol{\alpha}_n=\boldsymbol{0}$ 是否有非零解，若有，则相关，否则，无关.

方法 2(求秩法或矩阵法)：求矩阵 $\boldsymbol{A}=(\boldsymbol{\alpha}_1, \boldsymbol{\alpha}_2, \cdots, \boldsymbol{\alpha}_n)$ 的秩，若 $R(\boldsymbol{A})<n$，则

相关．若 $R(\boldsymbol{A})=n$，则无关，

方法 3（行列式法）：此法仅适用于 $m=n$ 的情况（向量的个数等于向量的维数），即考察方阵 $\boldsymbol{A}$ 的行列式 $|\boldsymbol{A}|$，若 $|\boldsymbol{A}|=0$，则相关，否则，无关．

方法 4：利用线性相关性的有关结论来判定．

3. 求向量组的秩与最大无关组的常用方法

设有 n 个 m 维列向量 $\boldsymbol{\alpha}_1$，$\boldsymbol{\alpha}_2$，…，$\boldsymbol{\alpha}_n$，令矩阵 $\boldsymbol{A}=(\boldsymbol{\alpha}_1, \boldsymbol{\alpha}_2, \cdots, \boldsymbol{\alpha}_n)$．

方法 1（子式法）：求矩阵 $\boldsymbol{A}$ 的最高阶非零子式，则最高阶非零子式的阶数就是该向量组的秩；最高阶非零子式所位于的列向量组就是该向量组的一个最大无关组．

方法 2（初等行变换法）：对矩阵 $\boldsymbol{A}$ 进行初等行变换，化为行阶梯形矩阵 $\boldsymbol{J}_1$，则 $\boldsymbol{J}_1$ 中非零行的行数即为该向量组的秩；各非零行的第一个非零元（称为主元）所在列向量构成该向量组的一个最大无关组；化行阶梯形矩阵 $\boldsymbol{J}_1$ 为行最简形矩阵 $\boldsymbol{J}_2$，则 $\boldsymbol{J}_2$ 中主元所在列向量对应的矩阵 $\boldsymbol{A}$ 的列向量，就构成了该向量组一个最大线性无关组．$\boldsymbol{J}_2$ 中非主元所在列向量的各分量正好是该列向量所对应的 $\boldsymbol{A}$ 中的列向量用最大无关组线性表示的系数．

3.6.2 机算实验

1. 实验目的

熟悉用 MATLAB 软件处理和解决下列问题的程序和方法：

(1) 判定向量组的线性相关性；

(2) 求向量组的秩、最大无关组，进而将其余向量表示成最大无关组的线性组合；

(3) 验证给定向量组是相应空间的一组基，进而求某给定向量在该基下的坐标．

2. 与实验相关的 MATLAB 命令或函数

表 3-1 给出了与本实验相关的 MATLAB 命令或函数．

表 3-1　与本实验相关的 MATLAB 命令或函数

命　令	功能说明	位置
[R, s]=rref(A)	把矩阵 $\boldsymbol{A}$ 的最简行阶梯形矩阵赋给 $\boldsymbol{R}$．$\boldsymbol{s}$ 是一个行向量，它的元素由 $\boldsymbol{R}$ 的基准元素所在的列号构成	例 1
length(s)	计算向量 $\boldsymbol{s}$ 的长度，即向量 $\boldsymbol{s}$ 的维数	例 2
end	矩阵的最大下标，即最后一行或最后一列	例 1
null(A, 'r')	计算齐次线性方程组 $\boldsymbol{Ax}=\boldsymbol{0}$ 的基础解系	例 1
x0=A \ b	求非齐次线性方程组 $\boldsymbol{Ax}=\boldsymbol{b}$ 的一个特解 $\boldsymbol{x}_0$	例 1
fprintf	按指定格式写文件，和 C 语言的功能类似	例 2
find(s)	计算向量 $\boldsymbol{s}$ 中非零元素的下标	例 3
subs(A, k, n)	将 $\boldsymbol{A}$ 中的所有符号变量 k 用数值 n 来替代	例 3

3. 实验内容

例 1 判定向量组 $\boldsymbol{\alpha}_1=(3, 1, 2, -4)^{\mathrm{T}}$，$\boldsymbol{\alpha}_2=(1, 0, 5, 2)^{\mathrm{T}}$，$\boldsymbol{\alpha}_3=(-1, 2,$

0，3)^{T}的线性相关性.

解一 用笔计算的思路和主要步骤如下：

解相应的齐次线性方程组：

$$\begin{cases} 3x_1+x_2-x_3=0 \\ x_1+2x_3=0 \\ 2x_1+5x_2=0 \\ -4x_1+2x_2+3x_3=0 \end{cases},$$

得 $x_1=0$，$x_2=0$，$x_3=0$，故该向量组线性无关.

也可以由 $\boldsymbol{\alpha}_1$，$\boldsymbol{\alpha}_2$，$\boldsymbol{\alpha}_3$ 构造矩阵 $\boldsymbol{A}=(\boldsymbol{\alpha}_1, \boldsymbol{\alpha}_2, \boldsymbol{\alpha}_3)$，用初等行变换将其化为行阶梯形矩阵，得其有三个非零行，从而矩阵 **A** 的秩为 3，所以，该向量组线性无关，

解二 用 MATLAB 软件计算如下：

在 MATLAB 命令窗口，输入以下命令：

```
clear all
A=[3, 1, 2, -4; 1, 0, 5, 2; -1, 2, 0, 3];
[R, S]=rref([A])   %把系数矩阵的行最简矩阵赋给 R
```

计算结果如下：

```
R=
    1.000 0         0         0    -2.032 3
         0    1.000 0         0     0.483 9
         0         0    1.000 0     0.806 5
```

从而矩阵 **A** 的秩为 3，所以，该向量组线性无关.

例 2 已知 $\boldsymbol{\alpha}_1=\begin{pmatrix}1\\0\\2\\1\end{pmatrix}$，$\boldsymbol{\alpha}_2=\begin{pmatrix}1\\2\\0\\1\end{pmatrix}$，$\boldsymbol{\alpha}_3=\begin{pmatrix}2\\1\\3\\0\end{pmatrix}$，$\boldsymbol{\alpha}_4=\begin{pmatrix}2\\5\\-1\\4\end{pmatrix}$，求出该向量组的秩与一个最大无关组，并将其余向量表示成最大无关组的线性组合.

解一 用笔计算的思路和主要步骤如下：

对矩阵

$$\boldsymbol{A}=(\boldsymbol{\alpha}_1, \boldsymbol{\alpha}_2, \boldsymbol{\alpha}_3, \boldsymbol{\alpha}_4)=\begin{pmatrix}1 & 1 & 2 & 2\\0 & 2 & 1 & 5\\2 & 0 & 3 & -1\\1 & 1 & 0 & 4\end{pmatrix}$$

进行初等行变换，化为行最简矩阵

$$\begin{pmatrix}1 & 0 & 0 & 1\\0 & 1 & 0 & 3\\0 & 0 & 1 & -1\\0 & 0 & 0 & 0\end{pmatrix}.$$

由于行最简矩阵有三个非零行，因此该向量组的秩为 3.

主元所在的列号为 1，2，3，则原向量组的一个最大无关组为 $\boldsymbol{\alpha}_1$，$\boldsymbol{\alpha}_2$，$\boldsymbol{\alpha}_3$

根据该矩阵的第 4 列，可以得到

$$\boldsymbol{\alpha}_4=\boldsymbol{\alpha}_1+3\boldsymbol{\alpha}_2-\boldsymbol{\alpha}_3.$$

解二 用 MATLAB 软件计算如下：

在 MATLAB 命令窗口，输入以下命令：

```
%找向量组的最大无关组，并用它线性表示其他向量
clear
a1=[1; 0; 2; 1];                %输入四个列向量
a2=[1; 2; 0; 1];
a3=[2; 1; 3; 0];
a4=[2; 5; -1; 4];
A=[a1, a2, a3, a4];             %由四个列向量构造矩阵 A
[R, s]=rref(A);                 %把矩阵 A 的行最简阶梯形矩阵赋给 R
                                %R 的所有主元在矩阵中的列号构成行向量 s
                                %向量 s 中的元素即为最大无关组向量的下标
r=length(s);                    %将最大无关组所含向量个数赋给 r
fprintf('最大线性无关组为:')     %输出字符串
for i=1: r
  fprintf('a%d', s(i))          %分别输出最大无关组的向量 a1, a2, …
end
for i=1: r                      %从矩阵 A 中取出最大无关组赋给 A0
  A0(:, i)=A(:, s(i));
end
A0                              %显示最大无关组矩阵 A0
s0=[1, 2, 3, 4];                %构造行向量 s0
for i=1: r
  s0(s(i))=0;                   %s(i)是最大无关组的列号
end                             %若 s0 的某元素不为 0，则表示该元素为矩阵
                                %A 中除最大无关组以外其他列向量的列号
s0=find(s0);                    %删除 s0 中的零元素
                                %此时 s0 中元素为其他向量的列号
for i=1: 4-r                    %用最大无关组来线性表示其他向量
  fprintf('a%d=', s0(i))
  for j=1: r
    fprintf('%3d * a%d+', R(j, S0(i)), s(j));
  end
  fprintf('\b\b\n');            %去掉最后一个"+"
end
```

运行结果如下：

```
最大线性无关组为：a1 a2 a3
A0=
    1    1    2
    0    2    1
    2    0    3
    1    1    0
a4=1* a1+  3*a2+     -1* a3
```

例 3 设 $\boldsymbol{\alpha}_1=(2, 2, -1)^{\mathrm{T}}$，$\boldsymbol{\alpha}_2=(2, -1, 2)^{\mathrm{T}}$，$\boldsymbol{\alpha}_3=(-1, 2, 2)^{\mathrm{T}}$；$\boldsymbol{\beta}_1=(1, 0, -4)^{\mathrm{T}}$，$\boldsymbol{\beta}_2=(4, 3, 2)^{\mathrm{T}}$. 验证 $\boldsymbol{\alpha}_1$，$\boldsymbol{\alpha}_2$，$\boldsymbol{\alpha}_3$ 是 $\mathbf{R}^3$ 的一个基，并求 $\boldsymbol{\beta}_1$，$\boldsymbol{\beta}_2$ 在这个基中的坐标.

解一 用笔计算的思路和主要步骤如下：

构造增广矩阵 $\boldsymbol{H}=(\boldsymbol{\alpha}_1, \boldsymbol{\alpha}_2, \boldsymbol{\alpha}_3, \boldsymbol{\beta}_1, \boldsymbol{\beta}_2)$，用初等行变换将其化为行最简形矩阵：

$$\boldsymbol{H}\rightarrow\boldsymbol{J}=\begin{pmatrix}1 & 0 & 0 & \frac{2}{3} & \frac{4}{3}\\ 0 & 1 & 0 & -\frac{2}{3} & 1\\ 0 & 0 & 1 & -1 & \frac{2}{3}\end{pmatrix},$$

故 $\boldsymbol{\alpha}_1$，$\boldsymbol{\alpha}_2$，$\boldsymbol{\alpha}_3$ 是 $\mathbf{R}^3$ 的一个基，$\boldsymbol{\beta}_1$，$\boldsymbol{\beta}_2$ 在这个基中的坐标分别为 $\left(\frac{2}{3}, -\frac{2}{3}, -1\right)$ 和 $\left(\frac{4}{3}, 1, \frac{2}{3}\right)$.

解二 用 MATLAB 软件计算如下：

该问题相当于论证向量组 $\boldsymbol{\alpha}_1$，$\boldsymbol{\alpha}_2$，$\boldsymbol{\alpha}_3$ 是向量组 $\boldsymbol{\alpha}_1$，$\boldsymbol{\alpha}_2$，$\boldsymbol{\alpha}_3$，$\boldsymbol{\beta}_1$，$\boldsymbol{\beta}_2$ 的一个最大无关组，同时计算将 $\boldsymbol{\beta}_1$，$\boldsymbol{\beta}_2$ 用 $\boldsymbol{\alpha}_1$，$\boldsymbol{\alpha}_2$，$\boldsymbol{\alpha}_3$ 线性表示的系数.

在 MATLAB 命令窗口，输入以下命令：

```
%论证向量组 α1，α2，α3是向量组 α1，α2，α3，β1，β2的最大无关组，
%并用它线性表示向量 β1，β2
clear
a1=[2; 2; -1];                %输入五个列向量
a2=[2; -1; 2];
a3=[-1; 2; 2];
b1=[1; 0; -4];
b2=[4; 3; 2];
H=[a1, a2, a3, b1, b2];       %由五个列向量构造矩阵 H
[R, s]=rref( H);              %把矩阵 H 的行最简阶梯形矩阵赋给 R
                              %R 的所有主元在矩阵中的列号构成行向量 s
```

```
                                    %向量 s 中的元素即为最大无关组向量的下标
r=length(s);                        %将最大无关组所含向量个数赋给 r
fprintf('最大线性无关组为:')        %输出字符串
for i=1:r
  fprintf('a%d', s(i))              %分别输出最大无关组的向量 a1, a2, …
end
for i=1:r                           %从矩阵 H 中取出最大无关组赋给 H0
  H0(:, i)=H(:, s(i));
end
H0                                  %显示最大无关组矩阵 H0
s0=[1, 2, 3, 4, 5];                 %构造行向量 s0
for i=1:r
  s0(s(i))=0;                       %s(i)是最大无关组的列号
end                                 %若 s0 的某元素不为 0,则表示该元素为矩阵
                                    %H 中除最大无关组以外其他列向量的列号
s0=find(s0);                        %删除 s0 中的零元素
                                    %此时 s0 中元素为其他向量的列号
for i=1:5-r                         %用最大无关组来线性表示其他向量
  fprintf('a%d=', s0(i))
  for j=1:r
    fprintf('%3d*a%d+', R(j, s0(i)), s(j));
  end
  fprintf('\b\b\n');                %去掉最后一个"+"
end
```

运行结果如下:

```
最大线性无关组为:a1 a2 a3
H0=
      2     2    -1
      2    -1     2
     -1     2     2
b1=6.666667e-001*a1+  -6.666667e-001*a2+  -1+a3
b2=1.333333e+000*a1+1*a2+6.666667e-001*a3
```

第 4 章　线性方程组

线性方程组(system of linearequations)是关于未知量为一次的方程组，这是最简单也是最重要的一类代数方程组．线性方程组的解法，早在中国古代的数学著作《九章算术·方程》一章中已经进行了比较完整的论述．其中所述方法实质相当于现代的对方程组的增广矩阵施行初等行变换，从而消去未知量的方法．在西方，线性方程组的研究是在 17 世纪后期由莱布尼茨(Gottfried Wilhelm Leibniz，1646—1716)开创的．

大约在 1800 年，德国数学家、天文学家和物理学家高斯(Carl Friedrich Gauss，1777—1855)提出了高斯消元法并用它解决了天体计算和后来的地球表面测量计算中的最小二乘法问题．

到了 19 世纪，英国数学家史密斯(Henry Smith，1826—1883)和道奇森(Charels Lutwidge Dodgson，1832—1898)继续研究线性方程组理论，前者引进了方程组的增广矩阵和非增广矩阵的概念，后者证明了 n 个未知量 m 个方程的方程组有解(相容)的充要条件是系数矩阵和增广矩阵的秩相同，这是现代方程组理论中的重要结果之一．

§4.1　线性方程组的建立与表示形式

设 $\boldsymbol{\alpha}_1$，$\boldsymbol{\alpha}_2$，…，$\boldsymbol{\alpha}_n$ 是向量空间 F^m 中的 n 个向量，判定向量 $\boldsymbol{\alpha}_1$，$\boldsymbol{\alpha}_2$，…，$\boldsymbol{\alpha}_n$ 是否线性相关就是看方程

$$x_1\boldsymbol{\alpha}_1+x_2\boldsymbol{\alpha}_2+\cdots+x_n\boldsymbol{\alpha}_n=\mathbf{0}$$

是否有非零解.

判定 F^m 中向量 $\boldsymbol{\beta}$ 是否能由 $\boldsymbol{\alpha}_1$，$\boldsymbol{\alpha}_2$，…，$\boldsymbol{\alpha}_n$ 线性表出也就是看方程

$$x_1\boldsymbol{\alpha}_1+x_2\boldsymbol{\alpha}_2+\cdots+x_n\boldsymbol{\alpha}_n=\boldsymbol{\beta}$$

是否有解.

如果将向量 $\boldsymbol{\alpha}_i(i=1,2,\cdots,n)$，$\boldsymbol{\beta}$ 用列坐标向量的形式表示出来：

$$\boldsymbol{\alpha}_1=\begin{pmatrix}a_{11}\\a_{21}\\\vdots\\a_{m1}\end{pmatrix},\ \boldsymbol{\alpha}_2=\begin{pmatrix}a_{12}\\a_{22}\\\vdots\\a_{m2}\end{pmatrix},\ \cdots,\ \boldsymbol{\alpha}_n=\begin{pmatrix}a_{1n}\\a_{2n}\\\vdots\\a_{mn}\end{pmatrix},\ \boldsymbol{\beta}=\begin{pmatrix}b_1\\b_2\\\vdots\\b_m\end{pmatrix},$$

即得

$$x_1\begin{pmatrix}a_{11}\\a_{21}\\\vdots\\a_{m1}\end{pmatrix}+x_2\begin{pmatrix}a_{12}\\a_{22}\\\vdots\\a_{m2}\end{pmatrix}+\cdots+x_n\begin{pmatrix}a_{1n}\\a_{2n}\\\vdots\\a_{mn}\end{pmatrix}=\begin{pmatrix}0\\0\\\vdots\\0\end{pmatrix} \tag{4-1}$$

与

$$x_1\begin{pmatrix}a_{11}\\a_{21}\\\vdots\\a_{m1}\end{pmatrix}+x_2\begin{pmatrix}a_{12}\\a_{22}\\\vdots\\a_{m2}\end{pmatrix}+\cdots+x_n\begin{pmatrix}a_{1n}\\a_{2n}\\\vdots\\a_{mn}\end{pmatrix}=\begin{pmatrix}b_1\\b_2\\\vdots\\b_m\end{pmatrix}. \tag{4-2}$$

(4-1)式等价于齐次线性方程组

$$\begin{cases}a_{11}x_1+a_{12}x_2+\cdots+a_{1n}x_n=0\\a_{21}x_1+a_{22}x_2+\cdots+a_{2n}x_n=0\\\cdots\cdots\\a_{m1}x_1+a_{m2}x_2+\cdots+a_{mn}x_n=0\end{cases}, \tag{4-3}$$

(4-2)式等价于非齐次线性方程组

$$\begin{cases}a_{11}x_1+a_{12}x_2+\cdots+a_{1n}x_n=b_1\\a_{21}x_1+a_{22}x_2+\cdots+a_{2n}x_n=b_2\\\cdots\cdots\\a_{m1}x_1+a_{m2}x_2+\cdots+a_{mn}x_n=b_m\end{cases}. \tag{4-4}$$

记

$$\boldsymbol{A}=\begin{pmatrix}a_{11}&a_{12}&\cdots&a_{1n}\\a_{21}&a_{22}&\cdots&a_{2n}\\\vdots&\vdots&&\vdots\\a_{m1}&a_{m2}&\cdots&a_{mn}\end{pmatrix},\ \boldsymbol{x}=\begin{pmatrix}x_1\\x_2\\\vdots\\x_n\end{pmatrix},\ \boldsymbol{b}=\begin{pmatrix}b_1\\b_2\\\vdots\\b_n\end{pmatrix},$$

(4-1)式与(4-2)式写成向量矩阵形式为

$$\boldsymbol{Ax}=\boldsymbol{b},\ \boldsymbol{Ax}=\boldsymbol{0}.$$

此外，(4-1)式与(4-2)式还可以表示成

(4-1)式：$\sum_{j=1}^{n}a_{ij}x_j=0, i=1,2,\cdots,m$；

(4-2)式：$\sum_{j=1}^{n}a_{ij}x_j=b_i, i=1,2,\cdots,m$；

或

(4-1)式：$(\boldsymbol{\alpha}_1\quad\boldsymbol{\alpha}_2\quad\cdots\quad\boldsymbol{\alpha}_n)\begin{pmatrix}x_1\\x_2\\\vdots\\x_n\end{pmatrix}=\boldsymbol{0}$；

(4-2)式：$(\boldsymbol{\alpha}_1\quad\boldsymbol{\alpha}_2\quad\cdots\quad\boldsymbol{\alpha}_n)\begin{pmatrix}x_1\\x_2\\\vdots\\x_n\end{pmatrix}=\boldsymbol{b}$.

§4.2 齐次线性方程组的解空间与基础解系

设齐次线性方程组

$$\begin{cases} a_{11}x_1+a_{12}x_2+\cdots+a_{1n}x_n=0 \\ a_{21}x_1+a_{22}x_2+\cdots+a_{2n}x_n=0 \\ \cdots\cdots \\ a_{m1}x_1+a_{m2}x_2+\cdots+a_{mn}x_n=0 \end{cases}, \tag{4-5}$$

记

$$\boldsymbol{A}=\begin{pmatrix} a_{11} & a_{12} & \cdots & a_{1n} \\ a_{21} & a_{22} & \cdots & a_{2n} \\ \vdots & \vdots & & \vdots \\ a_{m1} & a_{m2} & \cdots & a_{mn} \end{pmatrix},\ \boldsymbol{x}=\begin{pmatrix} x_1 \\ x_2 \\ \vdots \\ x_n \end{pmatrix},$$

则齐次线性方程组(4-5)可写成向量矩阵式为

$$\boldsymbol{Ax}=\boldsymbol{0}.$$

若 $x_1=k_1$，$x_2=k_2$，…，$x_n=k_n$ 为方程组(4-5)的解，则称向量 $\boldsymbol{x}=(k_1,\ k_2,\ \cdots,\ k_n)^{\mathrm{T}}$ 为方程组(4-5)的解向量，简称为方程组(4-5)的解.

4.2.1 齐次线性方程组的解空间

设齐次线性方程组(4-5)的解向量集为 S，显然，零向量 $\boldsymbol{0}=(0,\ 0,\ \cdots,\ 0)^{\mathrm{T}}$ 是(4-5)的解向量，故 S 为非空集，又(4-5)的解向量具有以下特征.

定理 1 设 $\boldsymbol{x}_1$ 与 $\boldsymbol{x}_2$ 都是 $\boldsymbol{Ax}=\boldsymbol{0}$ 的解，则 $\boldsymbol{x}_1+\boldsymbol{x}_2$ 也是 $\boldsymbol{Ax}=\boldsymbol{0}$ 的解.

证 因 $\boldsymbol{Ax}_1=\boldsymbol{0}$，$\boldsymbol{Ax}_2=\boldsymbol{0}$，所以

$$\boldsymbol{A}(\boldsymbol{x}_1+\boldsymbol{x}_2)=\boldsymbol{Ax}_1+\boldsymbol{Ax}_2=\boldsymbol{0}+\boldsymbol{0}=\boldsymbol{0},$$

即 $\boldsymbol{x}_1+\boldsymbol{x}_2$ 是 $\boldsymbol{Ax}=\boldsymbol{0}$ 的解.

定理 2 设 $\boldsymbol{x}_1$ 是 $\boldsymbol{Ax}=\boldsymbol{0}$ 的解，k 为实常数，则 $k\boldsymbol{x}_1$ 仍是 $\boldsymbol{Ax}=\boldsymbol{0}$ 的解.

证 因 $\boldsymbol{Ax}_1=\boldsymbol{0}$，所以

$$\boldsymbol{A}(k\boldsymbol{x}_1)=k(\boldsymbol{Ax}_1)=k\cdot\boldsymbol{0}=\boldsymbol{0},$$

即 $k\boldsymbol{x}_1$ 是 $\boldsymbol{Ax}=\boldsymbol{0}$ 的解.

定理 1 表明 S 对加法封闭，即 $\forall\,\boldsymbol{x}_1,\ \boldsymbol{x}_2\in S$，有 $\boldsymbol{x}_1+\boldsymbol{x}_2\in S$；定理 2 表明 S 对数乘封闭，即 $\forall\,\boldsymbol{x}\in S$，$k$ 为实数，有 $k\boldsymbol{x}\in S$. 由此可知，非空集合 S 对向量的线性运算是封闭的，所以 S 是向量空间，它称为齐次线性方程组(4-5)的解空间.

4.2.2 齐次线性方程组的基础解系

定义 1 设 V 为向量空间，如果 r 个向量 $\boldsymbol{\alpha}_1$，$\boldsymbol{\alpha}_2$，…，$\boldsymbol{\alpha}_r \in V$ 且满足：

(1)$\boldsymbol{\alpha}_1$，$\boldsymbol{\alpha}_2$，…，$\boldsymbol{\alpha}_r$ 线性无关；

(2)V 中任一向量都可由 $\boldsymbol{\alpha}_1$，$\boldsymbol{\alpha}_2$，…，.$\boldsymbol{\alpha}_r$ 线性表示.

那么，向量组 $\boldsymbol{\alpha}_1$，$\boldsymbol{\alpha}_2$，…，$\boldsymbol{\alpha}_r$ 就称为向量空间 V 的一个基，r 称为向量空间 V 的维数，并称 V 为 r 维向量空间.

如果向量空间 V 没有基，那么 V 的维数为 0，0 维向量空间只含一个零向量.

定义 2 齐次线性方程(4-5)的解空间 S 的一个基称为(4-5)的基础解系．当(4-5)只有零解时，(4-5)没有基础解系.

由基础解系定义，若 $\boldsymbol{\xi}_1$，$\boldsymbol{\xi}_2$，…，$\boldsymbol{\xi}_s$ 是齐次线性方程组(4-5)的基础解系，则(4-5)的解空间 S 为

$$S=\{k_1\boldsymbol{\xi}_1+k_2\boldsymbol{\xi}_2+\cdots+k_s\boldsymbol{\xi}_s \mid k_1，\cdots，k_s \text{ 为任意常数}\}.$$

解空间的每一个向量都可由基础解系中向量线性表示．下面求解空间 S 的一个基[齐次线性方程组(4-5)的基础解系].

设系数矩阵 $\boldsymbol{A}$ 的秩为 r，若 $r=n$，则解空间为 $S=\{0\}$，此时无基础解系；若 $r=0$，则任意 n 维向量均为其解向量，这时解空间为 $\mathbf{R}^n$，n 维单位向量组 $\boldsymbol{\varepsilon}_1$，$\boldsymbol{\varepsilon}_2$，…，$\boldsymbol{\varepsilon}_n$ 是 $\boldsymbol{A}$ 可通过初等行变换化为行简化阶梯阵

$$\boldsymbol{I}=\begin{pmatrix} 1 & 0 & \cdots & 0 & -c_{1,r+1} & \cdots & -c_{1n} \\ 0 & 1 & \cdots & 0 & -c_{2,r+1} & \cdots & -c_{2n} \\ \vdots & \vdots & & \vdots & \vdots & & \vdots \\ 0 & 0 & \cdots & 1 & -c_{r,r+1} & \cdots & -c_{rn} \\ 0 & 0 & \cdots & 0 & 0 & \cdots & 0 \\ \vdots & \vdots & & \vdots & \vdots & & \vdots \\ 0 & 0 & \cdots & 0 & 0 & \cdots & 0 \end{pmatrix} \begin{matrix} \left.\begin{matrix} \\ \\ \\ \\ \end{matrix}\right\} r \text{ 行} \\ \left.\begin{matrix} \\ \\ \\ \end{matrix}\right\} m-r \text{ 行} \end{matrix},$$

与 $\boldsymbol{I}$ 对应有方程组

$$\begin{cases} x_1=c_{1,r+1}x_{r+1}+\cdots+c_{1n}x_n \\ x_2=c_{2,r+1}x_{r+1}+\cdots+c_{2n}x_n \\ \cdots\cdots \\ x_r=c_{r,r+1}x_{r+1}+\cdots+c_{rn}x_n \end{cases},$$

将上式改写成

$$\begin{pmatrix} x_1 \\ x_2 \\ \vdots \\ x_r \end{pmatrix}=x_{r+1}\begin{pmatrix} c_{1,r+1} \\ c_{2,r+1} \\ \vdots \\ c_{r,r+1} \end{pmatrix}+\cdots+x_n\begin{pmatrix} c_{1n} \\ c_{2n} \\ \vdots \\ c_{rn} \end{pmatrix}$$

上式任给 x_{r+1}，…，x_n 一组值，这时唯一确定 x_1，x_2，…，x_r 的值，现在令 x_{r+1}，…，x_n 取下列 $n-r$ 组数

$$\begin{pmatrix} x_{r+1} \\ x_{r+2} \\ \vdots \\ x_n \end{pmatrix} = \begin{pmatrix} 1 \\ 0 \\ \vdots \\ 0 \end{pmatrix}, \begin{pmatrix} 0 \\ 1 \\ \vdots \\ 0 \end{pmatrix}, \cdots, \begin{pmatrix} 0 \\ 0 \\ \vdots \\ 1 \end{pmatrix}$$

那么，依次可得

$$\begin{pmatrix} x_1 \\ x_2 \\ \vdots \\ x_r \end{pmatrix} = \begin{pmatrix} c_{1,r+1} \\ c_{2,r+1} \\ \vdots \\ c_{r,r+1} \end{pmatrix}, \begin{pmatrix} c_{1,r+2} \\ c_{2,r+2} \\ \vdots \\ c_{r,r+2} \end{pmatrix}, \cdots, \begin{pmatrix} c_{1n} \\ c_{2n} \\ \vdots \\ c_{r,n} \end{pmatrix},$$

从而得方程组(4-5)的 $n-r$ 个解

$$\boldsymbol{\xi}_1 = \begin{pmatrix} c_{1,r+1} \\ \vdots \\ c_{r,r+1} \\ 1 \\ 0 \\ \vdots \\ 0 \end{pmatrix}, \boldsymbol{\xi}_2 = \begin{pmatrix} c_{1,r+2} \\ \vdots \\ c_{r,r+2} \\ 0 \\ 1 \\ \vdots \\ 0 \end{pmatrix}, \cdots, \boldsymbol{\xi}_{n-r} = \begin{pmatrix} c_{1n} \\ \vdots \\ c_{rn} \\ 0 \\ 0 \\ \vdots \\ 1 \end{pmatrix}$$

则可证 $\boldsymbol{\xi}_1$，$\boldsymbol{\xi}_2$，…，$\boldsymbol{\xi}_{n-r}$ 为解空间的一个基，下面证明之.

(1)$\boldsymbol{\xi}_1$，$\boldsymbol{\xi}_2$，…，$\boldsymbol{\xi}_{n-r}$ 线性无关. 这是因 $n-r$ 个 $n-r$ 维列向量

$$\begin{pmatrix} x_{r+1} \\ x_{r+2} \\ \vdots \\ x_n \end{pmatrix} = \begin{pmatrix} 1 \\ 0 \\ \vdots \\ 0 \end{pmatrix}, \begin{pmatrix} 0 \\ 1 \\ \vdots \\ 0 \end{pmatrix}, \cdots, \begin{pmatrix} 0 \\ 0 \\ \vdots \\ 1 \end{pmatrix}$$

线性无关，所以在每个向量前面添加 r 个分量而得的 $n-r$ 个 n 维向量 $\boldsymbol{\xi}_1$，$\boldsymbol{\xi}_2$，…，$\boldsymbol{\xi}_{n-r}$ 线性无关.

(2)方程组(4-5)的每一解向量

$$\boldsymbol{x} = \boldsymbol{\xi} = (k_1, k_2, \cdots, k_r, k_{r+1}, \cdots, k_n)^{\mathrm{T}}$$

都可由 $\boldsymbol{\xi}_1$，$\boldsymbol{\xi}_2$，…，$\boldsymbol{\xi}_{n-r}$ 线性表示. 这是因为齐次线性方程组(4-5)与方程组

$$\begin{cases} x_1 = c_{1,r+1}x_{r+1} + \cdots + c_{1n}x_n \\ \cdots\cdots \\ x_r = c_{r,r+1}x_{r+1} + \cdots + c_{rn}x_n \\ x_{r+1} = x_{r+1} \\ \cdots\cdots \\ x_n = x_n \end{cases}$$

同解，所以

$$\begin{cases} k_1=c_{1,r+1}k_{r+1}+\cdots+c_{rn}k_n \\ \cdots\cdots \\ k_r=c_{r,r+1}k_{r+1}+\cdots+c_{rn}k_n \\ k_{r+1}=k_{r+1} \\ \cdots\cdots \\ k_n=k_n \end{cases}$$

改写为

$$\begin{pmatrix} k_1 \\ \vdots \\ k_r \\ k_{r+1} \\ \vdots \\ k_n \end{pmatrix}=k_{r+1}\begin{pmatrix} c_{1,r+1} \\ \vdots \\ c_{r,r+1} \\ 1 \\ 0 \\ \vdots \\ 0 \end{pmatrix}+\cdots+k_n\begin{pmatrix} c_{1n} \\ \vdots \\ c_{rn} \\ 0 \\ 0 \\ \vdots \\ 1 \end{pmatrix},$$

即$\boldsymbol{\xi}=k_{r+1}\boldsymbol{\xi}_1+\cdots+k_n\boldsymbol{\xi}_{n-r}$，这就证明了$\boldsymbol{\xi}_1$，$\boldsymbol{\xi}_2$，…，$\boldsymbol{\xi}_{n-r}$为解空间的基，从而知解空间的维数为$n-r$.

综上过程可得齐次线性方程组(4-5)的解的结构定理.

定理 3 设m个n元齐次方程组(4-5)$\boldsymbol{Ax}=\boldsymbol{0}$的系数阵$\boldsymbol{A}$的秩为$r<n$，则其解向量集$S$构成一个$n-r$维向量空间$S$，且若$\boldsymbol{\xi}_1$，$\boldsymbol{\xi}_2$，…，$\boldsymbol{\xi}_{n-r}$为(4-5)的$n-r$个线性无关的解向量，则它构成解空间$S$的一个基，且(4-5)的所有解可表示为

$$\boldsymbol{x}=k_1\boldsymbol{\xi}_1+k_2\boldsymbol{\xi}_2+\cdots+k_{n-r}\boldsymbol{\xi}_{n-r}. \tag{4-6}$$

其中，k_1，k_2，…，k_{n-r}为任意实数.(4-6)式称为(4-5)的通解表达式.

值得说明的是：$R(\boldsymbol{A})=r$时，由定理3上面的推演过程知，方程组的解空间维数为$n-r$，而对于任意$n-r$个(4-5)中的线性无关的解向量，可证：它构成解空间的基，即(4-5)的基础解系.

例1 求下列方程组的基础解系：

$$\begin{cases} x_1+x_2+2x_3+2x_4=0 \\ 2x_1-x_2+x_3-2x_4=0 \\ x_1-2x_2-x_3-4x_4=0 \end{cases}.$$

解 对系数阵$\boldsymbol{A}$施行行初等变换，化为最简形

$$\boldsymbol{A}=\begin{pmatrix} 1 & 1 & 2 & 2 \\ 2 & -1 & 1 & -2 \\ 1 & -2 & -1 & -4 \end{pmatrix}\xrightarrow[r_3-r_1]{r_2-2r_1}\begin{pmatrix} 1 & 1 & 2 & 2 \\ 0 & -3 & -3 & -6 \\ 0 & -3 & -3 & -6 \end{pmatrix}$$

$$\xrightarrow{r_3-r_2}\begin{pmatrix} 1 & 1 & 2 & 2 \\ 0 & -3 & -3 & -6 \\ 0 & 0 & 0 & 0 \end{pmatrix}\xrightarrow{r_2\times\left(-\frac{1}{3}\right)}\begin{pmatrix} 1 & 1 & 2 & 2 \\ 0 & 1 & 1 & 2 \\ 0 & 0 & 0 & 0 \end{pmatrix}$$

$$\xrightarrow{r_1-r_2}\begin{pmatrix} 1 & 0 & 1 & 0 \\ 0 & 1 & 1 & 2 \\ 0 & 0 & 0 & 0 \end{pmatrix},$$

故对应行简化矩阵方程为

$$\begin{cases} x_1 = -x_3 \\ x_2 = -x_3 - 2x_4 \end{cases},$$

由于 $R(\boldsymbol{A})=2$，$n=4$，故基础解系含向量个数 $s=n-r=4-2$.

令 $x_3=1$，$x_4=0$，得 $x_1=-1$，$x_2=-1$，解向量 $\boldsymbol{\xi}_1=(-1, -1, 1, 0)^{\mathrm{T}}$；令 $x_3=0$，$x_4=1$，得 $x_1=0$，$x_2=-2$，解向量 $\boldsymbol{\xi}_2=(0, -2, 0, 1)^{\mathrm{T}}$. 故所求基础系为

$$\boldsymbol{\xi}_1=(-1, -1, 1, 0)^{\mathrm{T}}, \quad \boldsymbol{\xi}_2=(0, -2, 0, 1)^{\mathrm{T}}$$

注意 基础解系不是唯一的. 如令 $x_3=1$，$x_4=1$，得 $x_1=-1$，$x_2=-2$，解向量 $\boldsymbol{\xi}_1=(-1, -3, 1, 1)^{\mathrm{T}}$；令 $x_3=0$，$x_4=1$，得 $x_1=0$，$x_2=-2$，解向量 $\boldsymbol{\xi}_2=(0, -2, 0, 1)^{\mathrm{T}}$. 此时有基础解系 $\boldsymbol{\xi}_1$，$\boldsymbol{\xi}_2$.

例 2 求解方程组

$$\begin{cases} x_1 - x_2 - x_3 + x_4 = 0 \\ x_1 - x_2 + x_3 - 2x_4 = 0 \\ x_1 - x_2 + 3x_3 - 5x_4 = 0 \end{cases}.$$

解 对系数阵施行初等行变换

$$\boldsymbol{A}=\begin{pmatrix} 1 & -1 & -1 & 1 \\ 1 & -1 & 1 & -2 \\ 1 & -1 & 3 & -5 \end{pmatrix} \xrightarrow[r_3-r_1]{r_2-r_1} \begin{pmatrix} 1 & -1 & -1 & 1 \\ 0 & 0 & 2 & -3 \\ 0 & 0 & 4 & -6 \end{pmatrix}$$

$$\xrightarrow{r_3-2r_2} \begin{pmatrix} 1 & -1 & -1 & 1 \\ 0 & 0 & 2 & -3 \\ 0 & 0 & 0 & 0 \end{pmatrix} \xrightarrow{r_2 \div 2} \begin{pmatrix} 1 & -1 & -1 & 1 \\ 0 & 0 & 1 & -3/2 \\ 0 & 0 & 0 & 0 \end{pmatrix}$$

$$\xrightarrow{r_1+r_2} \begin{pmatrix} 1 & -1 & 0 & -1/2 \\ 0 & 0 & 1 & -3/2 \\ 0 & 0 & 0 & 0 \end{pmatrix},$$

得

$$\begin{cases} x_1 = x_2 + \frac{1}{2}x_4 \\ x_2 = x_2 \\ x_3 = \frac{3}{2}x_4 \\ x_4 = x_4 \end{cases},$$

$$\begin{pmatrix} x_1 \\ x_2 \\ x_3 \\ x_4 \end{pmatrix} = x_2 \begin{pmatrix} 1 \\ 1 \\ 0 \\ 0 \end{pmatrix} + x_4 \begin{pmatrix} \frac{1}{2} \\ 0 \\ \frac{3}{2} \\ 1 \end{pmatrix}.$$

即

故通解 $\boldsymbol{x}=k_1\boldsymbol{\xi}_1+k_2\boldsymbol{\xi}_2$，其中 $\boldsymbol{\xi}_1=(1, 1, 0, 0)^{\mathrm{T}}$，$\boldsymbol{\xi}_2=\left(\frac{1}{2}, 0, \frac{3}{2}, 1\right)^{\mathrm{T}}$，$k_1$，$k_2$ 为任意实数.

例 3 设 $\boldsymbol{A}$，$\boldsymbol{B}$ 都是 n 阶方阵，且 $\boldsymbol{AB}=\boldsymbol{0}$，证明：$R(\boldsymbol{A})+R(\boldsymbol{B})\leqslant n$.

证 设 $\boldsymbol{B}=(\boldsymbol{b}_1,\ \boldsymbol{b}_2,\ \cdots,\ \boldsymbol{b}_n)$，$\boldsymbol{b}_i$ 为 $\boldsymbol{B}$ 的第 i 列向量，则

$$\boldsymbol{AB}=(\boldsymbol{Ab}_1,\ \boldsymbol{Ab}_2,\ \cdots,\ \boldsymbol{Ab}_n).$$

由 $\boldsymbol{AB}=\boldsymbol{0}$ 知，$\boldsymbol{Ab}_i=\boldsymbol{0}(i=1,\ 2,\ \cdots,\ n)$，表明 $\boldsymbol{b}_i(i=1,\ 2,\ \cdots,\ n)$ 为方程 $\boldsymbol{Ax}=\boldsymbol{0}$ 的解，设 $R(\boldsymbol{A})=r$，则方程 $\boldsymbol{Ax}=\boldsymbol{0}$ 的解空间 S 的维数为 S＝n－r，而 $\boldsymbol{B}$ 的列向量组为 S 的子集，$\boldsymbol{B}$ 的列秩≤解集 S 的秩，即

$$R(\boldsymbol{B})\leqslant n-r.$$

故

$$R(\boldsymbol{B})\leqslant n-R(\boldsymbol{A}),\quad 即\ R(\boldsymbol{A})+R(\boldsymbol{B})\leqslant n.$$

§4.3 非齐次线性方程组解的结构

设有非齐次线性方程组

$$\begin{cases} a_{11}x_1+\cdots+a_{1n}x_n=b_1 \\ \cdots\cdots \\ a_{m1}x_1+\cdots+a_{mn}x_n=b_m \end{cases}. \tag{4-7}$$

记

$$\boldsymbol{A}=\begin{pmatrix} a_{11} & \cdots & a_{1n} \\ \vdots & & \vdots \\ a_{m1} & \cdots & a_{mn} \end{pmatrix},\ \boldsymbol{b}=\begin{pmatrix} b_1 \\ \vdots \\ b_m \end{pmatrix},\ \boldsymbol{x}=\begin{pmatrix} x_1 \\ \vdots \\ x_n \end{pmatrix},$$

增广矩阵记为 $\boldsymbol{B}=(\boldsymbol{A}\mid\boldsymbol{b})$，则(4-7)可写成 $\boldsymbol{Ax}=\boldsymbol{b}$.(4-7)对应的齐次线性方程组写为 $\boldsymbol{Ax}=\boldsymbol{0}$，称为(4-7)的导出组.

在第 3 章中采用高斯消元法求解非齐次线性方程组是否有解，并且是用行阶梯形阵来讨论的．由于行初等变换不改变矩阵的秩，因此，可得如下结论：

定理 4 非齐次线性方程组(4-7)有解的充要条件是 $R(\boldsymbol{A})=R(\boldsymbol{B})$，且

(1)$R(\boldsymbol{A})=R(\boldsymbol{B})=n$ 时，有唯一解；

(2)$R(\boldsymbol{A})=R(\boldsymbol{B})<n$ 时，有无穷多解.

下面进一步研究(4-7)的解的结构.

定理 5 非齐次线性方程组(4-7)的两个解 $\boldsymbol{\eta}_1$，$\boldsymbol{\eta}_2$ 的差 $\boldsymbol{\eta}_1-\boldsymbol{\eta}_2$ 是(4-7)对应的导出组的解.

证 因 $\boldsymbol{A\eta}_1=\boldsymbol{b}$，$\boldsymbol{A\eta}_2=\boldsymbol{b}$，故

$$\boldsymbol{A}(\boldsymbol{\eta}_1-\boldsymbol{\eta}_2)=\boldsymbol{A\eta}_1-\boldsymbol{A\eta}_2=\boldsymbol{b}-\boldsymbol{b}=\boldsymbol{0},$$

从而 $\boldsymbol{\eta}_1-\boldsymbol{\eta}_2$ 为对应的导出组的解.

定理 6 设 $\boldsymbol{\eta}$ 为非齐次线性方程组(4-7)的解，$\boldsymbol{\xi}$ 为对应导出组的解，则 $\boldsymbol{\eta}+\boldsymbol{\xi}$ 为(4-7)的解.

证 因 $A\boldsymbol{\eta}=\boldsymbol{b}$，$A\boldsymbol{\xi}=\boldsymbol{0}$，所以

$$A(\boldsymbol{\eta}+\boldsymbol{\xi})=A\boldsymbol{\eta}+A\boldsymbol{\xi}=\boldsymbol{b}+\boldsymbol{0}=\boldsymbol{b},$$

故 $\boldsymbol{\eta}+\boldsymbol{\xi}$ 为(4-7)的解.

定理 7 （非齐次线性方程组解的结构定理）设 $\boldsymbol{\eta}^*$ 为非齐次线性方程组(4-7)的任一解，对应的导出组的基础解系为 $\boldsymbol{\xi}_1$，$\boldsymbol{\xi}_2$，…，$\boldsymbol{\xi}_{n-r}$，则(4-7)的通解为

$$\boldsymbol{x}=k_1\boldsymbol{\xi}_1+k_2\boldsymbol{\xi}_2+\cdots+k_{n-r}\boldsymbol{\xi}_{n-r}+\boldsymbol{\eta}^*$$

其中，k_1，k_2，…，k_{n-r}为任意实数.

证 因 $\boldsymbol{\xi}_1$，$\boldsymbol{\xi}_2$，…，$\boldsymbol{\xi}_{n-r}$为对应的导出组的基础解系，则 $\boldsymbol{\xi}=k_1\boldsymbol{\xi}_1+k_2\boldsymbol{\xi}_2+\cdots+k_{n-r}\boldsymbol{\xi}_{n-r}$也为对应的导出组的解．由定理 6 知，$\boldsymbol{x}=\boldsymbol{\xi}+\boldsymbol{\eta}^*$ 为(4-7)的解，从而 $\boldsymbol{x}=k_1\boldsymbol{\xi}_1+\cdots+k_{n-r}\boldsymbol{\xi}_{n-r}+\boldsymbol{\eta}^*$ 为(4-7)的解.

下面再证(4-7)的任一解 $\boldsymbol{x}$ 都可表示成

$$\boldsymbol{x}=k_1\boldsymbol{\xi}_1+k_2\boldsymbol{\xi}_2+\cdots+k_{n-r}\boldsymbol{\xi}_{n-r}+\boldsymbol{\eta}^*$$

形式．这是因为 $\boldsymbol{x}$，$\boldsymbol{\eta}^*$ 为(4-7)的解，由定理 5 知 $\boldsymbol{x}-\boldsymbol{\eta}^*$ 为对应的导出组的解，而对应的导出组的基础解系为$\boldsymbol{\xi}_1$，$\boldsymbol{\xi}_2$，…，$\boldsymbol{\xi}_{n-r}$，故 $\boldsymbol{x}-\boldsymbol{\eta}^*$ 可由$\boldsymbol{\xi}_1$，$\boldsymbol{\xi}_2$，…，$\boldsymbol{\xi}_{n-r}$表示，即存在常数 k_1，k_2，…，k_{n-r}，使

$$\boldsymbol{x}-\boldsymbol{\eta}^*=k_1\boldsymbol{\xi}_1+k_2\boldsymbol{\xi}_2+\cdots+k_{n-r}\boldsymbol{\xi}_{n-r},$$

即

$$\boldsymbol{x}=k_1\boldsymbol{\xi}_1+k_2\boldsymbol{\xi}_2+\cdots+k_{n-r}\boldsymbol{\xi}_{n-r}+\boldsymbol{\eta}^*,$$

于是，定理得证.

求非齐次线性方程组(4-7)的结构式通解的一般步骤如下：

(1) 写出(4-7)的增广阵 $\boldsymbol{B}=(\boldsymbol{A}\mid\boldsymbol{b})$；

(2) 对 $\boldsymbol{B}$ 进行行初等变换，变成(行简化)阶梯阵 $\boldsymbol{B}_r$，求 $R(\boldsymbol{A})$，$R(\boldsymbol{B})$，并判断(4-7)是否有解；

(3) 设 $R(\boldsymbol{A})=R(\boldsymbol{B})=r$，若 $r<n$，求对应导出组的基础解系 $\boldsymbol{\xi}_1$，$\boldsymbol{\xi}_2$，…，$\boldsymbol{\xi}_{n-r}$，若 $r=n$，(4-7)只有唯一解，这时，导出组只有零解；

(4) 求(4-7)的一个特解 $\boldsymbol{\eta}^*$，再据定理 7 写出(4-7)的结构式通解

$$\boldsymbol{x}=k_1\boldsymbol{\xi}_1+k_2\boldsymbol{\xi}_2+\cdots+k_{n-r}\boldsymbol{\xi}_{n-r}+\boldsymbol{\eta}^*\quad(k_1,\ k_2,\ \cdots,\ k_{n-r}\text{为任意常数}).$$

例 1 求解方程组

$$\begin{cases}x_1-x_2+x_3-x_4=0\\x_1-x_2+2x_3-3x_4=1\\x_1-x_2+3x_3-5x_4=2\end{cases}.$$

解 对增广阵 $\boldsymbol{B}$ 施行行初等变换

$$\boldsymbol{B}=\left(\begin{array}{cccc:c}1&-1&1&-1&0\\1&-1&2&-3&1\\1&-1&3&-5&2\end{array}\right)\xrightarrow[r_3-r_1]{r_2-r_1}\left(\begin{array}{cccc:c}1&-1&1&-1&0\\0&0&1&-2&1\\0&0&2&-4&2\end{array}\right)$$

$$\xrightarrow{r_3-2r_2}\left(\begin{array}{cccc:c}1&-1&1&-1&0\\0&0&1&-2&1\\0&0&0&0&0\end{array}\right)\xrightarrow{r_1-r_2}\left(\begin{array}{cccc:c}1&-1&0&-1&0\\0&0&1&-2&1\\0&0&0&0&0\end{array}\right),$$

由此可知，$R(\boldsymbol{A})=R(\boldsymbol{B})=2<4=n$，故方程有无穷多解，且可表为

$$\begin{cases}x_1=x_2-x_4-1\\x_2=x_2\\x_3=2x_4+1\\x_4=x_4\end{cases}，即 \begin{pmatrix}x_1\\x_2\\x_3\\x_4\end{pmatrix}=x_2\begin{pmatrix}1\\1\\0\\0\end{pmatrix}+x_4\begin{pmatrix}-1\\0\\2\\1\end{pmatrix}+\begin{pmatrix}-1\\0\\1\\0\end{pmatrix},$$

于是，通解为

$$\begin{pmatrix}x_1\\x_2\\x_3\\x_4\end{pmatrix}=k_1\begin{pmatrix}1\\1\\0\\0\end{pmatrix}+k_2\begin{pmatrix}-1\\0\\2\\1\end{pmatrix}+\begin{pmatrix}-1\\0\\1\\0\end{pmatrix}\quad(k_1,\ k_2 \text{ 为任意实数})$$

其中，$\boldsymbol{\xi}_1=(1,\ 1,\ 0,\ 0)^{\mathrm{T}}$，$\boldsymbol{\xi}_2=(-1,\ 0,\ 2,\ 1)^{\mathrm{T}}$ 为对应原方程的导出组的基础解系，$\boldsymbol{\eta}=(-1,\ 0,\ 1,\ 0)^{\mathrm{T}}$ 为原方程之特解.

例 2 设 $\boldsymbol{\eta}_1$，$\boldsymbol{\eta}_2$，…，$\boldsymbol{\eta}_s$ 是非齐次线性方程组 $\boldsymbol{Ax}=\boldsymbol{b}$ 的 s 个解，k_1，k_2，…，k_s 为实数，满足 $k_1+k_2+\cdots+k_s=1$，证明：$\boldsymbol{x}=k_1\boldsymbol{\eta}_1+k_2\boldsymbol{\eta}_2+\cdots+k_s\boldsymbol{\eta}_s$ 也是它的解.

证 因 $\boldsymbol{\eta}_j$ 是 $\boldsymbol{Ax}=\boldsymbol{b}$ 的解，则

$$\boldsymbol{A\eta}_j=\boldsymbol{b}\quad(j=1,\ 2,\ \cdots,\ s),$$

$$\begin{aligned}\boldsymbol{A}(k_1\boldsymbol{\eta}_1+k_2\boldsymbol{\eta}_2+\cdots+k_s\boldsymbol{\eta}_s)&=k_1\boldsymbol{A\eta}_1+k_2\boldsymbol{A\eta}_2+\cdots+k_s\boldsymbol{A\eta}_s\\&=k_1\boldsymbol{b}+k_2\boldsymbol{b}+\cdots+k_s\boldsymbol{b}=(k_1+k_2+\cdots+k_s)\boldsymbol{b}\\&=\boldsymbol{b}\quad(k_1+k_2+\cdots+k_s=1),\end{aligned}$$

所以，$\boldsymbol{x}=k_1\boldsymbol{\eta}_1+k_2\boldsymbol{\eta}_2+\cdots+k_s\boldsymbol{\eta}_s(k_1+k_2+\cdots+k_s=1)$为方程的解.

例 3 设非齐次线性方程组 $\boldsymbol{Ax}=\boldsymbol{b}$ 的系数矩阵的秩为 r，$\boldsymbol{\eta}_1$，$\boldsymbol{\eta}_2$，…，$\boldsymbol{\eta}_{n-r+1}$ 是它的 $n-r+1$ 个线性无关的解，试证它的任一个解可以表示为

$$\boldsymbol{x}=k_1\boldsymbol{\eta}_1+k_2\boldsymbol{\eta}_2+\cdots+k_{n-r+1}\boldsymbol{\eta}_{n-r+1}\quad(\text{其中 } k_1+k_2+\cdots+k_{n-r+1}=1).$$

分析 为书写方便，记 $\boldsymbol{\eta}_{n-r+1}$ 为 $\boldsymbol{\eta}_0$. 先证 $\boldsymbol{\eta}_j-\boldsymbol{\eta}_0$ 是对应齐次方程组 $\boldsymbol{Ax}=\boldsymbol{0}$ 的解，再证 $\boldsymbol{\eta}_1-\boldsymbol{\eta}_0$，$\boldsymbol{\eta}_2-\boldsymbol{\eta}_0$，…，$\boldsymbol{\eta}_{n-r}-\boldsymbol{\eta}_0$ 线性无关，也就是说它们为对应齐次方程组的基础解系，从而非齐次方程组 $\boldsymbol{Ax}=\boldsymbol{b}$ 的任一解 $\boldsymbol{x}$ 可表为

$$\boldsymbol{x}=k_1(\boldsymbol{\eta}_1-\boldsymbol{\eta}_0)+k_2(\boldsymbol{\eta}_2-\boldsymbol{\eta}_0)+\cdots+k_{n-r}(\boldsymbol{\eta}_{n-r}-\boldsymbol{\eta}_0)+\boldsymbol{\eta}_0,$$

记 $k_{n-r+1}=1-k_1-k_2-\cdots-k_{n-r}$即得.

证 因 $\boldsymbol{A}(\boldsymbol{\eta}_j-\boldsymbol{\eta}_0)=A\boldsymbol{\eta}_j-A\boldsymbol{\eta}_0=\boldsymbol{b}-\boldsymbol{b}=\boldsymbol{0}$，所以 $\boldsymbol{\eta}_j-\boldsymbol{\eta}_0$ 是 $\boldsymbol{Ax}=\boldsymbol{0}$ 的解($j=1,\ 2,\ \cdots,\ n-r$). $\boldsymbol{\eta}_1-\boldsymbol{\eta}_0$，$\boldsymbol{\eta}_2-\boldsymbol{\eta}_0$，…，$\boldsymbol{\eta}_{n-r}-\boldsymbol{\eta}_0$ 是 $\boldsymbol{Ax}=\boldsymbol{0}$ 的基础解系．若

$$k_1(\boldsymbol{\eta}_1-\boldsymbol{\eta}_0)+k_2(\boldsymbol{\eta}_2-\boldsymbol{\eta}_0)+\cdots+k_{n-r}(\boldsymbol{\eta}_{n-r}-\boldsymbol{\eta}_0)=\boldsymbol{0},$$

则

$$k_1\boldsymbol{\eta}_1+k_2\boldsymbol{\eta}_2+\cdots+k_{n-r}\boldsymbol{\eta}_{n-r}-(k_1+k_2+\cdots+k_{n-r})\boldsymbol{\eta}_0=\boldsymbol{0}.$$

由 $\boldsymbol{\eta}_1$，$\boldsymbol{\eta}_2$，…，$\boldsymbol{\eta}_{n-r}$，$\boldsymbol{\eta}_0$ 线性无关得 $k_1=k_2=\cdots=k_{n-r}=0$，从而 $\boldsymbol{\eta}_n-\boldsymbol{\eta}_0$，$\boldsymbol{\eta}_2-\boldsymbol{\eta}_0$，…，$\boldsymbol{\eta}_{n-r}-\boldsymbol{\eta}_0$ 线性无关，又由秩(A)维数为 $s=n-r$，$\boldsymbol{\eta}_1-\boldsymbol{\eta}_0$，$\boldsymbol{\eta}_2-\boldsymbol{\eta}_0$，…，$\boldsymbol{\eta}_{n-r}-\boldsymbol{\eta}_0$ 为基础解系，线性方程组 $\boldsymbol{Ax}=\boldsymbol{b}$ 的任一解 $\boldsymbol{x}$ 可表示为

$$\boldsymbol{x}=k_1(\boldsymbol{\eta}_1-\boldsymbol{\eta}_0)+k_2(\boldsymbol{\eta}_2-\boldsymbol{\eta}_0)+\cdots+k_{n-r}(\boldsymbol{\eta}_{n-r}-\boldsymbol{\eta}_0)+\boldsymbol{\eta}_0.$$

又因

$$k_{n-r+1}=1-(k_1+k_2+\cdots+k_{n-r}),$$

故

$$\boldsymbol{x}=k_1\boldsymbol{\eta}_1+k_2\boldsymbol{\eta}_2+\cdots+k_{n-r}\boldsymbol{\eta}_{n-r}+k_{n-r+1}\boldsymbol{\eta}_0.$$

§4.4 线性方程组求解举例

例 1 问参数 λ 为何值时，非齐次方程组 $\begin{cases}x_1-3x_2+\ x_3=1\\ x_1+\ x_2-\ x_3=-1\\ 3x_1-\ x_2+\lambda x_3=-1\end{cases}$ 有解？有多少解？并求出全部解.

解 对增广矩阵 $\boldsymbol{B}$ 进行行初等变换

$$\boldsymbol{B}=\left(\begin{array}{ccc:c}1&-3&1&1\\1&1&-1&-1\\1&-1&\lambda&-1\end{array}\right)\xrightarrow{r_1\leftrightarrow r_2}\left(\begin{array}{ccc:c}1&1&-1&-1\\1&-3&1&1\\3&-1&\lambda&-1\end{array}\right)$$

$$\xrightarrow[r_3-3r_1]{r_2-r_1}\left(\begin{array}{ccc:c}1&1&-1&-1\\0&-4&2&2\\0&-4&\lambda+3&2\end{array}\right)\xrightarrow{r_3-r_2}\left(\begin{array}{ccc:c}1&1&-1&-1\\0&-4&2&2\\0&0&\lambda+1&0\end{array}\right)$$

$$\xrightarrow{r_2\times\left(-\frac{1}{4}\right)}\left(\begin{array}{ccc:c}1&1&-1&-1\\0&1&-1/2&-1/2\\0&0&\lambda+1&0\end{array}\right)\xrightarrow{r_1-r_2}\left(\begin{array}{ccc:c}1&0&-1/2&-1/2\\0&1&-1/2&-1/2\\0&0&\lambda+1&0\end{array}\right).$$

由阶梯阵知，当 $\lambda\neq-1$ 时，$R(\boldsymbol{A})=R(\boldsymbol{B})=3$，这时方程组有唯一解为 $x_1=x_2=-\frac{1}{2}$，$x_3=0$. 当 $\lambda=-1$ 时，$R(\boldsymbol{A})=R(\boldsymbol{B})=2<3$，方程组有无穷多解，对应同解方程组为

$$\begin{cases}x_1=\frac{1}{2}x_3-\frac{1}{2}\\ x_2=\frac{1}{2}x_3-\frac{1}{2}\end{cases},\quad \text{即}\begin{pmatrix}x_1\\x_2\\x_3\end{pmatrix}=x_3\begin{pmatrix}1/2\\1/2\\1\end{pmatrix}+\begin{pmatrix}-1/2\\-1/2\\0\end{pmatrix}$$

这时，通解为

$$\boldsymbol{x}=k\begin{pmatrix}1/2\\1/2\\1\end{pmatrix}+\begin{pmatrix}-1/2\\-1/2\\0\end{pmatrix}\quad(k\text{ 为任意常数}).$$

例 2 解方程 $\begin{pmatrix}1&2&-3\\1&1&-1\end{pmatrix}\boldsymbol{X}=\begin{pmatrix}3&-1\\2&0\end{pmatrix}$.

解 由矩阵乘法，可设 $\boldsymbol{X}(x_{ij})_{3\times2}$，用待定元素法求 $\boldsymbol{X}$.

$$\begin{pmatrix}1&2&-3\\1&1&-1\end{pmatrix}\begin{pmatrix}x_{11}&x_{12}\\x_{21}&x_{22}\\x_{31}&x_{32}\end{pmatrix}=\begin{pmatrix}3&-1\\2&0\end{pmatrix},$$

于是

$$\begin{cases}x_{11}+2x_{21}-3x_{31}=3\\x_{11}+\ x_{21}-\ x_{31}=2\end{cases},\tag{4-8}$$

$$\begin{cases}x_{12}+2x_{22}-3x_{32}=-1\\x_{12}+\ x_{22}-\ x_{32}=0\end{cases},\tag{4-9}$$

方程组(4-8)的通解为

$$\begin{pmatrix}x_{11}\\x_{21}\\x_{31}\end{pmatrix}=k_1\begin{pmatrix}1\\-2\\-1\end{pmatrix}+\begin{pmatrix}0\\3\\1\end{pmatrix},$$

方程组(4-9)的通解为

$$\begin{pmatrix}x_{12}\\x_{22}\\x_{32}\end{pmatrix}=k_2\begin{pmatrix}1\\-2\\-1\end{pmatrix}+\begin{pmatrix}0\\1\\1\end{pmatrix},$$

从而所求矩阵方程之解为

$$\boldsymbol{X}=k_1\begin{pmatrix}1&0\\-2&0\\-1&0\end{pmatrix}+k_2\begin{pmatrix}0&1\\0&-2\\0&-1\end{pmatrix}+\begin{pmatrix}0&0\\3&1\\1&1\end{pmatrix}\quad(k_1,\ k_2\ \text{为任意常数}).$$

例 3 设 $\boldsymbol{A}$ 为 n 阶方阵，且 $|\boldsymbol{A}|=0$，记 A_{ij} 是 $|\boldsymbol{A}|$ 中元素 a_{ij} 的代数余子式.

(1)证明：向量 $\boldsymbol{\alpha}_k=(A_{k1},\ A_{k2},\ \cdots,\ A_{kn})^{\mathrm{T}}(k=1,\ 2,\ \cdots,\ n)$是齐次线性方程组 $\boldsymbol{Ax}=\boldsymbol{0}$ 的解向量.

(2)如果系数阵满足各行元素之和为零，且 $R(\boldsymbol{A})=n-1$，求齐次线性方程组$\boldsymbol{Ax}=\boldsymbol{0}$ 的通解.

解 (1)因 $\boldsymbol{A}$ 的伴随矩阵 $\boldsymbol{A}^*$ 为

$$\boldsymbol{A}^*=\begin{pmatrix}A_{11}&A_{21}&\cdots&A_{n1}\\A_{12}&A_{22}&\cdots&A_{n2}\\\vdots&\vdots&&\vdots\\A_{1n}&A_{2n}&\cdots&A_{nn}\end{pmatrix},$$

由 $\boldsymbol{AA}^*=\boldsymbol{A}^*\boldsymbol{A}=|\boldsymbol{A}|\boldsymbol{E}$ 知

$$a_{i1}A_{k1}+a_{i2}A_{k2}+\cdots+a_{in}A_{kn}=\begin{cases}0&\text{当 } i\neq k\\|\boldsymbol{A}|&\text{当 } i=k\end{cases},$$

由 $|\boldsymbol{A}|=0$ 得

$$\sum_{j=1}^{n}a_{ij}A_{kj}=0\quad(i=1,\ 2,\ \cdots,\ n),$$

故

$$\boldsymbol{A}\begin{pmatrix}A_{k1}\\A_{k2}\\\vdots\\A_{kn}\end{pmatrix}=\boldsymbol{0}\quad(k=1,\ 2,\ 3,\ \cdots,\ n),$$

故 $\boldsymbol{\alpha}_n=(A_{k1},A_{k2},\cdots,A_{kn})^{\mathrm{T}}$ 为齐次线性方程组的解向量.

(2)由于 $\sum_{j=1}^{n}a_{ij}=0(i=1,2,\cdots,n)$，则 $\boldsymbol{A}\begin{pmatrix}1\\1\\\vdots\\1\end{pmatrix}=\boldsymbol{0}$，$\boldsymbol{\alpha}=(1,1,\cdots,1)^{\mathrm{T}}$ 为齐次线性方程组 $\boldsymbol{A}\boldsymbol{x}=\boldsymbol{0}$ 的解向量，又 $R(\boldsymbol{A})=n-1$，故 $\boldsymbol{\alpha}$ 为齐次方程组的一个基础解系，从而齐次方程组的通解为 $\boldsymbol{x}=k\boldsymbol{\alpha}$（$k$ 为任意常数）.

例 4 设四元非齐线性方程组的系数矩阵的秩为 3，已知 $\boldsymbol{\eta}_1$，$\boldsymbol{\eta}_2$，$\boldsymbol{\eta}_3$ 是它的三个解向量，且 $\boldsymbol{\eta}_1+\boldsymbol{\eta}_2=(1,2,2,1)^{\mathrm{T}}$，$\boldsymbol{\eta}_3=(1,2,3,4)^{\mathrm{T}}$，求该方程组的通解.

解 设方程组为 $\boldsymbol{A}\boldsymbol{x}=\boldsymbol{b}$，对应导出组 $\boldsymbol{A}\boldsymbol{x}=\boldsymbol{0}$. 由题设 $\boldsymbol{A}\boldsymbol{\eta}_i=\boldsymbol{b}(i=1,2,3)$，故 $\boldsymbol{A}[(\boldsymbol{\eta}_1+\boldsymbol{\eta}_2)-2\boldsymbol{\eta}_3]=\boldsymbol{A}(\boldsymbol{\eta}_1+\boldsymbol{\eta}_2)-2\boldsymbol{A}\boldsymbol{\eta}_3=\boldsymbol{A}\boldsymbol{\eta}_1+\boldsymbol{A}\boldsymbol{\eta}_2-2\boldsymbol{A}\boldsymbol{\eta}_3=\boldsymbol{b}+\boldsymbol{b}-2\boldsymbol{b}=\boldsymbol{0}$，于是 $\boldsymbol{\xi}=(\boldsymbol{\eta}_1+\boldsymbol{\eta}_2)-2\boldsymbol{\eta}_3$ 为导出组的解.

又系数阵秩为 3，即 $R(\boldsymbol{A})=3$，则基础解系含向量个数为 $s=n-r=4-3=1$，故 $\boldsymbol{\xi}=(\boldsymbol{\eta}_1+\boldsymbol{\eta}_2)-2\boldsymbol{\eta}_3=(1,2,2,1)^{\mathrm{T}}-2(1,2,3,4)^{\mathrm{T}}=(-1,-2,-4,-7)^{\mathrm{T}}$ 为基础解系. 原方程通解为

$$\boldsymbol{x}=k\begin{pmatrix}-1\\-2\\-4\\-7\end{pmatrix}+\begin{pmatrix}1\\2\\3\\4\end{pmatrix}\quad(k\text{ 为任意实数}).$$

§4.5 习　　题

1. 用初等行变换求下列矩阵的逆矩阵：

(1) $\begin{pmatrix}4&1&2\\3&2&1\\5&-3&2\end{pmatrix}$；

(2) $\begin{pmatrix}1&0&-2\\-3&4&-1\\2&1&3\end{pmatrix}$.

2. 求解下列矩阵方程：

(1) $\begin{pmatrix}1&-2&0\\4&-2&-1\\-3&1&2\end{pmatrix}\boldsymbol{X}=\begin{pmatrix}-1&4\\2&5\\1&-3\end{pmatrix}$；

(2) $\boldsymbol{X}\begin{pmatrix}3&-1&2\\1&0&-1\\-2&1&4\end{pmatrix}=\begin{pmatrix}3&0&-2\\-1&4&1\end{pmatrix}$.

3. 求下列矩阵的秩：

(1) $\begin{pmatrix} 1 & 2 & 3 \\ -2 & 5 & 4 \\ 0 & -1 & 1 \\ 3 & 0 & 2 \end{pmatrix}$；

(2) $\begin{pmatrix} 3 & 2 & 5 & 3 \\ 4 & -5 & 0 & 3 \\ -2 & 0 & -1 & -3 \\ 5 & -3 & 2 & 5 \end{pmatrix}$.

4. 求下列齐次线性方程组的解：

(1) $\begin{cases} x_1+5x_2-x_3-x_4=0 \\ x_1-2x_2+x_3+3x_4=0 \\ 3x_1+8x_2-x_3+x_4=0 \end{cases}$；

(2) $\begin{cases} x_1+3x_2+2x_3=0 \\ 2x_1+5x_2+5x_3=0 \\ 3x_1+7x_2+x_3=0 \\ -x_1-4x_2+x_3=0 \end{cases}$.

5. 当 a、b 取什么值时，下述齐次线性方程组有非零解？

$$\begin{cases} ax_1+x_2+x_3=0 \\ x_1+bx_2+x_3=0 \\ x_1+2bx_2+x_3=0 \end{cases}.$$

6. 求解下列非齐次线性方程组：

(1) $\begin{cases} x_1-3x_2+5x_3-2x_4=1 \\ -2x_1+x_2-3x_3+x_4=-2 \\ -x_1-7x_2+9x_3-4x_4=1 \end{cases}$；

(2) $\begin{cases} x_1-5x_2+2x_3-3x_4=11 \\ -3x_1+x_2-4x_3+2x_4=-5 \\ -x_1-9x_2-4x_4=17 \\ 5x_1+3x_2+6x_3-x_4=-1 \end{cases}$.

7. 设有线性方程组

$$\begin{cases} \lambda x_1+\lambda x_2+2x_3=1 \\ \lambda x_1+(2\lambda-1)x_2+3x_3=1 \\ \lambda x_1+\lambda x_2+(\lambda+3)x_3=2\lambda-1 \end{cases},$$

问 λ 取何值时，此方程组：(1)有唯一解；(2)无解；(3)有无穷多解. 并在有无穷多解时求其通解.

8. 设 $\boldsymbol{A}$ 为三阶矩阵，将 $\boldsymbol{A}$ 的第二列加到第一列，得到矩阵 $\boldsymbol{B}$，再交换 $\boldsymbol{B}$ 的第二行与第三行得单位矩阵，记 $\boldsymbol{P}_1\begin{pmatrix} 1 & 0 & 0 \\ 1 & 1 & 0 \\ 0 & 0 & 1 \end{pmatrix}$，$\boldsymbol{P}_2=\begin{pmatrix} 1 & 0 & 0 \\ 0 & 0 & 1 \\ 0 & 1 & 0 \end{pmatrix}$，则 $\boldsymbol{A}=($　　$)$.

(A) $\boldsymbol{P}_1\boldsymbol{P}_2$； (B) $\boldsymbol{P}_1^{-1}\boldsymbol{P}_2$； (C) $\boldsymbol{P}_2\boldsymbol{P}_1$； (D) $\boldsymbol{P}_2\boldsymbol{P}_1^{-1}$

9. 设$\boldsymbol{A}$为$m\times n$矩阵，$\boldsymbol{B}$为$n\times m$矩阵，$\boldsymbol{E}$为m阶单位矩阵，若$\boldsymbol{AB}=\boldsymbol{E}$，则(　　).

(A) $R(\boldsymbol{A})=m$，$R(\boldsymbol{B})=m$； (B) $R(\boldsymbol{A})=m$，$R(\boldsymbol{B})=n$；

(C) $R(\boldsymbol{A})=n$，$R(\boldsymbol{B})=m$； (D) $R(\boldsymbol{A})=n$，$R(\boldsymbol{B})=n$

10. 设线性方程组$\begin{cases}x_1+x_2+x_3=0\\x_1+2x_2+ax_3=0\\x_1+4x_2+a^2x_3=0\end{cases}$与方程 $x_1+2x_2+x_3=a-1$ 有公共的解，求a的值及所有的公共解.

11. 设$\boldsymbol{A}$为$n(n\geqslant 2)$阶可逆矩阵，交换$\boldsymbol{A}$的第一行与第二行得矩阵$\boldsymbol{B}$，$\boldsymbol{A}^*$，$\boldsymbol{B}^*$分别为$\boldsymbol{A}$，$\boldsymbol{B}$的伴随矩阵，则(　　).

(A)交换$\boldsymbol{A}^*$的第一列与第二列得$\boldsymbol{B}^*$；

(B)交换$\boldsymbol{A}^*$的第一行与第二行得$\boldsymbol{B}^*$；

(C)交换$\boldsymbol{A}^*$的第一列与第二列得$-\boldsymbol{B}^*$；

(D)交换$\boldsymbol{A}^*$的第一行与第二行得$-\boldsymbol{B}^*$

§4.6 教 学 实 验

4.6.1 内容提要

线性代数是为了研究线性方程组而建立起来的一门数学理论，因而线性方程组是线性代数的核心内容. 科学技术及工程计算的许多问题经过离散化处理，最后都可以转化为线性问题. 线性代数的理论和方法是解决线性问题最常用且有效的理论和方法，因而是工程技术研究人员必须掌握的.

方程 $a_1x_1+a_2x_2+\cdots+a_nx_n=b$ 在几何上表示一个平面(n维空间的超平面)，方程组

$$\begin{cases}a_{11}x_1+a_{12}x_2+\cdots+a_{1n}x_n=b_1\\a_{21}x_1+a_{22}x_2+\cdots+a_{2n}x_n=b_2\\\cdots\\a_{m1}x_1+a_{m2}x_2+\cdots+a_{mn}x_n=b_n\end{cases}$$

(其矩阵形式为$\boldsymbol{AX}=\boldsymbol{b}$，向量形式为$x_1\boldsymbol{a}_1+x_2\boldsymbol{a}_2+\cdots+x_n\boldsymbol{a}_n=\boldsymbol{b}$)在几何上表示一组($m$个)平面，因而，该方程组是否有解的问题就转化为这一组平面是否有公共交点的问题. 对于二维情形，当$n=m=2$时，对应为两条直线是否相交、交于一点或完全重合；对于三维情形，当$n=m=3$时，对应为三个平面是否相交、交于一点、交于一条直线或一个平面，

线性方程组这一部分的内容主要有线性方程组的可解性，齐次线性方程组解集的结构，非齐次线性方程组解集的结构.

设 $\boldsymbol{A}$ 是 $m\times n$ 矩阵，$\boldsymbol{X}=(x_1, x_2, \cdots, x_n)^{\mathrm{T}}$ 是 $n\times 1$ 矩阵(或 n 维列向量)，$\boldsymbol{b}$ 是 $m\times 1$ 矩阵(或 m 维列向量)，$\boldsymbol{0}$ 是 $m\times 1$ 零矩阵(或 m 维零列向量)，$\overline{\boldsymbol{A}}=([\boldsymbol{A} \mid \boldsymbol{B}])$ 是 $m\times(n+1)$ 矩阵，则 $\boldsymbol{AX}=\boldsymbol{b}(\boldsymbol{AX}=\boldsymbol{0})$ 是非齐次(齐次)线性方程组的矩阵表示形式.

关于线性方程组的可解性主要有下述结论：

1. 齐次情形

$\boldsymbol{AX}=\boldsymbol{0}$ 有非零解(只有零解)$\Leftrightarrow R(\boldsymbol{A})<n(R(\boldsymbol{A})=n)$.

当 $m=n$ 时，$\boldsymbol{AX}=\boldsymbol{0}$ 有非零解(只有零解)$\Leftrightarrow |\boldsymbol{A}|=0(|\boldsymbol{A}|\neq 0)$.

$\boldsymbol{AX}=\boldsymbol{0}$ 有非零解时，一定有无穷多解，其解的全体构成一个 $n-R(\boldsymbol{A})(R(\boldsymbol{A})<n)$ 维向量空间，称为解空间，设为 W. 解空间 W 的一个基(最大线性无关组)就是一个基础解系，设为 $\boldsymbol{\xi}_1$，$\boldsymbol{\xi}_2\cdots$，$\boldsymbol{\xi}_{n-r}(r=R(\boldsymbol{A})<n)$，则 $\boldsymbol{AX}=\boldsymbol{0}$ 的通解为

$$\boldsymbol{\xi}=k_1\boldsymbol{\xi}_1+k_2\boldsymbol{\xi}_2+\cdots+k_{n-r}\boldsymbol{\xi}_{n-r}\quad(k_1, k_1, \cdots k_{n-r}\text{为任意常数}).$$

同时，解空间就是由一个基础解系生成的向量空间，即 $W=L(\boldsymbol{\xi}_1, \boldsymbol{\xi}_2, \cdots, \boldsymbol{\xi}_{n-r})$.

2. 非齐次情形

$\boldsymbol{AX}=\boldsymbol{b}$ 无解 $\Leftrightarrow R(\boldsymbol{A})<R(\overline{\boldsymbol{A}})$ (或 $R(\overline{\boldsymbol{A}})=R(\boldsymbol{A})+1$).

$\boldsymbol{AX}=\boldsymbol{b}$ 有解 $\Leftrightarrow R(\boldsymbol{A})=R(\overline{\boldsymbol{A}})$；$\boldsymbol{AX}=\boldsymbol{b}$ 有唯一解 $\Leftrightarrow R(\boldsymbol{A})=R(\overline{\boldsymbol{A}})=n$；$\boldsymbol{AX}=\boldsymbol{b}$ 有无穷多解 $\Leftrightarrow R(\boldsymbol{A})=R(\overline{\boldsymbol{A}})x<n$.

当 $m=n$ 时，$\boldsymbol{AX}=\boldsymbol{b}$ 有唯一解 $\Leftrightarrow |\boldsymbol{A}|\neq 0$；在 $R(\boldsymbol{A})=R(\overline{\boldsymbol{A}})$ 的前提条件下，$\boldsymbol{AX}=\boldsymbol{b}$ 有无穷多解 $\Leftrightarrow |\boldsymbol{A}|=0$.

当 $\boldsymbol{AX}=\boldsymbol{b}$ 有无穷多解时，若 $\boldsymbol{\eta}_0$ 是 $\boldsymbol{AX}=\boldsymbol{b}$ 的一个特解，而 $\boldsymbol{\xi}$ 是对应导出组 $\boldsymbol{AX}=\boldsymbol{0}$ 的通解，则 $\boldsymbol{AX}=\boldsymbol{b}$ 的通解为 $\boldsymbol{\eta}=\boldsymbol{\xi}+\boldsymbol{\eta}_0$. 进而，若 $\boldsymbol{\xi}_1$，$\boldsymbol{\xi}_2$，$\cdots$，$\boldsymbol{\xi}_{n-r}(r=R(\boldsymbol{A}))$ 是导出组的一个基础解系，则通解的一般表达式为

$$\boldsymbol{\eta}=k_1\boldsymbol{\xi}_1+k_2\boldsymbol{\xi}_2+\cdots+k_{n-r}\boldsymbol{\xi}_{n-r}+\boldsymbol{\eta}_0,$$

其中，k_1，k_2，$\cdots$，k_{n-r} 是任意常数.

线性方程组的常用求解方法实质上就是消元法，其原理是将线性方程组通过消元，简化为容易求解的由变元个数递减的几个方程所组成的同解方程组，解此同解方程组，即可确定原方程组是有解还是无解. 在有解的情况下，可求得其全部解，在线性代数中，将上述消元过程转化为矩阵(线性方程组的增广矩阵)的初等行变换，这不仅使消元过程的书写简单明了，而且证明了消元法最后所得的独立方程的个数就是增广矩阵的秩，它由原方程组唯一确定，不因消元过程的不同而变化.

线性方程组的求解步骤如下：

(1) 对于非齐次线性方程组 $\boldsymbol{AX}=\boldsymbol{b}$，先将其增广矩阵 $\overline{\boldsymbol{A}}$ 化为行阶梯形，从 $\overline{\boldsymbol{A}}$ 的行阶梯形容易看出 $R(\boldsymbol{A})$ 和 $R(\overline{\boldsymbol{A}})$ 的关系，若 $R(\boldsymbol{A})<R(\overline{\boldsymbol{A}})$，则方程组无解.

(2) 若 $R(\boldsymbol{A})=R(\overline{\boldsymbol{A}})$，则方程组有解，进一步把 $\overline{\boldsymbol{A}}$ 化成行最简形. 对于齐次线性方程组 $\boldsymbol{AX}=\boldsymbol{0}$，则把系数矩阵 $\boldsymbol{A}$ 化为行最简形.

(3) 若 $R(\boldsymbol{A})=R(\overline{\boldsymbol{A}})=n$，则解唯一. 这时，$\overline{\boldsymbol{A}}$ 的行最简形矩阵为 $(\boldsymbol{E} \mid \boldsymbol{\eta}_0)$，唯一

解即为 $\boldsymbol{\eta}_0$. 对于齐次情形，$\boldsymbol{A}$ 的行最简形矩阵就是单位矩阵 $\boldsymbol{E}$，唯一解是零向量 $\mathbf{0}$.

(4) 对于齐次情形，若 $R(\boldsymbol{A})=r<n$，则将系数矩阵 $\boldsymbol{A}$ 的行最简形中 r 个非零行的非零首元(主元)所对应的未知量取为主变量(非自由未知量)，其余 $n-r$ 个未知量取为自由未知量，并令由 $n-r$ 个自由未知量所构成的 $n-r$ 维向量依次分别等于 $\boldsymbol{\varepsilon}_1$，$\boldsymbol{\varepsilon}_2$，…，$\boldsymbol{\varepsilon}_{n-r}$($n-r$ 维向量空间的基本向量组)，进而由 $\boldsymbol{A}$ 的行最简形求出一个基础解系 $\boldsymbol{\xi}_1$，$\boldsymbol{\xi}_2$，…，$\boldsymbol{\xi}_{n-r}$，从而通解为

$$\boldsymbol{\xi}_1=k_1\boldsymbol{\xi}_1+k_2\boldsymbol{\xi}_2+\cdots+k_{n-r}\boldsymbol{\xi}_{n-r},$$

其中，k_1，k_2，…，k 为任意常数.

(5) 对于非齐次情形，若 $R(\boldsymbol{A})=R(\overline{\boldsymbol{A}})=r<n$，首先由增广矩阵的行最简形，按(4)中方法选定自由未知量，并令自由未知量全为零，即可得出 $\boldsymbol{AX}=\boldsymbol{b}$ 的一个特解 $\boldsymbol{\eta}_0$，其次由 $\overline{\boldsymbol{A}}$ 的行最简形可得到系数矩阵 $\boldsymbol{A}$ 的行最简形，类似于(4)，可得导出组 $\boldsymbol{AX}=\mathbf{0}$ 解为 $\boldsymbol{\xi}=k_1\boldsymbol{\xi}_1+k_2\boldsymbol{\xi}_2+\cdots+k_{n-r}\boldsymbol{\xi}_{n-r}$($k_1$，$k_2$，…，$k_{n-r}$为任意常数)，进而得到方程组 $\boldsymbol{AX}=\boldsymbol{b}$ 的通解为 $\boldsymbol{\eta}=\boldsymbol{\xi}+\boldsymbol{\eta}_0$.

上述线性方程组的求解方法一般称为初等行变换法或消元法. 当 $m=n$ 且 $|\boldsymbol{A}|\neq0$ 时，还可用行列式方法(即克拉默法则)求解.

4.6.2 机算实验

1. 实验目的

熟悉用 MATLAB 软件处理和解决下列问题的程序和方法:

(1) 求解二维非齐次线性方程组，进而指出解的几何意义;

(2) 求非齐次线性方程组的通解;

(3) 求齐次线性方程组的基础解系及通解;

(4) 应用线性方程组理论求解工程中的问题.

2. 与实验相关的 MATLAB 命令或函数

与本实验相关的 MATLAB 命令或函数如表 4-1 所示,

表 4-1 与本实验相关的 MATLAB 命令或函数

命　令	功能说明
U=rref(A)	对矩阵进行初等变换，$\boldsymbol{U}$ 为 $\boldsymbol{A}$ 的最简行阶梯形矩阵
clear	清除工作空间中的各种变量
syms x	定义 x 为符号变量
n=inDut('…')	数据输入函数，引号内的字符串起说明作用
disp('…')	显示引号中的字符串
det(A)	计算矩阵 $\boldsymbol{A}$ 的行列式
length(s)	计算向量 $\boldsymbol{s}$ 的长度，即向量的维数
null(A, 'r')	计算齐次线性方程组的基础解系
x0=A\b	求非齐次线性方程组的基础解系
hold on	保留当前的图形

续表

命　令	功能说明
ezplot('x1－x2＝1')	绘制符号变量构成的直线方程
title('方程组 1')	把引号内的字符作为标题在图上方显示
subplot(2，2，1)	准备画 2×2 个图形中的第一个图形
hold off	关闭图形绘制

3. 实验内容

例 1 求解下面的非齐次线性方程组，并用二维图形表示解的情况.

(1) $\begin{cases} x_1+2x_2=4 \\ x_1\ \ -x_2=1 \end{cases}$； (2) $\begin{cases} x_1+2x_2=4 \\ 3x_1+6x_2=12 \end{cases}$；

(3) $\begin{cases} x_1+2x_2=5 \\ 2x_1+4x_2=6 \end{cases}$； (4) $\begin{cases} x_1-2x_2=3 \\ 2x_1\ \ +x_2=2 \\ x_1+3x_2=5 \end{cases}$.

解一 用笔计算的思路和主要步骤如下：

(1) 用消元法求解，可得方程组的解为(2，1).

(2) 对方程组的增广矩阵进行初等行变换，可得

$$\begin{pmatrix} 1 & 2 & 4 \\ 3 & 6 & 12 \end{pmatrix} \to \begin{pmatrix} 1 & 2 & 4 \\ 0 & 0 & 0 \end{pmatrix},$$

进而由可解性定理得，该方程组有无穷多个解，通解为

$$k\begin{pmatrix} -2 \\ 1 \end{pmatrix}+\begin{pmatrix} 4 \\ 0 \end{pmatrix}.$$

(3) 对方程组进行恒等变形得$\begin{cases} 2x_1+4x_2=10 \\ 2x_1+4x_2=6 \end{cases}$，第二个方程和第一个方程进行相减，可得$\begin{cases} 2x_1+4x_2=10 \\ 0=4 \end{cases}$，这是一个矛盾方程，故得该方程组无解.

(4) 对方程组的增广矩阵进行初等行变换，可得

$$\begin{pmatrix} 1 & -2 & 3 \\ 2 & 1 & 2 \\ 1 & 3 & 5 \end{pmatrix} \to \begin{pmatrix} 1 & -2 & 3 \\ 0 & 5 & -4 \\ 0 & 0 & 6 \end{pmatrix},$$

由于增广矩阵的秩和系数矩阵的秩不相等，因此得该方程组无解.

解二 用 MATLAB 软件计算如下：

在 MATLAB 命令窗口，输入以下命令：

```
clear
close all
syms x1 x2
U1=rref([1 2 4; 1-1 1])
subplot(2, 2, 1)
```

```
ezplot('x1+2* x2=4')
hold on
ezplot('x1-x2=1')
title('方程组 1')
grid on
U2=rref([1 2 4; 3 6 12])
subplot(2, 2, 2)
ezplot('x1+2* x2=4')
hold on
ezplot('3* x1+6* x2=12')
title('方程组 2')
grid on
U3=rref([1 2 5; 2 4 6])
subplot(2, 2, 3)
ezplot('x1+2* x2=5')
hold on
ezplot('2* x1+4*x2=6')
title('方程组 3')
grid on
U4=rref([1-2 3; 2 1 2; 1 3 5])
subplot(2, 2, 4)
ezplot('x1-2*x2=3')
hold on
ezplot('2*x1+x2=2')
hold on
ezplot('x1+3*x2=5')
title('方程组 4')
grid on
hold off
```

人机对话的结果如下：

```
U1=
     1     0     2
     0     1     1
U2=
     1     2     4
     0     0     0
U3=
     1     2     0
     0     0     1
U4=
     1     0     0
     0     1     0
     0     0     1
```

从运行结果可以看出，方程组(1)的解为$\begin{cases}x_1=2\\x_2=1\end{cases}$；方程组(2)有无穷多个解，通解为$k\begin{pmatrix}-2\\1\end{pmatrix}+\begin{pmatrix}4\\0\end{pmatrix}$；方程组(3)和(4)的最简形都是矛盾方程，所以它们无解，

由图 4-1 可以形象地看出，方程组(1)的两条直线只有一个交点，故有唯一解；方程组(2)的两条直线重合，故有无穷多个解；方程组(3)的两条直线平行，没有交点，故无解；方程组(4)的三条直线没有公共交点，故无解.

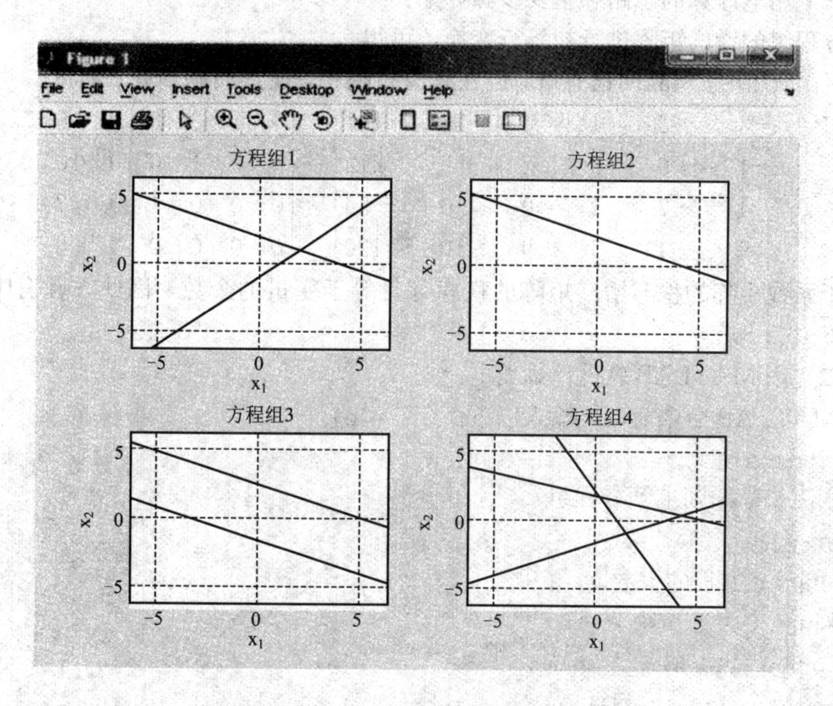

图 4-1　例 1 的方程解的几何表示

说明：(1)方程组(1)称为适定方程组. 其方程的个数等于未知数的个数，方程组有唯一解，几何上，方程组(1)表示的两条直线有唯一交点.

(2) 方程组(2)称为欠定方程组. 该方程组的同解方程组中，独立方程的个数小于未知数的个数，方程组有无穷多个解. 几何上，方程组(2)表示的两条直线重合，有无穷多个交点.

(3) 方程组(4)称为超定方程组，该方程组的同解方程组中，独立方程的个数大于未知数的个数，方程组不相容，无解. 方程组(4)有三个方程、两个未知数，几何上表示三条直线，这三条直线没有公共交点.

(4) 超定方程组在数学的精确解意义下没有解. 在工程等实际应用中，实际问题有解，但在解决过程中，通过问题简化、测量、计算、建立数学模型，产生了超定方程组. 实际问题要求求出在一定精度下的近似解，通常采用误差平方和最小的准则，求出最小二乘解(近似解).

例 2 求解非齐次线性方程组：

$$\begin{cases} -23x_1-13x_2+14x_3+14x_4-7x_5=-104 \\ -2x_1-2x_2+x_3+6x_4-14x_5=-114 \\ -4x_1-5x_2-9x_3+2x_4-9x_5=-212 \\ -4x_1-7x_2+x_3+0x_4+0x_5=-56 \\ 9x_1-x_2+x_3-9x_4+10x_5=120 \end{cases}.$$

解一 用笔计算的思路和主要步骤如下：

对方程组的增广矩阵进行初等行变换，可得

$$\begin{pmatrix} -23 & -13 & 14 & 14 & -7 & -104 \\ -2 & -2 & 1 & 6 & -14 & -114 \\ -4 & -5 & -9 & 2 & -9 & -212 \\ -4 & -7 & 1 & 0 & 0 & -56 \\ 9 & -1 & 1 & -9 & 10 & 120 \end{pmatrix} \to \begin{pmatrix} 1 & 0 & 0 & 0 & 0 & 6 \\ 0 & 1 & 0 & 0 & 0 & 6 \\ 0 & 0 & 1 & 0 & 0 & 10 \\ 0 & 0 & 0 & 1 & 0 & 2 \\ 0 & 0 & 0 & 0 & 1 & 8 \end{pmatrix}$$

由于系数矩阵的秩与增广矩阵的秩相等且等于变量的个数，因此方程有唯一解，解为$(6\ 6\ 10\ 2\ 8)^T$.

解二 用 MATLAB 软件计算如下：

在 MATLAB 命令窗口，输入以下命令：

```
%用克拉默法则求解方程组
clear
n=input('方程的个数')；
A=input('系数矩阵 A=')；
b=input('常数列向量 b=')；
if(size(A)~=[n，n])I(size(b)~=[n，1])
  disp('维数不符，输入不正确，不能用克拉默法则求解方程组')
elseif det(A)==0
disp('系数行列式为零，不能用克拉默法则求解方程组')；
else
  for i=1：n
    B=A；
    B(:，i)=b；
    X(i)=det(B)/det(A)；
  end
  disp('方程的解为 X')；
end
```

人机对话的结果如下：

```
方程的个数5
系数矩阵A=[-23  -13  14  14  -7; -2-2  1  6  -14; -4  -5  -9  2  -9; -4-7  1  0  0; 9  -1  1-9  10]
常数列向量b=[-104; -114; -212; -56; 120]
方程的解为X
>>X
X=
    6    6    10    2    8
```

例3 已知齐次线性方程组：

$$\begin{cases}(1-2k)x_1+3x_2+3x_3+3x_4=0\\3x_1+(2-k)x_2+3x_3+3x_4=0\\3x_1+3x_2+(2-k)x_3+3x_4=0\\3x_1+3x_2+3x_3+(11-k)x_4=0\end{cases}.$$

当k为何值时方程组有非零解？在有非零解的情况下，求出其基础解系.

解一 用笔计算的思路和主要步骤如下：

由于方程的个数等于未知数的个数，因此由克拉默法则可得：当系数行列式不等于零时，只有零解；当系数行列式等于零时，有非零解. 系数行列式为

$$\begin{vmatrix}1-2k & 3 & 3 & 3\\3 & 2-k & 3 & 3\\3 & 3 & 2-k & 3\\3 & 3 & 3 & 11-k\end{vmatrix}=98+161k+30k^2-31k^3+2k^4.$$

令系数行列式等于零，得$k_1=\frac{7}{2}$，$k_2=14$，$k_3=-1$.

当$k_1=\frac{7}{2}$时，系数矩阵为

$$\begin{bmatrix}-6 & 3 & 3 & 3\\3 & -\frac{3}{2} & 3 & 3\\3 & 3 & -\frac{3}{2} & 3\\3 & 3 & 3 & \frac{15}{2}\end{bmatrix},$$

方程的基础解系为$(1,\ 2,\ 2,\ -2)^{\mathrm{T}}$.

当$k_2=14$时，系数矩阵为

$$\begin{bmatrix}-27 & 3 & 3 & 3\\3 & -12 & 3 & 3\\3 & 3 & -12 & 3\\3 & 3 & 3 & -3\end{bmatrix},$$

方程的基础解系为$(1, 2, 2, 5)^T$.

当$k_3=-1$时，系数矩阵为

$$\begin{pmatrix} 3 & 3 & 3 & 3 \\ 3 & 3 & 3 & 3 \\ 3 & 3 & 3 & 3 \\ 3 & 3 & 3 & 12 \end{pmatrix},$$

方程的基础解系为$(-1, 1, 0, 0)^T$，$(-1, 0, 1, 0)^T$.

解二 用MATLAB软件计算如下：

在MATLAB命令窗口，输入以下命令：

```
clear
syms k                                  %定义符号变量
A=[1-2*k 3 3 3; 3 2-k 3 3; 3 3 2-k 3; 3 3 3 11-k];
                                        %给系数矩阵赋值
D=det( A);                              %计算系数矩阵的行列式
kk=solve(D);                            %求出使系数行列式等于零的k
for i=1:4
  AA=subs(A, k, kk(i));                 %将k值代入系数矩阵
  fprintf('当k=');
  disp(kk(i));                          %显示k的取值
  fprintf('基础解系为\n');
  disp(nulI(AA))                        %计算基础解系
end
```

人机对话的结果如下：

```
当k=7/2       当k=14        当k=-1
基础解系为     基础解系为     基础解系为
    1             1            -1     -1
    2             2             1      0
    2             2             0      1
   -2             5             0      0
```

例4 求下述方程组的通解：

$$\begin{cases} x_1+2x_2+2x_3 \qquad =5 \\ x_1+3x_2+4x_3-2x_4=6. \\ x_1 \ +x_2 \qquad\quad +2x_4=4 \end{cases}$$

解一 用笔计算的思路和主要步骤如下：

对方程组的增广矩阵进行初等行变换，可得

$$\begin{pmatrix} 1 & 2 & 2 & 0 & 5 \\ 1 & 3 & 4 & -2 & 6 \\ 1 & 1 & 0 & 2 & 4 \end{pmatrix} \to \begin{pmatrix} 1 & 2 & 2 & 0 & 5 \\ 0 & 1 & 2 & -2 & 1 \\ 0 & 0 & 0 & 0 & 0 \end{pmatrix},$$

从而可得与原方程组等价的方程组为

$$\begin{cases}x_1+2x_2+2x_3+0x_4=5\\0x_1+x_2+2x_3-2x_4=1\end{cases}.$$

令 $x_3=x_4=0$，得特解为$(3,\ 1,\ 0,\ 0)^T$.

令 $x_3=1$，$x_4=0$，得基础解系为$(2,\ -2,\ 1,\ 0)^T$.

令 $x_3=0$，$x_4=1$，得基础解系为$(-4,\ 2,\ 0,\ 1)^T$.

故得方程的通解为

$$(3,\ 1,\ 0,\ 0)^T+k_1(2,\ -2,\ 1,\ 0)^T+k_2(-4,\ 2,\ 0,\ 1)^T.$$

解二　用 MATLAB 软件计算如下：

在 MATLAB 命令窗口，输入以下命令：

```
clear
A=input('系数矩阵 A=')
b=input('常数列向量 b=');
[R, s]=rref([A, b]);
[m, n]=size(A);
x0=zeros(n, 1);
r=length(s);
x0(s,:)=R(1: r, end);
disp('非齐次线性方程组的特解为')
x0
disp('非齐次线性方程组的基础解系为')
x=null(A,'r')
```

人机对话的结果如下：

```
系数矩阵 A=[1 2 2 0; 13 4-2; 1 1 0 2]
A=
     1  2  2   0
     1  3  4  -2
     1  1  0   2
常数列向量 b=[5; 6; 4]
非齐次线性方程组的特解为
x0=
     3
     1
     0
     0
非齐次线性方程组的基础解系为
x=
       2  -4
      -2   2
       1   0
       0   1
```

第4章　线性方程组

例 5 化学反应方程的配平. 化学方程描述了被消耗和新生成的物质之间的定量关系. 例如，化学试验的结果表明，丙烷燃烧时将消耗氧气并产生二氧化碳和水，其化学反应的方程为

$$x_1 C_3H_8 + x_2 O_2 \rightarrow x_3 CO_2 + x_4 H_2O.$$

要配平这个方程，必须找到适当的 x_1，x_2，x_3，x_4，使得反应式左右的碳、氢、氧元素相匹配.

配平化学方程的标准方法是建立一个向量方程组，每个方程分别描述一种原子在反应前后的数目. 在上面的方程中，有碳、氢、氧三种元素需要配平，构成了三个方程，而有四种物质，其数量用四个变量 x_1，x_2，x_3，x_4 来表示，将每种物质分子中的元素原子数按碳、氢、氧的次序排成列，可以写出

$$C_3H_8：\begin{pmatrix}3\\8\\0\end{pmatrix}，O_2：\begin{pmatrix}0\\0\\2\end{pmatrix}，CO_2：\begin{pmatrix}1\\0\\2\end{pmatrix}，H_2O：\begin{pmatrix}0\\2\\1\end{pmatrix}，$$

要使方程配平，x_1，x_2，x_3，x_4 必须满足

$$x_1 + \begin{pmatrix}3\\8\\0\end{pmatrix} + x_2\begin{pmatrix}0\\0\\2\end{pmatrix} = x_3\begin{pmatrix}1\\0\\2\end{pmatrix} + x_4\begin{pmatrix}0\\2\\1\end{pmatrix}$$

将所有项移到左端，并写成矩阵相乘的形式，就有

$$\begin{pmatrix}3 & 0 & -1 & 0\\8 & 0 & 0 & -2\\0 & 2 & -2 & -1\end{pmatrix}\begin{pmatrix}x_1\\x_2\\x_3\\x_4\end{pmatrix} = \begin{pmatrix}0\\0\\0\end{pmatrix}.$$

令 $\boldsymbol{A}=\begin{pmatrix}3 & 0 & -1 & 0\\8 & 0 & 0 & -2\\0 & 2 & -2 & -1\end{pmatrix}$，对矩阵 $\boldsymbol{A}$ 进行行阶梯变换，在 MATLAB 命令窗口，输入以下命令：

```
A=[3, 0, −1, 0; 8, 0, 0, −2; 0, 2, −2, −1]
U0=rref(A)
```

得到：

$$\boldsymbol{U}_0=\begin{pmatrix}1.0000 & 0 & 0 & -0.2500\\0 & 1.0000 & 0 & -1.2500\\0 & 0 & 1.0000 & -0.7500\end{pmatrix}$$

注意：这四个列对应于四个变量的系数，即 x_4 是自由变量，因为化学家喜欢把方程的系数化为最小可能的整数，所以此处取 $x_4=4$，则 x_1，x_2，x_3 均有整数解，$x_1=1$，$x_2=5$，$x_3=3$，因而配平后的化学方程为

$$C_3H_8 + 5O_2 \rightarrow 3CO_2 + 4H_2O.$$

可见，要配平比较复杂的有多种物质参与作用的化学反应，需要解相当复杂的线

性代数方程组，对于比较复杂的反应过程，为了便于得到最小整数的解，在解化学配平的线性方程组时，应该在 MATLAB 中先规定取有理分式格式，即先输入 format rat，然后输入程序，结果为

$$U_0=\begin{pmatrix}1 & 0 & 0 & -\frac{1}{4}\\ 0 & 1 & 0 & -\frac{5}{4}\\ 0 & 0 & 1 & -\frac{3}{4}\end{pmatrix}.$$

这样就很容易看出应令 $x_4=4$，几个整数的取值也就一目了然了.

例 6 西式香肠配方实例和计算. 这里运用线性代数学中的行列式原理来阐述西式香肠的配方计算方法，以西式香肠中的熏煮香肠为例演示其基本运算过程. 首先，掌握所用原料肉和辅料的主要营养成分含量. 现有牛瘦肉、猪前肩肉、猪肋条肉和水，配制含盐量为 2.5%，磷酸盐含量为 0.5%，亚硝酸盐含量为 0.003%的熏煮香肠. 各种原料肉及其主要营养成分的百分含量如表 4-2 所示. 这些营养成分含量可以直接测定，也可以查表.

表 4-2 原料肉和辅料的主要化学成分的百分含量

化学组分	牛瘦肉	猪前肩肉	猪肋条肉	水
水分	70	60	25	100
脂肪	10	24	65	0
蛋白质	18	15	8	0
其他	2	1	2	0

其次，查找熏煮香肠制品的国家标准，根据标准确定熏煮香肠中主要营养成分的含量的目标值. 现在根据国家标准确定该熏煮香肠的水分含量为 60%，脂肪含量为 23%，蛋白质含量为 12.5%，其他成分含量为 1.5%.

再次，根据目标值和原料的主要营养成分含量列出方程组. 假设牛瘦肉、猪前肩肉、猪肋条肉和水的配比分别为 x_1，x_2，x_3，x_4，可列出方程组

$$\begin{pmatrix}70 & 60 & 25 & 100\\ 10 & 24 & 65 & 0\\ 18 & 15 & 8 & 0\\ 2 & 1 & 2 & 0\end{pmatrix}\begin{pmatrix}x_1\\ x_2\\ x_3\\ x_4\end{pmatrix}=\begin{pmatrix}60\\ 23\\ 12.5\\ 1.5\end{pmatrix}.$$

令 $\boldsymbol{A}=\begin{pmatrix}70 & 60 & 25 & 100 & 60\\ 10 & 24 & 65 & 0 & 23\\ 18 & 15 & 8 & 0 & 12.5\\ 2 & 1 & 2 & 0 & 1.5\end{pmatrix}$，对矩阵 $\boldsymbol{A}$ 进行行阶梯变换，在 MATLAB 命令窗口，输入以下命令：

```
A=[70, 60, 25, 100, 60; 10, 24, 65, 0, 23; 18, 15, 8, 0, 12.5; 2, 1, 2, 0, 1.5]
u0=rref(A)
```

得出结果为

```
U0=1.0000        0        0        0   0.4385
        0   1.0000        0        0   0.1923
        0        0   1.0000        0   0.2154
        0        0        0   1.0000   0.1238
```

即 $x_1=43.85\%$，$x_2=19.23\%$，$x_3=21.54\%$，$x_4=12.38\%$. 所以. 该香肠制品的配方配比如表 4-3 所示.

表 4-3　该香肠制品的配方配比

牛瘦肉	猪前肩肉	猪肋条肉	水	盐	磷酸盐	亚硝酸盐
43.85%	19.23%	21.54%	12.38%	2.5%	0.5%	0.003%

例 7　电阻电路的计算. 所有稳态线路电路的计算问题都可通过基尔霍夫定律列出方程组，这些联立的线性方程组必定可以用矩阵模型来表达，因此它们的求解就归结为线性代数问题. 直流稳态电路可归结为实系数矩阵方程，而交流稳态电路可归结为复系数矩阵方程，用 MATLAB 工具可以方便地求出其解.

图 4-2 所示的电路中，已知 $R_1=2\ \Omega$，$R_2=4\ \Omega$，$R_3=12\ \Omega$，$R_4=4\ \Omega$，$R_5=12\ \Omega$，$R_6=4\ \Omega$，$R_7=2\ \Omega$，设电源电压 $U_s=10$ V，求 i_3，u_4，u_7.

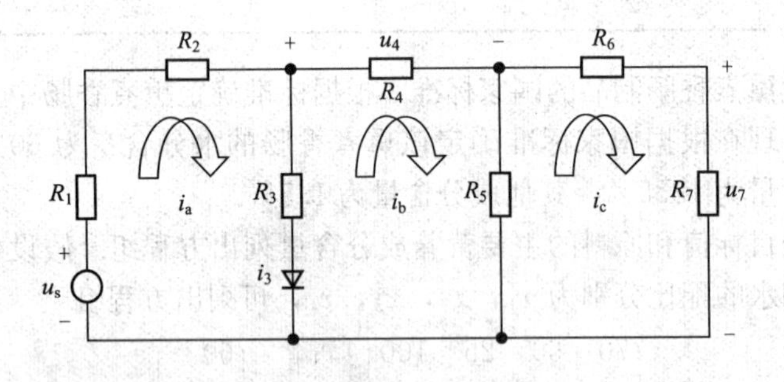

图 4-2　例 7 的电路图

解　用回路电流法进行建模. 选如图 4-2 所示的回路，设各个网孔的回路电流分别为 i_a，i_b，i_c. 根据基尔霍夫定律，任何回路中诸元件上的电压之和等于零. 因此，可列出各回路的电压方程为

$$\begin{cases}(R_1+R_2+R_3)i_a-R_3i_b = u_s \\ -R_3i_a+(R_3+R_4+R_5)i_b-R_5i_c=0 \\ -R_5i_b+(R_5+R_6+R_7)i_c=0\end{cases},$$

写成矩阵形式为

$$\begin{pmatrix} R_1+R_2+R_3 & -R_3 & 0 \\ -R_3 & R_3+R_4+R_5 & -R_5 \\ 0 & -R_5 & R_5+R_6+R_7 \end{pmatrix}\begin{pmatrix} i_a \\ i_b \\ i_c \end{pmatrix}=\begin{pmatrix} 1 \\ 0 \\ 0 \end{pmatrix}u_s,$$

将参数代入，直接列出方程为

$$\begin{pmatrix} 18 & -12 & 0 \\ -12 & 28 & -12 \\ 0 & -12 & 18 \end{pmatrix}\begin{pmatrix} i_a \\ i_b \\ i_c \end{pmatrix}=\begin{pmatrix} 1 \\ 0 \\ 0 \end{pmatrix}u_s.$$

在 MATLAB 命令窗口，输入以下命令：

```
A=[18，-12，0；-12，28，-12；0，-12，18]；
B=[1；0；0]
k=10
U=rref([A，B* k])
```

程序运行结果如下：

```
U=1.0000      0       0     0.9259
     0   1.0000       0     0.5556
     0       0   1.0000     0.3704
```

因此

$$\boldsymbol{I}=\begin{pmatrix} i_a \\ i_b \\ i_c \end{pmatrix}=\begin{pmatrix} 0.9259 \\ 0.5556 \\ 0.3704 \end{pmatrix}.$$

— 第 5 章　矩阵的特征值与特征向量 —

特征方程(characteristic equations)的概念最早出现在瑞士数学家欧拉(Leonhard Euler，1707—1783)的著作中，这个术语首先是由柯西明确给出的，他证明了阶数超过 3 的矩阵有特征值及任意阶实对称矩阵都有实特征值；给出了相似矩阵的概念，并证明了相似矩阵有相同的特征值.

1858 年，凯莱给出了方阵的特征方程和特征根(特征值)以及有关矩阵的一些基本结果. 后来，克莱伯施(A. Clebsch，1831—1872)、布克海姆(A. Buchheim)等证明了对称矩阵的特征根性质 . 泰伯(H. Taber)引入了矩阵的秩的概念并给出了一些相关的结论.

矩阵的特征值理论在现代数学、物理、工程技术、经济等领域有着广泛的应用. 本章定义了向量的内积，介绍了向量组的施密特(Schmidt)正交化方法和正交矩阵，讨论了方阵的特征值与特征向量、相似矩阵及矩阵的对角化，以及实对称矩阵的对角化问题 .

§5.1　向量组的正交化与正交矩阵

5.1.1　向量的内积

定义 1　设 n 维向量

$$\boldsymbol{\alpha}=\begin{pmatrix}a_1\\a_2\\\vdots\\a_n\end{pmatrix},\quad \boldsymbol{\beta}=\begin{pmatrix}b_1\\b_2\\\vdots\\b_n\end{pmatrix},$$

称

$$[\boldsymbol{\alpha},\boldsymbol{\beta}]=a_1b_1+a_2b_2+\cdots+a_nb_n$$

为向量的内积.

向量的内积是一种运算 . 如果把向量看成列矩阵，那么向量的内积可以表示成矩阵的乘积形式，即

$$[\boldsymbol{\alpha},\boldsymbol{\beta}]=\sum_{i=1}^{n}a_ib_i=\boldsymbol{\alpha}^{\mathrm{T}}\boldsymbol{\beta}.$$

这里要注意内积 $\boldsymbol{\alpha}^{\mathrm{T}}\boldsymbol{\beta}$ 是一个实数，并要注意 $\boldsymbol{\alpha}^{\mathrm{T}}\boldsymbol{\beta}$ 和 $\boldsymbol{\alpha}\boldsymbol{\beta}^{\mathrm{T}}$ 的区别，如设 $\boldsymbol{\alpha}=\begin{pmatrix}1\\2\\3\end{pmatrix}$，$\boldsymbol{\beta}=\begin{pmatrix}4\\5\\6\end{pmatrix}$，则

$$\boldsymbol{\alpha}^{\mathrm{T}}\boldsymbol{\beta}=(1\quad 2\quad 3)\begin{pmatrix}4\\5\\6\end{pmatrix}=32,\quad \boldsymbol{\alpha}\boldsymbol{\beta}^{\mathrm{T}}=\begin{pmatrix}4&5&6\\8&10&12\\12&15&18\end{pmatrix}.$$

设 $\boldsymbol{\alpha}$，$\boldsymbol{\beta}$，$\boldsymbol{\gamma}$ 都是 n 维向量，k 为实数，由定义 1 可以推出向量内积的几个运算规律：

(1)$[\boldsymbol{\alpha},\boldsymbol{\beta}]=[\boldsymbol{\beta},\boldsymbol{\alpha}]$.

例如

$$(1\quad 2\quad 3)\begin{pmatrix}4\\5\\6\end{pmatrix}=32,\quad (4\quad 5\quad 6)\begin{pmatrix}1\\2\\3\end{pmatrix}=32.$$

(2)$[k\boldsymbol{\alpha},\boldsymbol{\beta}]=k[\boldsymbol{\alpha},\boldsymbol{\beta}]$.

例如

$$(3\quad 6\quad 9)\begin{pmatrix}4\\5\\6\end{pmatrix}=3(1\quad 2\quad 3)\begin{pmatrix}4\\5\\6\end{pmatrix}=3\times 32=96.$$

(3)$[\boldsymbol{\alpha}+\boldsymbol{\beta},\boldsymbol{\gamma}]=[\boldsymbol{\alpha},\boldsymbol{\gamma}]+[\boldsymbol{\beta},\boldsymbol{\gamma}]$.

例如

$$(5\quad 7\quad 9)\begin{pmatrix}1\\0\\-1\end{pmatrix}=(1\quad 2\quad 3)\begin{pmatrix}1\\0\\-1\end{pmatrix}+(4\quad 5\quad 6)\begin{pmatrix}1\\0\\-1\end{pmatrix}$$
$$=-4.$$

(4)$[\boldsymbol{\alpha},\boldsymbol{\alpha}]=(a_1\quad a_2\quad \cdots\quad a_n)\begin{pmatrix}a_1\\a_2\\\vdots\\a_n\end{pmatrix}=\sum_{i=1}^{n}a^2\geqslant 0$,并且仅当 $\boldsymbol{\alpha}=\mathbf{0}$ 时,$[\boldsymbol{\alpha},\boldsymbol{\alpha}]=0$.

定义 2　设有 n 维向量

$$\boldsymbol{\alpha}=\begin{pmatrix}a_1\\a_2\\\vdots\\a_n\end{pmatrix}.$$

令

$$\|\boldsymbol{\alpha}\|=\sqrt{[\boldsymbol{\alpha},\boldsymbol{\alpha}]}=\sqrt{\boldsymbol{\alpha}_1^2+\boldsymbol{\alpha}_2^2+\cdots+\boldsymbol{\alpha}_n^2},$$

$\|\boldsymbol{\alpha}\|$ 称为 n 维向量 $\boldsymbol{\alpha}$ 的长度(也称模或范数).

例如，$\boldsymbol{\alpha}=\begin{pmatrix}1\\2\\3\end{pmatrix}$，$\boldsymbol{\alpha}$ 的长度 $\|\boldsymbol{\alpha}\|=\sqrt{1^2+2^2+3^2}=\sqrt{14}$.

向量的长度具有下列性质：

(1)非负性：$\|\boldsymbol{\alpha}\|\geqslant 0$，当且仅当 $\boldsymbol{\alpha}=\mathbf{0}$ 时，$\|\boldsymbol{\alpha}\|=0$.

(2)齐次性：$\|k\boldsymbol{\alpha}\|=|k|\,\|\boldsymbol{\alpha}\|$.

(3)三角不等式：$\|\boldsymbol{\alpha}+\boldsymbol{\beta}\|\leqslant\|\boldsymbol{\alpha}\|+\|\boldsymbol{\beta}\|$.

当 $\|\boldsymbol{\alpha}\|=1$ 时，称 $\boldsymbol{\alpha}$ 为单位向量．容易看出，对任一 n 维非零向量 $\boldsymbol{\alpha}$，$\dfrac{\boldsymbol{\alpha}}{\|\boldsymbol{\alpha}\|}$是与 $\boldsymbol{\alpha}$ 同方向的单位向量.

定义 3　当 $\|\boldsymbol{\alpha}\|\neq 0$，$\|\boldsymbol{\beta}\|\neq 0$ 时，

$$\theta=\arccos\frac{[\boldsymbol{\alpha},\boldsymbol{\beta}]}{\|\boldsymbol{\alpha}\|\,\|\boldsymbol{\beta}\|}$$

称为 n 维向量 $\boldsymbol{\alpha}$ 与 $\boldsymbol{\beta}$ 的夹角.

当 $[\boldsymbol{\alpha},\boldsymbol{\beta}]=0$ 时，称向量 $\boldsymbol{\alpha}$ 与 $\boldsymbol{\beta}$ 正交.

例如，$\boldsymbol{\alpha}=\begin{pmatrix}1\\2\\3\end{pmatrix}$，$\boldsymbol{\beta}=\begin{pmatrix}1\\1\\-1\end{pmatrix}$，那么 $\boldsymbol{\alpha}^{\mathrm{T}}\boldsymbol{\beta}=(1\quad 2\quad 3)\begin{pmatrix}1\\1\\-1\end{pmatrix}=0$，则 $\boldsymbol{\alpha}$ 与 $\boldsymbol{\beta}$ 垂直.

显然，如果 $\boldsymbol{\alpha}=\mathbf{0}$，那么 $\boldsymbol{\alpha}$ 与任何向量都正交.

下面讨论正交向量组的性质．所谓正交向量组，是指一组两两正交的非零向量组，即若 $\mathbf{R}^n$ 中的非零向量组 $\boldsymbol{\alpha}_1$，$\boldsymbol{\alpha}_2$，…，$\boldsymbol{\alpha}_n$ 两两正交，即对任意 i，$j(i\neq j)$，均有 $\boldsymbol{\alpha}_i^{\mathrm{T}}\boldsymbol{\alpha}_j=0$，则称该向量组为正交向量组.

设 $\boldsymbol{\alpha}_1$，$\boldsymbol{\alpha}_2$，…，$\boldsymbol{\alpha}_m$ 是正交向量组，则

$$[\boldsymbol{\alpha}_i,\boldsymbol{\alpha}_j]=\begin{cases}0 & \text{当 } i\neq j\\ \|\boldsymbol{\alpha}_i\|^2 & \text{当 } i=j\end{cases}.$$

正交向量组具有下述性质：

定理 1　正交向量组必是线性无关向量组.

证　设 $\boldsymbol{\alpha}_1$，$\boldsymbol{\alpha}_2$，…，$\boldsymbol{\alpha}_m$ 是正交向量组，且存在实数是 k_1，k_2，…，k_m，使

$$k_1\boldsymbol{\alpha}_1+k_2\boldsymbol{\alpha}_2+\cdots+k_m\boldsymbol{\alpha}_m=\mathbf{0}$$

由正交向量组的定义，当 $i\neq j$ 时，$[\boldsymbol{\alpha}_i,\boldsymbol{\alpha}_j]=0$，以 $\boldsymbol{\alpha}_i^{\mathrm{T}}(i=1,2,\cdots,m)$左乘上式两端，得

$$k_i\boldsymbol{\alpha}_i^{\mathrm{T}}\boldsymbol{\alpha}_i=0.$$

由于 $\boldsymbol{\alpha}_i\neq\mathbf{0}$，故 $\boldsymbol{\alpha}_i^{\mathrm{T}}\boldsymbol{\alpha}_i=\|\boldsymbol{\alpha}_i\|^2\neq 0$，从而必有 $k_i=0(i=1,2,\cdots,m)$，于是 $\boldsymbol{\alpha}_1$，$\boldsymbol{\alpha}_2$，…，$\boldsymbol{\alpha}_m$ 线性无关.

在实际应用中，常采用正交向量组作为向量空间的基，称为向量空间的正交基．例如，n 个两两正交的 n 维非零向量，可构成向量空间 $\mathbf{R}^n$ 的一个正交基.

5.1.2　线性无关向量组的正交化方法

定理1表明，正交向量组是线性无关向量组．但线性无关向量组却不一定是正交向量组．例如，$\boldsymbol{\alpha}_1=\begin{pmatrix}1\\0\\0\end{pmatrix}$，$\boldsymbol{\alpha}_2=\begin{pmatrix}1\\1\\0\end{pmatrix}$，$\boldsymbol{\alpha}_3$，$=\begin{pmatrix}1\\1\\1\end{pmatrix}$是线性无关向量组，但由于$[\boldsymbol{\alpha}_1, \boldsymbol{\alpha}_2]=1$，$[\boldsymbol{\alpha}_2, \boldsymbol{\alpha}_3]=2$，$[\boldsymbol{\alpha}_1, \boldsymbol{\alpha}_3]=1$，因此，它不是正交向量组.

然而，对任意一个线性无关n维向量组，总可以找到一个与其等价的正交单位向量组.

定义4　设n维向量$\boldsymbol{e}_1$，$\boldsymbol{e}_2$，…，$\boldsymbol{e}_r$是向量空间$V(V\subset\mathbf{R}^n)$的一个基，如果$\boldsymbol{e}_1$，$\boldsymbol{e}_2$，…，$\boldsymbol{e}_r$两两正交，且都是单位向量，则称$\boldsymbol{e}_1$，$\boldsymbol{e}_2$，…，$\boldsymbol{e}_r$是V的一个规范正交基.

设线性无关向量组$\boldsymbol{\alpha}_1$，$\boldsymbol{\alpha}_2$，…，$\boldsymbol{\alpha}_r$是向量空间V的一个基，要求V的一个规范正交基，即要找到一组两两正交的单位向量$\boldsymbol{e}_1$，$\boldsymbol{e}_2$，…，$\boldsymbol{e}_r$，使得$\boldsymbol{e}_1$，$\boldsymbol{e}_2$，…，$\boldsymbol{e}_r$与$\boldsymbol{\alpha}_1$，$\boldsymbol{\alpha}_2$，…，$\boldsymbol{\alpha}_r$等价，这称为把$\boldsymbol{\alpha}_1$，$\boldsymbol{\alpha}_2$，…，$\boldsymbol{\alpha}_r$这个基规范正交化.

线性无关向量组的规范正交化的具体方法如下：

设$\boldsymbol{\alpha}_1$，$\boldsymbol{\alpha}_2$，…，$\boldsymbol{\alpha}_r$是线性无关向量组．先取

$$\boldsymbol{\beta}_1=\boldsymbol{\alpha}_1.$$

令$\boldsymbol{\beta}_2=\boldsymbol{\alpha}_2+k\boldsymbol{\beta}_1$($k$待定)，使$\boldsymbol{\beta}_2$与$\boldsymbol{\beta}_1$正交，即有

$$[\boldsymbol{\beta}_2, \boldsymbol{\beta}_1]=[\boldsymbol{\alpha}_2+k\boldsymbol{\beta}_1, \boldsymbol{\beta}_1]=[\boldsymbol{\alpha}_2, \boldsymbol{\beta}_1]+k[\boldsymbol{\beta}_1, \boldsymbol{\beta}_1]=0,$$

于是

$$k=-\frac{[\boldsymbol{\alpha}_2, \boldsymbol{\beta}_1]}{[\boldsymbol{\beta}_1, \boldsymbol{\beta}_1]},$$

从而

$$\boldsymbol{\beta}_2=\boldsymbol{\alpha}_2-\frac{[\boldsymbol{\alpha}_2, \boldsymbol{\beta}_1]}{[\boldsymbol{\beta}_1, \boldsymbol{\beta}_1]}=\boldsymbol{\beta}_1.$$

这样得到两个向量$\boldsymbol{\beta}_1$，$\boldsymbol{\beta}_2$，有$[\boldsymbol{\beta}_1, \boldsymbol{\beta}_2]=0$，即$\boldsymbol{\beta}_1$，$\boldsymbol{\beta}_2$正交．再令$\boldsymbol{\beta}_3=\boldsymbol{\alpha}_3+k_1\boldsymbol{\beta}_1+k_2\boldsymbol{\beta}_2$($k_1$，$k_2$待定)，使$\boldsymbol{\beta}_3$与$\boldsymbol{\beta}_1$，$\boldsymbol{\beta}_2$彼此正交，满足$[\boldsymbol{\beta}_1, \boldsymbol{\beta}_3]=0$，$[\boldsymbol{\beta}_2, \boldsymbol{\beta}_3]=0$，即有

$$[\boldsymbol{\beta}_3, \boldsymbol{\beta}_1]=[\boldsymbol{\alpha}_3, \boldsymbol{\beta}_1]+k_1[\boldsymbol{\beta}_1, \boldsymbol{\beta}_1]=0,$$

以及

$$[\boldsymbol{\beta}_3, \boldsymbol{\beta}_2]=[\boldsymbol{\alpha}_3, \boldsymbol{\beta}_2]+k_2[\boldsymbol{\beta}_2, \boldsymbol{\beta}_2]=0,$$

于是

$$k_1=-\frac{[\boldsymbol{\alpha}_3, \boldsymbol{\beta}_1]}{[\boldsymbol{\beta}_1, \boldsymbol{\beta}_1]},\quad k_2=-\frac{[\boldsymbol{\alpha}_3, \boldsymbol{\beta}_2]}{[\boldsymbol{\beta}_2, \boldsymbol{\beta}_2]},$$

所以

$$\boldsymbol{\beta}_3=\boldsymbol{\alpha}_3-\frac{[\boldsymbol{\alpha}_3, \boldsymbol{\beta}_1]}{[\boldsymbol{\beta}_1, \boldsymbol{\beta}_1]}\boldsymbol{\beta}_1-\frac{[\boldsymbol{\alpha}_3, \boldsymbol{\beta}_2]}{[\boldsymbol{\beta}_2, \boldsymbol{\beta}_2]}\boldsymbol{\beta}_2.$$

这样求得的三个向量$\boldsymbol{\beta}_1$，$\boldsymbol{\beta}_2$，$\boldsymbol{\beta}_3$彼此两两正交.

依此类推，一般有

$$\boldsymbol{\beta}_j=\boldsymbol{\alpha}_j-\frac{[\boldsymbol{\alpha}_j,\boldsymbol{\beta}_1]}{[\boldsymbol{\beta}_1,\boldsymbol{\beta}_1]}\boldsymbol{\beta}_1-\frac{[\boldsymbol{\alpha}_j,\boldsymbol{\beta}_2]}{[\boldsymbol{\beta}_2,\boldsymbol{\beta}_2]}\boldsymbol{\beta}_2-\cdots-\frac{[\boldsymbol{\alpha}_j,\boldsymbol{\beta}_{j-1}]}{[\boldsymbol{\beta}_{j-1},\boldsymbol{\beta}_{j-1}]}\boldsymbol{\beta}_{j-1}\quad(j=2,3,\cdots,r).$$

可以证明，这样得到的正交向量组 $\boldsymbol{\beta}_1$，$\boldsymbol{\beta}_2$，…，$\boldsymbol{\beta}_r$ 与向量组 $\boldsymbol{\alpha}_1$，$\boldsymbol{\alpha}_2$，…，$\boldsymbol{\alpha}_r$ 等价.

如果再要求与 $\boldsymbol{\alpha}_1$，$\boldsymbol{\alpha}_2$，…，$\boldsymbol{\alpha}_r$ 等价的单位正交向量组，只需取

$$e_1=\frac{\boldsymbol{\beta}_1}{\|\boldsymbol{\beta}_1\|},\ e_2=\frac{\boldsymbol{\beta}_2}{\|\boldsymbol{\beta}_2\|},\ \cdots,\ e_r=\frac{\boldsymbol{\beta}_r}{\|\boldsymbol{\beta}_r\|}.$$

上述从线性无关向量组 $\boldsymbol{\alpha}_1$，$\boldsymbol{\alpha}_2$，…，$\boldsymbol{\alpha}_r$ 导出正交向量组 $\boldsymbol{\beta}_1$，$\boldsymbol{\beta}_2$，…，$\boldsymbol{\beta}_r$ 的过程称为施密特(Schmidt)正交化过程.

5.1.3 正交矩阵

定义 5 如果 n 阶矩阵 $\boldsymbol{A}$ 满足

$$\boldsymbol{A}^{\mathrm{T}}\boldsymbol{A}=\boldsymbol{E}\quad(\text{即 }\boldsymbol{A}^{-1}=\boldsymbol{A}^{\mathrm{T}}),$$

则称 $\boldsymbol{A}$ 为正交矩阵(简称正交矩阵).

例如，设 $\boldsymbol{Q}=\begin{pmatrix}\frac{\sqrt{2}}{2} & -\frac{\sqrt{2}}{2}\\ \frac{\sqrt{2}}{2} & \frac{\sqrt{2}}{2}\end{pmatrix}$，那么 $\boldsymbol{Q}^{\mathrm{T}}=\begin{pmatrix}\frac{\sqrt{2}}{2} & \frac{\sqrt{2}}{2}\\ -\frac{\sqrt{2}}{2} & \frac{\sqrt{2}}{2}\end{pmatrix}$，可以验证 $\boldsymbol{Q}^{\mathrm{T}}\boldsymbol{Q}=\boldsymbol{E}$，所以 $\boldsymbol{Q}$ 是一个正交矩阵.

正交矩阵具有以下性质：

性质 1 设 $\boldsymbol{A}$ 是正交矩阵，则 $|\boldsymbol{A}|=\pm1$.

证 由定义 5 可知，$\boldsymbol{A}$ 是正交矩阵，必有 $\boldsymbol{A}^{\mathrm{T}}\boldsymbol{A}=\boldsymbol{E}$，更进一步，有

$$|\boldsymbol{A}^{\mathrm{T}}\boldsymbol{A}|=|\boldsymbol{A}^{\mathrm{T}}|\ |\boldsymbol{A}|=|\boldsymbol{A}|^2=|\boldsymbol{E}|=1,$$

即有 $|\boldsymbol{A}|=\pm1$.

性质 2 $\boldsymbol{A}$ 是正交矩阵的充分必要条件是 $\boldsymbol{A}$ 的 n 个列向量是单位正交向量组.

证 设 $\boldsymbol{A}$ 是 n 阶方阵，记 $\boldsymbol{A}=(\boldsymbol{\alpha}_1,\boldsymbol{\alpha}_2,\cdots,\boldsymbol{\alpha}_n)$，由定义 5 可知

$$\boldsymbol{A}^{\mathrm{T}}\boldsymbol{A}=\begin{pmatrix}\boldsymbol{\alpha}_1^{\mathrm{T}}\\ \boldsymbol{\alpha}_2^{\mathrm{T}}\\ \vdots\\ \boldsymbol{\alpha}_n^{\mathrm{T}}\end{pmatrix}(\boldsymbol{\alpha}_1,\boldsymbol{\alpha}_2,\cdots,\boldsymbol{\alpha}_n)$$

$$=\begin{pmatrix}\boldsymbol{\alpha}_1^{\mathrm{T}}\boldsymbol{\alpha}_1 & \boldsymbol{\alpha}_1^{\mathrm{T}}\boldsymbol{\alpha}_2 & \cdots & \boldsymbol{\alpha}_1^{\mathrm{T}}\boldsymbol{\alpha}_n\\ \boldsymbol{\alpha}_2^{\mathrm{T}}\boldsymbol{\alpha}_1 & \boldsymbol{\alpha}_2^{\mathrm{T}}\boldsymbol{\alpha}_2 & \cdots & \boldsymbol{\alpha}_2^{\mathrm{T}}\boldsymbol{\alpha}_n\\ \vdots & \vdots & & \vdots\\ \boldsymbol{\alpha}_n^{\mathrm{T}}\boldsymbol{\alpha}_1 & \boldsymbol{\alpha}_n^{\mathrm{T}}\boldsymbol{\alpha}_2 & \cdots & \boldsymbol{\alpha}_n^{\mathrm{T}}\boldsymbol{\alpha}_n\end{pmatrix}=\begin{pmatrix}1 & & & \\ & 1 & & \\ & & \ddots & \\ & & & 1\end{pmatrix}.$$

因此，$\boldsymbol{A}$ 的 n 个列向量应满足

$$\boldsymbol{\alpha}_i^{\mathrm{T}}\boldsymbol{\alpha}_j=\begin{cases}1 & 当\ i=j\\ 0 & 当\ i\neq j\end{cases}\quad (i,\ j=1,\ 2,\ \cdots,\ n),$$

即 $\boldsymbol{A}$ 的 n 个列向量是单位正交向量组.

由于上述过程可逆，因此，当 n 个 n 维列向量是单位正交向量组时，它们构成的矩阵一定是正交矩阵.

设 $\boldsymbol{A}$ 是正交矩阵，那么 $\boldsymbol{A}^{\mathrm{T}}\boldsymbol{A}=\boldsymbol{E}$. 由转置矩阵的性质，也有 $\boldsymbol{A}\boldsymbol{A}^{\mathrm{T}}=\boldsymbol{E}$. 所以，上述结论对 $\boldsymbol{A}$ 的行向量也成立.

例如，矩阵 $\boldsymbol{A}=\begin{pmatrix}\frac{\sqrt{2}}{2} & \frac{\sqrt{2}}{2} & 0\\ \frac{\sqrt{2}}{2} & -\frac{\sqrt{2}}{2} & 0\\ 0 & 0 & 1\end{pmatrix}$ 为正交矩阵，因为

$$\boldsymbol{A}^{\mathrm{T}}\boldsymbol{A}=\begin{pmatrix}\frac{\sqrt{2}}{2} & \frac{\sqrt{2}}{2} & 0\\ \frac{\sqrt{2}}{2} & -\frac{\sqrt{2}}{2} & 0\\ 0 & 0 & 1\end{pmatrix}\begin{pmatrix}\frac{\sqrt{2}}{2} & \frac{\sqrt{2}}{2} & 0\\ \frac{\sqrt{2}}{2} & -\frac{\sqrt{2}}{2} & 0\\ 0 & 0 & 1\end{pmatrix}=\begin{pmatrix}1 & & \\ & 1 & \\ & & 1\end{pmatrix}.$$

由定义 5 可知，$\boldsymbol{A}$ 是正交矩阵.

方阵 $\boldsymbol{A}=\begin{pmatrix}1 & -\frac{1}{2} & \frac{1}{3}\\ -\frac{1}{2} & 1 & \frac{1}{2}\\ \frac{1}{3} & \frac{1}{2} & -1\end{pmatrix}$ 不是正交矩阵．因为 $\boldsymbol{A}$ 中任意两个列向量彼此都不正交，且 $\boldsymbol{A}$ 中任意一个列向量都不是单位向量.

性质 3 设 $\boldsymbol{A}$，$\boldsymbol{B}$ 都是正交矩阵，那么，$\boldsymbol{AB}$ 也是正交矩阵.

证 因为 $\boldsymbol{A}$，$\boldsymbol{B}$ 都是正交矩阵，那么

$$\boldsymbol{A}^{\mathrm{T}}\boldsymbol{A}=\boldsymbol{E},$$

且

$$\boldsymbol{B}^{\mathrm{T}}\boldsymbol{B}=\boldsymbol{E},$$

推得

$$(\boldsymbol{AB})^{\mathrm{T}}(\boldsymbol{AB})=(\boldsymbol{B}^{\mathrm{T}}\boldsymbol{A}^{\mathrm{T}})(\boldsymbol{AB})=\boldsymbol{B}^{\mathrm{T}}(\boldsymbol{A}^{\mathrm{T}}\boldsymbol{A})\boldsymbol{B},$$

$$\boldsymbol{B}^{\mathrm{T}}\boldsymbol{E}\boldsymbol{B}=\boldsymbol{B}^{\mathrm{T}}\boldsymbol{B}=\boldsymbol{E},$$

所以，$\boldsymbol{AB}$ 也是正交矩阵.

例 1 把向量 $\boldsymbol{\alpha}=\begin{pmatrix}2\\1\\2\end{pmatrix}$ 单位化.

解 因为 $\|\boldsymbol{\alpha}\|=\sqrt{2^2+1^2+2^2}=3$，所以

$$\frac{\boldsymbol{\alpha}}{\|\boldsymbol{\alpha}\|}=\frac{1}{3}\begin{pmatrix}2\\1\\2\end{pmatrix}=\begin{pmatrix}\frac{2}{3}\\\frac{1}{3}\\\frac{2}{3}\end{pmatrix}.$$

可以证明，当$\|\boldsymbol{\alpha}\|\neq0$，$\|\boldsymbol{\beta}\|\neq0$，$[\boldsymbol{\alpha},\boldsymbol{\beta}]\leqslant\|\boldsymbol{\alpha}\|\|\boldsymbol{\beta}\|$（施瓦兹不等式）. 这里不证.

例 2 已知 3 维向量空间 $\mathbf{R}^3$ 中两个向量 $\boldsymbol{\alpha}_1=\begin{pmatrix}1\\1\\1\end{pmatrix}$，$\boldsymbol{\alpha}_2=\begin{pmatrix}1\\-2\\1\end{pmatrix}$正交，试求一个非零向量 $\boldsymbol{\alpha}_3$，使 $\boldsymbol{\alpha}_1$，$\boldsymbol{\alpha}_2$，$\boldsymbol{\alpha}_3$ 两两正交.

解 记

$$\boldsymbol{A}=\begin{pmatrix}\boldsymbol{\alpha}_1^{\mathrm{T}}\\\boldsymbol{\alpha}_2^{\mathrm{T}}\end{pmatrix}=\begin{pmatrix}1&1&1\\1&-2&1\end{pmatrix}.$$

$\boldsymbol{\alpha}_3$ 应是齐次线性方程 $\boldsymbol{Ax}=\boldsymbol{0}$ 的解，即

$$\begin{pmatrix}1&1&1\\1&-2&1\end{pmatrix}\begin{pmatrix}x_1\\x_2\\x_3\end{pmatrix}=\begin{pmatrix}0\\0\end{pmatrix}.$$

由

$$\boldsymbol{A}\to\begin{pmatrix}1&1&1\\0&-3&0\end{pmatrix}\to\begin{pmatrix}1&0&1\\0&1&0\end{pmatrix},$$

得$\begin{cases}x_1=-x_3\\x_2=0\end{cases}$，从而得基础解系$\begin{pmatrix}-1\\0\\1\end{pmatrix}$. 取 $\boldsymbol{\alpha}_3=\begin{pmatrix}-1\\0\\1\end{pmatrix}$即为所求.

例 3 试用施密特正交化过程，求与线性无关向量组 $\boldsymbol{\alpha}_1=\begin{pmatrix}1\\2\\2\\-1\end{pmatrix}$，$\boldsymbol{\alpha}_2=\begin{pmatrix}1\\1\\-5\\3\end{pmatrix}$，$\boldsymbol{\alpha}_3=\begin{pmatrix}3\\2\\8\\-7\end{pmatrix}$等价的正交向量组.

解 令

$$\boldsymbol{\beta}_1=\boldsymbol{\alpha}_1=\begin{pmatrix}1\\2\\2\\-1\end{pmatrix},$$

$$\boldsymbol{\beta}_2=\boldsymbol{\alpha}_2-\frac{[\boldsymbol{\alpha}_2,\boldsymbol{\beta}_1]}{[\boldsymbol{\beta}_1,\boldsymbol{\beta}_1]}\boldsymbol{\beta}_1=\begin{pmatrix}1\\1\\-5\\3\end{pmatrix}-\frac{-10}{10}\begin{pmatrix}1\\2\\2\\-1\end{pmatrix}=\begin{pmatrix}2\\3\\-3\\2\end{pmatrix},$$

$$\begin{aligned}\boldsymbol{\beta}_3&=\boldsymbol{\alpha}_3-\frac{[\boldsymbol{\alpha}_3,\boldsymbol{\beta}_1]}{[\boldsymbol{\beta}_1,\boldsymbol{\beta}_1]}\boldsymbol{\beta}_1-\frac{[\boldsymbol{\alpha}_3,\boldsymbol{\beta}_2]}{[\boldsymbol{\beta}_2,\boldsymbol{\beta}_2]}\boldsymbol{\beta}_2\\&=\begin{pmatrix}3\\2\\8\\-7\end{pmatrix}-\frac{30}{10}\begin{pmatrix}1\\2\\2\\-1\end{pmatrix}-\frac{-26}{26}\begin{pmatrix}2\\3\\-3\\2\end{pmatrix}=\begin{pmatrix}2\\-1\\-1\\-2\end{pmatrix},\end{aligned}$$

$\boldsymbol{\beta}_1$，$\boldsymbol{\beta}_2$，$\boldsymbol{\beta}_3$ 就是与 $\boldsymbol{\alpha}_1$，$\boldsymbol{\alpha}_2$，$\boldsymbol{\alpha}_3$ 等价的正交向量组.

例 4 试用施密特正交化过程将 $\boldsymbol{\alpha}_1=\begin{pmatrix}-1\\1\\0\\0\end{pmatrix}$，$\boldsymbol{\alpha}_2=\begin{pmatrix}-1\\0\\1\\0\end{pmatrix}$，$\boldsymbol{\alpha}_3=\begin{pmatrix}-1\\0\\0\\1\end{pmatrix}$正交化.

解 令

$$\boldsymbol{\beta}_1=\boldsymbol{\alpha}_1=\begin{pmatrix}-1\\1\\0\\0\end{pmatrix},$$

$$\boldsymbol{\beta}_2=\boldsymbol{\alpha}_2-\frac{[\boldsymbol{\alpha}_2,\boldsymbol{\beta}_1]}{[\boldsymbol{\beta}_1,\boldsymbol{\beta}_1]}\boldsymbol{\beta}_1=\begin{pmatrix}-1\\0\\1\\0\end{pmatrix}-\frac{1}{2}\begin{pmatrix}-1\\1\\0\\0\end{pmatrix}=\begin{pmatrix}-1/2\\-1/2\\1\\0\end{pmatrix},$$

$$\boldsymbol{\beta}_3=\boldsymbol{\alpha}_3-\frac{[\boldsymbol{\alpha}_3,\boldsymbol{\beta}_1]}{[\boldsymbol{\beta}_1,\boldsymbol{\beta}_1]}\boldsymbol{\beta}_1-\frac{[\boldsymbol{\alpha}_3,\boldsymbol{\beta}_2]}{[\boldsymbol{\beta}_2,\boldsymbol{\beta}_2]}\boldsymbol{\beta}_2=\begin{pmatrix}-1/3\\-1/3\\-1/3\\1\end{pmatrix},$$

$\boldsymbol{\beta}_1$，$\boldsymbol{\beta}_2$，$\boldsymbol{\beta}_3$ 就是与 $\boldsymbol{\alpha}_1$，$\boldsymbol{\alpha}_2$，$\boldsymbol{\alpha}_3$ 等价的正交向量组.

例 5 试用施密特正交化过程，求与线性无关向量组 $\boldsymbol{\alpha}_1=\begin{pmatrix}1\\0\\0\end{pmatrix}$，$\boldsymbol{\alpha}_2=\begin{pmatrix}1\\1\\0\end{pmatrix}$，$\boldsymbol{\alpha}_3=\begin{pmatrix}1\\1\\1\end{pmatrix}$等价的单位正交向量组.

解 令

$$\boldsymbol{\beta}_1=\boldsymbol{\alpha}_1=\begin{pmatrix}1\\0\\0\end{pmatrix},$$

$$\boldsymbol{\beta}_2=\boldsymbol{\alpha}_2-\frac{[\boldsymbol{\alpha}_2,\ \boldsymbol{\beta}_1]}{[\boldsymbol{\beta}_1,\ \boldsymbol{\beta}_1]}\boldsymbol{\beta}_1=\begin{pmatrix}1\\1\\0\end{pmatrix}-\frac{1}{1}\begin{pmatrix}1\\0\\0\end{pmatrix}=\begin{pmatrix}0\\1\\0\end{pmatrix},$$

$$\begin{aligned}\boldsymbol{\beta}_3&=\boldsymbol{\alpha}_3-\frac{[\boldsymbol{\alpha}_3,\ \boldsymbol{\beta}_1]}{[\boldsymbol{\beta}_1,\ \boldsymbol{\beta}_1]}\boldsymbol{\beta}_1-\frac{[\boldsymbol{\alpha}_3,\ \boldsymbol{\beta}_2]}{[\boldsymbol{\beta}_2,\ \boldsymbol{\beta}_2]}\boldsymbol{\beta}_2\\&=\begin{pmatrix}1\\1\\1\end{pmatrix}-\frac{1}{1}\begin{pmatrix}1\\0\\0\end{pmatrix}-\frac{1}{1}\begin{pmatrix}0\\1\\0\end{pmatrix}=\begin{pmatrix}0\\0\\1\end{pmatrix},\end{aligned}$$

$\boldsymbol{\beta}_1$，$\boldsymbol{\beta}_2$，$\boldsymbol{\beta}_3$ 就是与 $\boldsymbol{\alpha}_1$，$\boldsymbol{\alpha}_2$，$\boldsymbol{\alpha}_3$ 等价的单位正交向量组.

当然，与 $\boldsymbol{\alpha}_1$，$\boldsymbol{\alpha}_2$，$\boldsymbol{\alpha}_3$ 等价的单位正交量组并不唯一，由于正交化过程所取向量的次序不同，所得的结果不同，从而计算的难易程度也不同．下面再解本题，请读者做比较.

令

$$\boldsymbol{\gamma}_1=\boldsymbol{\alpha}_3=\begin{pmatrix}1\\1\\1\end{pmatrix},$$

$$\boldsymbol{\gamma}_2=\boldsymbol{\alpha}_2-\frac{[\boldsymbol{\alpha}_2,\ \boldsymbol{\gamma}_1]}{[\boldsymbol{\gamma}_1,\ \boldsymbol{\gamma}_1]}\boldsymbol{\gamma}_1=\begin{pmatrix}1\\1\\0\end{pmatrix}-\frac{2}{3}\begin{pmatrix}1\\1\\1\end{pmatrix}=\begin{pmatrix}\frac{1}{3}\\\frac{1}{3}\\-\frac{2}{3}\end{pmatrix},$$

$$\begin{aligned}\boldsymbol{\gamma}_3&=\boldsymbol{\alpha}_1-\frac{[\boldsymbol{\alpha}_1,\ \boldsymbol{\gamma}_1]}{[\boldsymbol{\gamma}_1,\ \boldsymbol{\gamma}_1]}\boldsymbol{\gamma}_1-\frac{[\boldsymbol{\alpha}_1,\ \boldsymbol{\gamma}_2]}{[\boldsymbol{\gamma}_2,\ \boldsymbol{\gamma}_2]}\boldsymbol{\gamma}_2\\&=\begin{pmatrix}1\\0\\0\end{pmatrix}-\frac{1}{3}\begin{pmatrix}1\\1\\1\end{pmatrix}-\frac{1}{2}\begin{pmatrix}\frac{1}{3}\\\frac{1}{3}\\-\frac{2}{3}\end{pmatrix}=\begin{pmatrix}\frac{1}{2}\\-\frac{1}{2}\\0\end{pmatrix},\end{aligned}$$

然后再取

$$\boldsymbol{e}_1=\frac{\boldsymbol{\gamma}_1}{\|\boldsymbol{\gamma}_1\|}=\begin{pmatrix}\frac{1}{\sqrt{3}}\\\frac{1}{\sqrt{3}}\\\frac{1}{\sqrt{3}}\end{pmatrix},\quad \boldsymbol{e}_2=\frac{\boldsymbol{\gamma}_2}{\|\boldsymbol{\gamma}_2\|}=\begin{pmatrix}\frac{1}{\sqrt{6}}\\\frac{1}{\sqrt{6}}\\-\frac{2}{\sqrt{6}}\end{pmatrix},\quad \boldsymbol{e}_3=\frac{\boldsymbol{\gamma}_3}{\|\boldsymbol{\gamma}_3\|}=\begin{pmatrix}\frac{1}{\sqrt{2}}\\-\frac{1}{\sqrt{2}}\\0\end{pmatrix},$$

则 $\boldsymbol{e}_1$，$\boldsymbol{e}_2$，$\boldsymbol{e}_3$ 就是与 $\boldsymbol{\alpha}_1$，$\boldsymbol{\alpha}_2$，$\boldsymbol{\alpha}_3$ 等价的单位正交向量组.

例 6 已知 $\boldsymbol{\alpha}_1=\begin{pmatrix}1\\-1\\1\end{pmatrix}$，求一组非零向量 $\boldsymbol{\alpha}_2$，$\boldsymbol{\alpha}_3$，使得 $\boldsymbol{\alpha}_1$，$\boldsymbol{\alpha}_2$，$\boldsymbol{\alpha}_3$ 两两正交.

解 $\boldsymbol{\alpha}_2$，$\boldsymbol{\alpha}_3$ 应满足方程 $\boldsymbol{\alpha}_1^{\mathrm{T}} x=\mathbf{0}$，即

$$x_1-x_2+x_3=0,$$

它的基础解系为

$$\boldsymbol{\xi}_1=\begin{pmatrix}1\\1\\0\end{pmatrix},\quad \boldsymbol{\xi}_2=\begin{pmatrix}0\\1\\1\end{pmatrix}.$$

把基础解系正交化，即为所求，亦即取

$$\boldsymbol{\alpha}_2=\boldsymbol{\xi}_1,\quad \boldsymbol{\alpha}_3=\boldsymbol{\xi}_2-\frac{[\boldsymbol{\xi}_2,\ \boldsymbol{\xi}_1]}{[\boldsymbol{\xi}_1,\ \boldsymbol{\xi}_1]}\boldsymbol{\xi}_1,$$

于是

$$\boldsymbol{\alpha}_2=\boldsymbol{\xi}_1=\begin{pmatrix}1\\1\\0\end{pmatrix},$$

$$\boldsymbol{\alpha}_3=\boldsymbol{\xi}_2-\frac{[\boldsymbol{\xi}_2,\ \boldsymbol{\xi}_1]}{[\boldsymbol{\xi}_1,\ \boldsymbol{\xi}_1]}\boldsymbol{\xi}_1=\begin{pmatrix}0\\1\\1\end{pmatrix}-\frac{1}{2}\begin{pmatrix}1\\1\\0\end{pmatrix}=\frac{1}{2}\begin{pmatrix}-1\\1\\2\end{pmatrix}.$$

§5.2 方阵的特征值及特征向量

5.2.1 特征值与特征向量的概念

定义 6 设 $\boldsymbol{A}$ 是 n 阶方阵，若存在数 λ 和非零向量 $\boldsymbol{x}$，使得

$$\boldsymbol{A}\boldsymbol{x}=\lambda\boldsymbol{x} \tag{5-1}$$

成立，则称数 λ 为方阵 $\boldsymbol{A}$ 的特征值，非零向量 $\boldsymbol{x}$ 是方阵对应于 λ 的特征向量.

例如，对方阵 $\boldsymbol{A}=\begin{pmatrix}2&&\\&2&\\&&2\end{pmatrix}$，有 $\begin{pmatrix}2&&\\&2&\\&&2\end{pmatrix}\begin{pmatrix}1\\2\\3\end{pmatrix}=2\begin{pmatrix}1\\2\\3\end{pmatrix}$，此时 2 称为 $\boldsymbol{A}$ 的特征值，而 $\begin{pmatrix}1\\2\\3\end{pmatrix}$ 称为对应于 2 的特征向量.

一般来说，特征值和特征向量是成对出现的，但它们之间不是一一对应关系，一个特征值可能对应多个特征向量.

关于特征向量，应当注意：

(1)特征向量是非零向量，即零向量不能作为特征向量；

(2)若 $\boldsymbol{x}$ 是方阵 $\boldsymbol{A}$ 对应于特征值 λ 的特征向量，则 $k\boldsymbol{x}$(是 $k\neq0$)亦是 $\boldsymbol{A}$ 对应于 λ 的特征向量.

式(5-1)也可写成

$$(\boldsymbol{A}-\lambda\boldsymbol{E})\boldsymbol{x}=\boldsymbol{0}. \tag{5-2}$$

这是 n 个未知数 n 个方程的齐次线性方程组，它有非零解的充分必要条件是

$$|\boldsymbol{A}-\lambda\boldsymbol{E}|=0, \tag{5-3}$$

即

$$\begin{vmatrix} a_{11}-\lambda & a_{12} & \cdots & a_{1n} \\ a_{21} & a_{22}-\lambda & \cdots & a_{2n} \\ \vdots & \vdots & & \vdots \\ a_{n1} & a_{n2} & \cdots & a_{nn}-\lambda \end{vmatrix}=0.$$

上式是以 λ 为未知数的一元 n 次方程，称为方阵 $\boldsymbol{A}$ 的特征方程．其左端 $|\boldsymbol{A}-\lambda\boldsymbol{E}|$ 是 λ 的 n 次多项式，记为 $f(\lambda)$，称为方阵 $\boldsymbol{A}$ 的特征多项式．显然，$\boldsymbol{A}$ 的特征值就是特征方程的解．特征方程在复数范围内恒有解，其个数为方程的次数(重根按重数计算)．因此，在复数范围内，n 阶方阵 $\boldsymbol{A}$ 有 n 个特征根.

设 n 阶方阵 $\boldsymbol{A}=(a_{ij})$ 的特征值为 λ_1，λ_2，…，λ_n，由多项式根与系数之间的关系，不难证明：

(1)$\lambda_1+\lambda_2+\cdots+\lambda_n=a_{11}+a_{22}+\cdots+a_{nn}$；

(2)$\lambda_1\lambda_2\cdots\lambda_n=|\boldsymbol{A}|$.

请读者自行证明.

设 λ_i 为方阵 $\boldsymbol{A}$ 的一个特征值，则由方程 $(\boldsymbol{A}-\lambda_i\boldsymbol{E})\boldsymbol{x}=\boldsymbol{0}$ 可求得非零解 $\boldsymbol{x}=\boldsymbol{p}_i$，且它的每一个非零解都是方阵 $\boldsymbol{A}$ 对应于特征值 λ_i 的特征向量(若 λ_i 为实数，则特征向量 $\boldsymbol{p}_i$ 为实向量；若 λ_i 为复数，则特征向量 $\boldsymbol{p}_i$ 为复向量).

5.2.2 特征值与特征向量的性质

定理 2 设 λ 是 n 阶方阵 $\boldsymbol{A}$ 的特征值，$\boldsymbol{p}$ 是 $\boldsymbol{A}$ 对应于特征值 λ 的特征向量，则：

(1)对于任意常数 k，$k\lambda$ 是方阵 $\boldsymbol{A}$ 的特征值；

(2)对于任意正整数 m，λ^m 是方阵 $k\boldsymbol{A}^m$ 的特征值；

(3)若方阵 $\boldsymbol{A}$ 可逆，则 $\lambda\neq0$，$\lambda^{-1}|\boldsymbol{A}|$ 是方阵 $\boldsymbol{A}^{-1}$ 的特征值，λ^{-1} 是方阵 $\boldsymbol{A}$ 的伴随矩阵 $\boldsymbol{A}^*$ 的特征值，且 $\boldsymbol{p}$ 仍是方阵 $k\boldsymbol{A}$，$\boldsymbol{A}^m$，$\boldsymbol{A}^{-1}$，$\boldsymbol{A}^*$ 分别对应于特征值 $k\lambda$，λ^m，λ^{-1}，$\lambda^{-1}|\boldsymbol{A}|$ 的特征向量；

(4)方阵 $\boldsymbol{A}$ 与 $\boldsymbol{A}^{\mathrm{T}}$ 具有相同的特征多项式，因而具有相同的特征值.

证 (1)、(2)由特征值与特征向量的定义易证，下面只证(3)、(4).

(3)设 $\boldsymbol{A}$ 可逆，由 $\boldsymbol{A}\boldsymbol{p}=\lambda\boldsymbol{p}$，两边左乘 $\boldsymbol{A}^{-1}$ 得

$$\boldsymbol{A}^{-1}\boldsymbol{A}\boldsymbol{p}=\lambda\boldsymbol{A}^{-1}\boldsymbol{p},$$

即 $\lambda\boldsymbol{A}^{-1}\boldsymbol{p}=\boldsymbol{p}$，而 $\boldsymbol{p}\neq\boldsymbol{0}$，故 $\lambda\neq0$，且 $\boldsymbol{A}^{-1}\boldsymbol{p}=\dfrac{1}{\lambda}\boldsymbol{p}$，即证得 $\boldsymbol{p}$ 也是方阵 $\boldsymbol{A}^{-1}$ 对应于特征值 λ^{-1} 的特征向量.

用方阵 $\boldsymbol{A}^*$ 左乘 $\boldsymbol{A}\boldsymbol{p}=\lambda\boldsymbol{p}$ 得，$\boldsymbol{A}^*\boldsymbol{A}\boldsymbol{p}=\lambda\boldsymbol{A}^*\boldsymbol{p}$，即 $|\boldsymbol{A}|\boldsymbol{E}\boldsymbol{p}=|\boldsymbol{A}|\boldsymbol{p}=\lambda\boldsymbol{A}^*\boldsymbol{p}$，所以 $\boldsymbol{A}^*\boldsymbol{p}=\frac{1}{\lambda}|\boldsymbol{A}|\boldsymbol{p}$，即证得 $\boldsymbol{p}$ 也是方阵 $\boldsymbol{A}^*$ 对应于特征值 $\lambda^{-1}|\boldsymbol{A}|$ 的特征向量.

(4) $|\boldsymbol{A}-\lambda\boldsymbol{E}|=|(\boldsymbol{A}-\lambda\boldsymbol{E})^{\mathrm{T}}|=|\boldsymbol{A}^{\mathrm{T}}-\lambda\boldsymbol{E}|$，即证得方阵 $\boldsymbol{A}$ 与 $\boldsymbol{A}^{\mathrm{T}}$ 具有相同的特征多项式.

给定 m 次多项式 $\varphi(x)=a_0+a_1x+a_2x^2+\cdots+a_mx^m$，记

$$\varphi(\boldsymbol{A})=a_0+a_1\boldsymbol{A}+a_2\boldsymbol{A}^2+\cdots+a_m\boldsymbol{A}^m,$$

并称 $\varphi(\boldsymbol{A})$ 为方阵 $\boldsymbol{A}$ 的 m 次多项式. 由定理 2 得 $\varphi(\lambda)=a_0+a_1\lambda+a_2\lambda^2+\cdots+a_m\lambda^m$ 是 $\varphi(\boldsymbol{A})$ 的特征值.

定理 3 设 λ_1，λ_2，…，λ_m 是方阵 $\boldsymbol{A}$ 的 m 个特征值，$\boldsymbol{p}_1$，$\boldsymbol{p}_2$，…，$\boldsymbol{p}_m$ 是与之对应的特征向量. 如果 λ_1，λ_2，…，λ_m 各不相等，则 $\boldsymbol{p}_1$，$\boldsymbol{p}_2$，…，$\boldsymbol{p}_m$ 线性无关.

证 设有常数 x_1，x_2，…，x_m 使

$$x_1\boldsymbol{p}_1+x_2\boldsymbol{p}_2+\cdots+x_m\boldsymbol{p}_m=\boldsymbol{0},$$

则 $\boldsymbol{A}(x_1\boldsymbol{p}_1+x_2\boldsymbol{p}_2+\cdots+x_m\boldsymbol{p}_m)=\boldsymbol{0}$，即

$$\lambda_1x_1\boldsymbol{p}_1+\lambda_2x_2\boldsymbol{p}_2+\cdots+\lambda_mx_m\boldsymbol{p}_m=\boldsymbol{0},$$

类推之，有

$$\lambda_1^kx_1\boldsymbol{p}_1+\lambda_2^kx_2\boldsymbol{p}_2+\cdots+\lambda_m^kx_m\boldsymbol{p}_m=\boldsymbol{0}\quad(k=1,\ 2,\ \cdots,\ m-1).$$

把上列各式合写成矩阵形式，得

$$(x_1\boldsymbol{p}_1,\ x_2\boldsymbol{p}_2,\ \cdots,\ x_m\boldsymbol{p}_m)\begin{pmatrix}1 & \lambda_1 & \cdots & \lambda_1^{m-1}\\ 1 & \lambda_2 & \cdots & \lambda_2^{m-1}\\ \vdots & \vdots & & \vdots\\ 1 & \lambda_m & \cdots & \lambda_m^{m-1}\end{pmatrix}=(\boldsymbol{0},\ \boldsymbol{0},\ \cdots,\ \boldsymbol{0}).$$

上式等号左端第二个矩阵的行列式为范德蒙德行列式，当 λ_i 各不相等时该行列式不等于 0，从而该矩阵可逆. 于是有

$$(x_1\boldsymbol{p}_1,\ x_2\boldsymbol{p}_2,\ \cdots,\ x_m\boldsymbol{p}_m)=(\boldsymbol{0},\ \boldsymbol{0},\ \cdots,\ \boldsymbol{0}),$$

即 $x_j\boldsymbol{p}_j=\boldsymbol{0}(j=1,\ 2,\ \cdots,\ m)$，但 $\boldsymbol{p}_j\neq\boldsymbol{0}$，故 $x_1=0(j=1,\ 2,\ \cdots,\ m)$.

所以向量组 $\boldsymbol{p}_1$，$\boldsymbol{p}_2$，…，$\boldsymbol{p}_m$ 线性无关.

例 1 求方阵 $\boldsymbol{A}=\begin{pmatrix}2 & 0\\ 1 & 4\end{pmatrix}$ 的特征值和特征向量.

解 因为 $f(\lambda)=|\boldsymbol{A}-\lambda\boldsymbol{E}|=\begin{pmatrix}2-\lambda & 0\\ 1 & 4-\lambda\end{pmatrix}=(2-\lambda)(4-\lambda)$，令 $f(\lambda)=0$. 解得 $\boldsymbol{A}$ 的特征值为 $\lambda_1=2$，$\lambda_2=4$.

当 $\lambda_1=2$ 时，解齐次线性方程组 $(\boldsymbol{A}-2\boldsymbol{E})\boldsymbol{x}=\boldsymbol{0}$，化 $\boldsymbol{A}-2\boldsymbol{E}$ 为阶梯形矩阵：

$$\boldsymbol{A}-2\boldsymbol{E}=\begin{pmatrix}0 & 0\\ 1 & 2\end{pmatrix}\to\begin{pmatrix}1 & 2\\ 0 & 0\end{pmatrix},$$

解得基础解系为 $\boldsymbol{p}_1=(2,\ -1)^{\mathrm{T}}$，从而 $k_1\boldsymbol{p}_1(k\neq0)$ 为 $\boldsymbol{A}$ 对应于 $\lambda_1=2$ 的全部特征向量.

当 $\lambda_2=4$ 时，解齐次线性方程组 $(\boldsymbol{A}-4\boldsymbol{E})\boldsymbol{x}=\boldsymbol{0}$，化 $\boldsymbol{A}-4\boldsymbol{E}$ 为阶梯形矩阵：

$$\boldsymbol{A}-4\boldsymbol{E}=\begin{pmatrix}-2&0\\1&0\end{pmatrix}\to\begin{pmatrix}1&0\\0&0\end{pmatrix},$$

解得基础解系为 $\boldsymbol{p}_2=(0,\ 1)^{\mathrm{T}}$，从而 $k_2\boldsymbol{p}_2(k_2\neq 0)$为 $\boldsymbol{A}$ 对应于 $\lambda_2=4$ 的全部特征向量.

求方阵 $\boldsymbol{A}$ 的特征值和特征向量的具体步骤如下：

(1)求方阵 $\boldsymbol{A}$ 的特征方程 $f(x)=|\boldsymbol{A}-\lambda\boldsymbol{E}|=0$ 的全部根，也就是方阵 $\boldsymbol{A}$ 的全部特征值；

(2)对方阵 $\boldsymbol{A}$ 的每一个特征值 λ_i，求出对应齐次线性方程组 $(\boldsymbol{A}-\lambda_i\boldsymbol{E})\boldsymbol{x}=\boldsymbol{0}$ 的一个基础解系 $\boldsymbol{p}_1,\ \boldsymbol{p}_2,\ \cdots,\ \boldsymbol{p}_t$，则 $\boldsymbol{p}_1,\ \boldsymbol{p}_2,\ \cdots,\ \boldsymbol{p}_t$ 就是方阵 $\boldsymbol{A}$ 的对应于 λ_i 的 t 个线性无关的特征向量，其全部特征向量是

$$k_1\boldsymbol{p}_1+k_2\boldsymbol{p}_2+\cdots+k_t\boldsymbol{p}_t,$$

其中，$k_1,\ k_2,\ \cdots,\ k_t$ 是不全为零的数.

例 2 求方阵 $\boldsymbol{A}=\begin{pmatrix}-1&1&0\\-4&3&0\\1&0&2\end{pmatrix}$的特征值和特征向量.

解 因为

$$f(\lambda)=|\boldsymbol{A}-\lambda\boldsymbol{E}|=\begin{vmatrix}-1-\lambda&1&0\\-4&3-\lambda&0\\1&0&2-\lambda\end{vmatrix}=(2-\lambda)(1-\lambda)^2,$$

令 $f(x)=0$，解得 $\boldsymbol{A}$ 的特征值为 $\lambda_1=2$，$\lambda_2=\lambda_3=1$.

当 $\lambda_1=2$ 时，解齐次线性方程组 $(\boldsymbol{A}-2\boldsymbol{E})\boldsymbol{x}=\boldsymbol{0}$，化 $\boldsymbol{A}-2\boldsymbol{E}$ 为阶梯形矩阵：

$$\boldsymbol{A}-2\boldsymbol{E}=\begin{pmatrix}-3&1&0\\-4&1&0\\1&0&0\end{pmatrix}\to\begin{pmatrix}1&0&0\\0&1&0\\0&0&0\end{pmatrix},$$

解得基础解系为 $\boldsymbol{p}_1=(0,\ 0,\ 1)^{\mathrm{T}}$，从而 $k_1\boldsymbol{p}_1(k\neq 0)$是对应于 $\lambda_1=2$ 的全部特征向量.

当 $\lambda_2=\lambda_3=1$ 时，解齐次线性方程组 $(\boldsymbol{A}-\boldsymbol{E})\boldsymbol{x}=\boldsymbol{0}$，化 $\boldsymbol{A}-\boldsymbol{E}$ 为阶梯形矩阵：

$$\boldsymbol{A}-\boldsymbol{E}=\begin{pmatrix}-2&1&0\\-4&2&0\\1&0&1\end{pmatrix}\to\begin{pmatrix}1&0&1\\0&1&2\\0&0&0\end{pmatrix}.$$

解得基础解系为 $\boldsymbol{p}_2=(1,\ 2,\ -1)^{\mathrm{T}}$，从而 $k_2\boldsymbol{p}_2(k_2\neq 0)$是对应于 $\lambda_2=\lambda_3=1$ 的全部特征向量.

注意：(1)$\boldsymbol{A}$ 的特征值 λ 是特征方程 $|\lambda\boldsymbol{E}-\boldsymbol{A}|=0$ 的根，也是 $|\boldsymbol{A}-\lambda\boldsymbol{E}|=0$ 的根.

(2)$\boldsymbol{A}$ 的对应特征值 λ 的特征向量是齐次方程组 $(\lambda\boldsymbol{E}-\boldsymbol{A})\boldsymbol{x}=\boldsymbol{0}$ 的非零解，也是 $(\boldsymbol{A}-\lambda\boldsymbol{E})\boldsymbol{x}=\boldsymbol{0}$ 的非零解.

所以上述两种表示法均可使用.

例 3 求方阵 $\boldsymbol{A}=\begin{pmatrix}2&2&-2\\2&5&-4\\-2&-4&5\end{pmatrix}$的特征值和特征向量.

解 因为

$$f(\lambda)=|\boldsymbol{A}-\lambda\boldsymbol{E}|=\begin{vmatrix}2-\lambda & 2 & -2\\ 2 & 5-\lambda & -4\\ -2 & -4 & 5-\lambda\end{vmatrix}$$

$$=(10-\lambda)(\lambda-1)^2,$$

令 $f(\lambda)=0$，解得 $\boldsymbol{A}$ 的特征值为 $\lambda_1=10$，$\lambda_2=\lambda_3=1$.

当 $\lambda_1=10$ 时，解齐次线性方程组 $(\boldsymbol{A}-10\boldsymbol{E})\boldsymbol{x}=\boldsymbol{0}$，化 $\boldsymbol{A}-10\boldsymbol{E}$ 为阶梯形矩阵：

$$\boldsymbol{A}-10\boldsymbol{E}=\begin{pmatrix}-8 & 2 & -2\\ 2 & -5 & -4\\ -2 & -4 & -5\end{pmatrix}\to\begin{pmatrix}1 & 0 & \frac{1}{2}\\ 0 & 1 & 1\\ 0 & 0 & 0\end{pmatrix},$$

解得基础解系为 $\boldsymbol{p}_1=(1,\ 2,\ -2)^{\mathrm{T}}$，从而 $k_1\boldsymbol{p}_1(k_1\neq0)$ 是对应于 $\lambda_1=10$ 的全部特征向量.

当 $\lambda_2=\lambda_3=1$ 时，解齐次线性方程组 $(\boldsymbol{A}-\boldsymbol{E})\boldsymbol{x}=\boldsymbol{0}$，化 $\boldsymbol{A}-\boldsymbol{E}$ 为阶梯形矩阵：

$$\boldsymbol{A}-\boldsymbol{E}=\begin{pmatrix}1 & 2 & -2\\ 2 & 4 & 4\\ -2 & -4 & 4\end{pmatrix}\to\begin{pmatrix}1 & 2 & -2\\ 0 & 0 & 0\\ 0 & 0 & 0\end{pmatrix},$$

解得基础解系为 $\boldsymbol{p}_2=(-2,\ 1,\ 0)\mathrm{T}$，$\boldsymbol{p}_3=(2,\ 0,\ 1)^{\mathrm{T}}$，从而 $k_2\boldsymbol{p}_2+k_3\boldsymbol{p}_3(k_2,\ k_3$ 不同时为零)是对应于 $\lambda_2=\lambda_3=1$ 的全部特征向量.

例 4 试证：n 阶矩阵 $\boldsymbol{A}$ 是奇异矩阵的充分必要条件是 $\boldsymbol{A}$ 有一个特征值为零.

证 必要性. 若 $\boldsymbol{A}$ 是奇异矩阵，则 $|\boldsymbol{A}|=0$，于是

$$|0\boldsymbol{E}-\boldsymbol{A}|=|-\boldsymbol{A}|=(-1)^n|\boldsymbol{A}|=0,$$

即 0 是 $\boldsymbol{A}$ 的一个特征值.

充分性. 设 $\boldsymbol{A}$ 有一个特征值为 0，对应的特征向量为 $\boldsymbol{p}$，由特征值的定义，有

$$\boldsymbol{A}\boldsymbol{p}=0\boldsymbol{p}=0\quad(\boldsymbol{p}\neq\boldsymbol{0}),$$

所以齐次线性方程组 $\boldsymbol{A}\boldsymbol{x}=\boldsymbol{0}$ 有非零解 $\boldsymbol{p}$. 由此可知 $|\boldsymbol{A}|=0$，即 $\boldsymbol{A}$ 为奇异矩阵.

注意： 此例也可以叙述为 n 阶矩阵 $\boldsymbol{A}$ 可逆 $\Leftrightarrow$ 它的任一特征值不为零.

例 5 设 $\boldsymbol{A}_{3\times3}$ 的特征值为 $\lambda_1=1$，$\lambda_2=2$，$\lambda_3=-3$，求 $\det(\boldsymbol{A}^3-3\boldsymbol{A}+\boldsymbol{E})$.

解 设 $f(t)=t^3-3t+1$，则 $f(\boldsymbol{A})=\boldsymbol{A}^3-3\boldsymbol{A}+\boldsymbol{E}$ 的特征值为

$$f(\lambda_1)=-1,\quad f(\lambda_2)=3,\quad f(\lambda_3)=-17,$$

故

$$\det(\boldsymbol{A}^3-3\boldsymbol{A}+\boldsymbol{E})=(-1)\cdot3\cdot(-17)=51.$$

例 6 设 3 阶矩阵 $\boldsymbol{A}$ 的特征值为 1，-1，2，求 $|\boldsymbol{A}^*+3\boldsymbol{A}-2\boldsymbol{E}|$.

解 因 $\boldsymbol{A}$ 的特征值全不为 0，知 $\boldsymbol{A}$ 可逆，故

$$\boldsymbol{A}^*=|\boldsymbol{A}|\boldsymbol{A}^{-1}.$$

而 $|\boldsymbol{A}|=\lambda_1\lambda_2\lambda_3=-2$，所以

$$\boldsymbol{A}^*+3\boldsymbol{A}-2\boldsymbol{E}=-2\boldsymbol{A}^{-1}+3\boldsymbol{A}-2\boldsymbol{E}.$$

把上式记为 $\varphi(\boldsymbol{A})$，有 $\varphi(\lambda)=-\frac{2}{\lambda}+3\lambda-2$，故 $\varphi(\boldsymbol{A})$ 的特征值为

$$\varphi(1)=-1,\quad \varphi(-1)=-3,\quad \varphi(2)=3,$$

于是

$$|\boldsymbol{A}^*+3\boldsymbol{A}-2\boldsymbol{E}|=(-1)\cdot(-3)\cdot 3=9.$$

例 7 已知$\boldsymbol{A}$为n阶方阵且$\boldsymbol{A}^2=\boldsymbol{A}$，求$\boldsymbol{A}$的特征值.

解 设λ为$\boldsymbol{A}$的一个特征值，对应的特征向量为$\boldsymbol{X}$，则有$\boldsymbol{AX}=\lambda\boldsymbol{Z}$，又将题意中的条件$\boldsymbol{A}^2=\boldsymbol{A}$代入此式，得$\boldsymbol{A}^2\boldsymbol{X}=\lambda\boldsymbol{X}$，但$\boldsymbol{A}^2\boldsymbol{X}=\boldsymbol{A}(\boldsymbol{AX})=\boldsymbol{A}(\lambda\boldsymbol{X})=\lambda\boldsymbol{AX}=\lambda^2\boldsymbol{X}$，因此有$\lambda\boldsymbol{X}=\lambda^2\boldsymbol{X}$，即$\lambda^2\boldsymbol{X}-\lambda\boldsymbol{X}=(\lambda^2-\lambda)\boldsymbol{X}=\boldsymbol{0}$.

因为$\boldsymbol{X}$为特征向量，则必不为零向量，因此只能有$\lambda^2-\lambda=0$，即$\lambda(\lambda-1)=0$，因此，$\boldsymbol{A}$的特征值只能取0或者1.

例 8 设λ_1和λ_2是矩阵$\boldsymbol{A}$的两个不同的特征值，对应的特征向量依次为$\boldsymbol{p}_1$和$\boldsymbol{p}_2$，证明$\boldsymbol{p}_1+\boldsymbol{p}_2$不是$\boldsymbol{A}$的特征向量.

证 按题设，有$\boldsymbol{Ap}_1=\lambda_1\boldsymbol{p}_1$，$\boldsymbol{Ap}_2=\lambda_2\boldsymbol{p}_2$，故$\boldsymbol{A}(\boldsymbol{p}_1+\boldsymbol{p}_2)=\lambda_1\boldsymbol{p}_1+\lambda_2\boldsymbol{p}_2$.

用反证法，设$\boldsymbol{p}_1+\boldsymbol{p}_2$是$\boldsymbol{A}$的特征向量，则应存在数$\lambda$，使

$$\boldsymbol{A}(\boldsymbol{p}_1+\boldsymbol{p}_2)=\lambda(\boldsymbol{p}_1+\boldsymbol{p}_2),$$

于是$\lambda(\boldsymbol{p}_1+\boldsymbol{p}_2)=\lambda_1\boldsymbol{p}_1+\lambda_2\boldsymbol{p}_2$，即

$$(\lambda_1-\lambda)\boldsymbol{p}_1+(\lambda_2-\lambda)\boldsymbol{p}_2=\boldsymbol{0}.$$

因$\lambda_1\neq\lambda_2$，由定理3知$\boldsymbol{p}_1$，$\boldsymbol{p}_2$线性无关，故由上式得

$$\lambda_1-\lambda=\lambda_2-\lambda=0,$$

即$\lambda_1=\lambda_2$，与题设矛盾．因此$\boldsymbol{p}_1+\boldsymbol{p}_2$不是$\boldsymbol{A}$的特征向量.

§5.3 相似矩阵

在第3章中，讨论了两个矩阵的等价关系，现在进一步讨论两个矩阵之间的相似关系.

5.3.1 相似矩阵及其性质

定义 7 设$\boldsymbol{A}$，$\boldsymbol{B}$都是n阶方阵，如果存在n阶可逆矩阵$\boldsymbol{P}$，使得

$$\boldsymbol{P}^{-1}\boldsymbol{AP}=\boldsymbol{B},$$

则称$\boldsymbol{B}$是$\boldsymbol{A}$的相似矩阵，或称方阵$\boldsymbol{A}$与$\boldsymbol{B}$相似，记为$\boldsymbol{A}\sim\boldsymbol{B}$.

例如

$$\boldsymbol{A}=\begin{pmatrix}3&1\\5&-1\end{pmatrix},\ \boldsymbol{B}=\begin{pmatrix}4&0\\0&-2\end{pmatrix},\ \boldsymbol{P}=\begin{pmatrix}1&1\\1&-5\end{pmatrix},\ \boldsymbol{P}^{-1}=\frac{1}{6}\begin{pmatrix}5&1\\1&-1\end{pmatrix},$$

有$\boldsymbol{P}^{-1}\boldsymbol{AP}=\boldsymbol{B}$，则方阵$\boldsymbol{A}$与$\boldsymbol{B}$相似.

相似矩阵具有以下性质：

性质 1

(1)自反性：$\boldsymbol{A}\sim\boldsymbol{A}$；

(2)对称性：若 $\boldsymbol{A}\sim\boldsymbol{B}\Rightarrow\boldsymbol{B}\sim\boldsymbol{A}$；

(3)传递性：若 $\boldsymbol{A}\sim\boldsymbol{B}$，$\boldsymbol{B}\sim\boldsymbol{C}\Rightarrow\boldsymbol{A}\sim\boldsymbol{C}$.

证明留给读者自己完成.

性质 2 如果 n 阶方阵 $\boldsymbol{A}$ 与 $\boldsymbol{B}$ 相似，则 $|\boldsymbol{A}|=|\boldsymbol{B}|$.

证 设 $\boldsymbol{A}$ 与 $\boldsymbol{B}$ 相似，即存在可逆矩阵 $\boldsymbol{P}$，使 $\boldsymbol{P}^{-1}\boldsymbol{AP}=\boldsymbol{B}$，于是

$$|\boldsymbol{B}|=|\boldsymbol{P}^{-1}\boldsymbol{AP}|=|\boldsymbol{P}^{-1}|\ |\boldsymbol{A}|\ |\boldsymbol{P}|=|\boldsymbol{P}^{-1}|\ |\boldsymbol{P}|\ |\boldsymbol{A}|=|\boldsymbol{A}|.$$

性质 3 如果 n 阶方阵 $\boldsymbol{A}$ 与 $\boldsymbol{B}$ 相似，则 $\boldsymbol{A}$ 与 $\boldsymbol{B}$ 具有相同的特征多项式，从而 $\boldsymbol{A}$ 与 $\boldsymbol{B}$ 具有相同的特征值.

证 设 $\boldsymbol{A}$ 与 $\boldsymbol{B}$ 相似，即存在可逆矩阵 $\boldsymbol{P}$，使 $\boldsymbol{P}^{-1}\boldsymbol{AP}=\boldsymbol{B}$. 于是

$$\begin{aligned}|\boldsymbol{B}-\lambda\boldsymbol{E}|&=|\boldsymbol{P}^{-1}\boldsymbol{AP}-\lambda\boldsymbol{P}^{-1}\boldsymbol{EP}|\\&=|\boldsymbol{P}^{-1}(\boldsymbol{A}-\lambda\boldsymbol{E})\boldsymbol{P}|\\&=|\boldsymbol{P}^{-1}|\ |\boldsymbol{A}-\lambda\boldsymbol{E}|\ |\boldsymbol{P}|\\&=|\boldsymbol{P}^{-1}|\ |\boldsymbol{P}|\ |\boldsymbol{A}-\lambda\boldsymbol{E}|=|\boldsymbol{A}-\lambda\boldsymbol{E}|.\end{aligned}$$

例如

$$\boldsymbol{A}=\begin{pmatrix}3&1\\5&-1\end{pmatrix}，有\ |\lambda\boldsymbol{I}-\boldsymbol{A}|=\begin{pmatrix}\lambda-3&-1\\-5&\lambda+1\end{pmatrix}=0\Rightarrow\lambda_1=4，\lambda_2=-2；$$

$$\boldsymbol{B}=\begin{pmatrix}4&0\\0&-2\end{pmatrix}，有\ |\lambda\boldsymbol{I}-\boldsymbol{B}|=\begin{pmatrix}\lambda-4&0\\0&\lambda+2\end{pmatrix}=0\Rightarrow\lambda_1=4，\lambda_2=-2.$$

推论 如果 n 阶方阵 $\boldsymbol{A}$ 与对角矩阵

$$\boldsymbol{\Lambda}=\begin{pmatrix}\lambda_1&&&\\&\lambda_2&&\\&&\ddots&\\&&&\lambda_n\end{pmatrix}$$

相似，则 λ_1，λ_2，…，λ_n 就是 $\boldsymbol{A}$ 的 n 个特征值.

证 因 λ_1，λ_2，…，λ_n 就是对角矩阵 $\boldsymbol{\Lambda}$ 的 n 个特征值，且 $\boldsymbol{A}$ 与 $\boldsymbol{\Lambda}$ 相似，由性质 3 知，λ_1，λ_2，…，λ_n 也就是 $\boldsymbol{A}$ 的 n 个特征值.

由此可见，相似矩阵在很多地方都存在相同的性质，如果 $\boldsymbol{A}$ 比较复杂而它的相似矩阵 $\boldsymbol{B}$ 却比较简单，则可通过研究 $\boldsymbol{B}$ 的性质去了解 $\boldsymbol{A}$ 的性质．与之前的初等变换类似，相似矩阵之间一定等价，但反过来，等价的矩阵不一定都相似．一般来讲，对角矩阵无论形式还是性质都比较简单，比如求特征值时，对角矩阵可以一目了然地看出，利用相似矩阵的性质，如果能找到和 $\boldsymbol{A}$ 相似的对角矩阵，就可以很容易地研究矩阵 $\boldsymbol{A}$ 的性质．接下来，我们来讨论是否任何矩阵都可以找到与之相似的对角矩阵.

5.3.2 方阵与对角矩阵相似的充分必要条件

对任意两个 n 阶方阵 $\boldsymbol{A}$ 与 $\boldsymbol{B}$，要判定它们是否相似，就是要求可逆矩阵 $\boldsymbol{P}$，使

$\boldsymbol{P}^{-1}\boldsymbol{AP}=\boldsymbol{B}$. 但按此求可逆矩阵 $\boldsymbol{P}$，一般没有确定的方法可循．在实际应用中，经常遇到的问题是 n 阶方阵 $\boldsymbol{A}$ 与对角矩阵 $\boldsymbol{\Lambda}$ 相似的问题，即寻求可逆矩阵 $\boldsymbol{P}$，使 $\boldsymbol{P}^{-1}\boldsymbol{AP}=\boldsymbol{\Lambda}$. 这个问题称为方阵 $\boldsymbol{A}$ 的对角化问题.

假设已经找到可逆矩阵 $\boldsymbol{P}$，使 $\boldsymbol{P}^{-1}\boldsymbol{AP}=\boldsymbol{\Lambda}$，即 $\boldsymbol{A}$ 与 $\boldsymbol{\Lambda}$ 相似，我们来讨论可逆矩阵 $\boldsymbol{P}$ 应满足什么条件．设

$$\boldsymbol{P}=(\boldsymbol{p}_1, \boldsymbol{p}_2, \cdots, \boldsymbol{p}_n),$$

因为 $\boldsymbol{P}$ 是可逆矩阵，所以 $\boldsymbol{P}$ 的 n 个列向量 $\boldsymbol{p}_1, \boldsymbol{p}_2, \cdots, \boldsymbol{p}_n$ 线性无关.

自然更有 $\boldsymbol{p}_i\neq 0(i=1, 2, \cdots, n)$. 由 $\boldsymbol{P}^{-1}\boldsymbol{AP}=\boldsymbol{\Lambda}$，得 $\boldsymbol{AP}=\boldsymbol{P\Lambda}$，即

$$\boldsymbol{A}(\boldsymbol{p}_1, \boldsymbol{p}_2, \cdots, \boldsymbol{p}_n)=(\boldsymbol{p}_1, \boldsymbol{p}_2, \cdots, \boldsymbol{p}_n)\begin{pmatrix}\lambda_1 & & & \\ & \lambda_2 & & \\ & & \ddots & \\ & & & \lambda_n\end{pmatrix},$$

$$(\boldsymbol{Ap}_1, \boldsymbol{Ap}_2, \cdots, \boldsymbol{Ap}_n)=(\lambda_1\boldsymbol{p}_1, \lambda_2\boldsymbol{p}_2, \cdots, \lambda_n\boldsymbol{p}_n),$$

于是

$$\boldsymbol{Ap}_i=\lambda_i\boldsymbol{p}_i \qquad (i=1, 2, \cdots, n).$$

由 $\boldsymbol{p}_i\neq\boldsymbol{0}$ 知，对角矩阵对角线上的 n 个元素 $\lambda_1, \lambda_2, \cdots, \lambda_n$ 是 $\boldsymbol{A}$ 的 n 个特征值，而且可逆矩阵 $\boldsymbol{P}$ 的 n 个列向量 $\boldsymbol{p}_1, \boldsymbol{p}_2, \cdots, \boldsymbol{p}_n$ 分别是 $\boldsymbol{A}$ 对应于特征值 $\lambda_1, \lambda_2, \cdots, \lambda_n$ 的 n 个线性无关的特征向量.

反之，如果 n 阶方阵 $\boldsymbol{A}$ 有 n 个线性无关的特征向量，这 n 个特征向量即可构成矩阵 $\boldsymbol{P}$，使得 $\boldsymbol{AP}=\boldsymbol{P\Lambda}$. 因特征向量不是唯一的，所以矩阵 $\boldsymbol{P}$ 也不是唯一的，并且 $\boldsymbol{P}$ 可能是复矩阵.

余下的问题是：$\boldsymbol{P}$ 是否可逆，即 $\boldsymbol{p}_1, \boldsymbol{p}_2, \cdots, \boldsymbol{p}_n$ 是否线性无关？如果 $\boldsymbol{P}$ 可逆，那么便有 $\boldsymbol{P}^{-1}\boldsymbol{AP}=\boldsymbol{\Lambda}$，即 $\boldsymbol{A}$ 与对角矩阵相似.

由上面的讨论得到如下定理：

定理 4 n 阶方阵 $\boldsymbol{A}$ 与对角矩阵相似(即 $\boldsymbol{A}$ 能对角化)的充分必要条件是 $\boldsymbol{A}$ 有 n 个线性无关的特征向量.

联系定理 3，可得

推论 如果 n 阶矩阵 $\boldsymbol{A}$ 的 n 个特征值互不相等，则 $\boldsymbol{A}$ 与对角矩阵相似.

例 1 方阵 $\boldsymbol{A}=\begin{pmatrix}1 & 2\\ 6 & 2\end{pmatrix}$ 是否与对角矩阵相似？如果相似，求出与 $\boldsymbol{A}$ 相似的对角矩阵.

解 由 $|\lambda\boldsymbol{E}-\boldsymbol{A}|=\begin{vmatrix}\lambda-1 & 2\\ 6 & \lambda-2\end{vmatrix}=0$ 求出 $\boldsymbol{A}$ 的两个特征值为 $\lambda_1=-2$，$\lambda_2=5$. $\boldsymbol{A}$ 有两个相异的特征根，所以 $\boldsymbol{A}$ 一定可以对角化.

当 $\lambda_1=-2$ 时，对应的特征向量为 $c_1\begin{pmatrix}-2\\ 3\end{pmatrix}$；当 $\lambda_2=5$ 时，对应的特征向量为

$c_2\begin{pmatrix}1\\2\end{pmatrix}$. 于是，设 $\boldsymbol{P}=(\boldsymbol{\alpha}_1, \boldsymbol{\alpha}_2)=\begin{pmatrix}-2&1\\3&2\end{pmatrix}$，那么，$\boldsymbol{P}$ 的逆矩阵为

$$\boldsymbol{P}^{-1}=-\frac{1}{7}\begin{pmatrix}2&-1\\-3&-2\end{pmatrix},$$

则有

$$\boldsymbol{P}^{-1}\boldsymbol{A}\boldsymbol{P}=-\frac{1}{7}\begin{pmatrix}2&-1\\-3&-2\end{pmatrix}\begin{pmatrix}1&2\\9&2\end{pmatrix}\begin{pmatrix}-2&1\\3&2\end{pmatrix}=\begin{pmatrix}-2&\\&5\end{pmatrix}.$$

可以看到，与矩阵 $\boldsymbol{A}$ 相似的对角矩阵可以写成 $\boldsymbol{\Lambda}=\mathrm{diag}(\lambda_1, \lambda_2, \cdots, \lambda_n)$ 的形式，此时 $\boldsymbol{P}=(\boldsymbol{\alpha}_1, \boldsymbol{\alpha}_2, \cdots, \boldsymbol{\alpha}_n)$，其中 $\boldsymbol{\alpha}_i$ 为对应于 λ_i 的特征向量.

当 $\boldsymbol{A}$ 的特征值有重根时，就不一定有 n 个线性无关的特征向量，从而不一定能对角化. 例如，在 5.2 节例 2 中 $\boldsymbol{A}$ 的特征方程有重根，确实找不到三个线性无关的特征向量，因此该例中的 $\boldsymbol{A}$ 不能对角化；但对某些方阵虽然也有重根，却可对角化.

例 2 判定下列矩阵是否可以对角化，若能，写出相应的 $\boldsymbol{P}$，$\boldsymbol{\Lambda}$.

(1) $\boldsymbol{A}=\begin{pmatrix}4&6&0\\-3&-5&0\\-3&-6&1\end{pmatrix}$；

(2) $\boldsymbol{B}=\begin{pmatrix}5&6&-3\\-1&0&1\\1&2&1\end{pmatrix}$.

解 (1) $|\lambda\boldsymbol{E}-\boldsymbol{A}|=\begin{vmatrix}\lambda-4&-6&0\\3&\lambda+5&0\\3&6&\lambda-1\end{vmatrix}=(\lambda-1)\begin{vmatrix}\lambda-4&-6\\3&\lambda+5\end{vmatrix}$
$=(\lambda-1)^2(\lambda+2)=0$，

则 $\boldsymbol{A}$ 的特征值为 $\lambda_1=-2$，$\lambda_2=\lambda_3=1$.

当 $\lambda_1=-2$ 时，$(-2\boldsymbol{E}-\boldsymbol{A})\boldsymbol{X}=\boldsymbol{0}$ 的基础解系为 $\boldsymbol{\alpha}_1=\begin{pmatrix}-1\\1\\1\end{pmatrix}$，所以对应的特征向量为

$$\boldsymbol{\alpha}_1=\begin{pmatrix}-1\\1\\1\end{pmatrix}.$$

当 $\lambda_2=\lambda_3=1$ 时，$(\boldsymbol{E}-\boldsymbol{A})\boldsymbol{X}=\boldsymbol{0}$ 的基础解系为 $\boldsymbol{\alpha}_2=\begin{pmatrix}-2\\1\\0\end{pmatrix}$，$\boldsymbol{\alpha}_3=\begin{pmatrix}0\\0\\1\end{pmatrix}$，所以对应的两个线性无关的特征向量为

$$\boldsymbol{\alpha}_2=\begin{pmatrix}-2\\1\\0\end{pmatrix},\quad \boldsymbol{\alpha}_3=\begin{pmatrix}0\\0\\1\end{pmatrix}.$$

三阶方阵 $\boldsymbol{A}$ 有三个线性无关的特征向量，所以 $\boldsymbol{A}$ 可以对角化．令

$$\boldsymbol{P}=\begin{pmatrix}-1 & -2 & 0\\ 1 & 1 & 0\\ 1 & 0 & 1\end{pmatrix},\quad \boldsymbol{\Lambda}=\begin{pmatrix}-2 & & \\ & 1 & \\ & & 1\end{pmatrix},$$

则

$$\boldsymbol{P}^{-1}\boldsymbol{A}\boldsymbol{P}=\begin{pmatrix}-2 & & \\ & 1 & \\ & & 1\end{pmatrix}.$$

(2)$\boldsymbol{B}=\begin{pmatrix}5 & 6 & -3\\ -1 & 0 & 1\\ 1 & 2 & 1\end{pmatrix}$，可以求出 $\boldsymbol{B}$ 的特征根为 $\lambda_1=\lambda_2=\lambda_3=2$，$\boldsymbol{B}$ 有三重特征根．

$(2\boldsymbol{E}-\boldsymbol{B})\boldsymbol{X}=\boldsymbol{0}$ 的基础解系为 $\boldsymbol{\alpha}_1=\begin{pmatrix}-2\\ 1\\ 0\end{pmatrix}$，$\boldsymbol{\alpha}_2=\begin{pmatrix}1\\ 0\\ 1\end{pmatrix}$，$\boldsymbol{B}$ 对应的线性无关的特征向量为

$\boldsymbol{\alpha}_1=\begin{pmatrix}-2\\ 1\\ 0\end{pmatrix}$，$\boldsymbol{\alpha}_2=\begin{pmatrix}1\\ 0\\ 1\end{pmatrix}$，但只有两个线性无关的特征向量，而根据定理 4 需要三个线性无关的特征向量，故 $\boldsymbol{B}$ 不可以对角化.

例 3 设 $\boldsymbol{A}=\begin{pmatrix}0 & 0 & 1\\ 1 & 1 & a\\ 1 & 0 & 0\end{pmatrix}$，$a$ 为何值时，矩阵 $\boldsymbol{A}$ 能对角化？

解 $|\lambda\boldsymbol{E}-\boldsymbol{A}|=\begin{vmatrix}\lambda & 0 & -1\\ -1 & \lambda-1 & -a\\ -1 & 0 & \lambda\end{vmatrix}=(\lambda-1)^2(\lambda+1)\Rightarrow$

$$\lambda_1=-1,\ \lambda_2=\lambda_3=1.$$

对于单根 $\lambda_1=-1$，可求得线性无关的特征向量恰有一个，而对于重根 $\lambda_2=\lambda_3=1$，欲使矩阵 $\mathbf{A}$ 能对角化，应有两个线性无关的特征向量，即方程组$(\boldsymbol{E}-\mathbf{A})\boldsymbol{x}=\boldsymbol{0}$ 有两个线性无关的解，亦即系数矩阵 $\boldsymbol{E}-\boldsymbol{A}$ 的秩 $R(\boldsymbol{E}-\mathbf{A})=1$.

$$\boldsymbol{E}-\boldsymbol{A}=\begin{pmatrix}1 & 0 & -1\\ -1 & 0 & -a\\ -1 & 0 & 1\end{pmatrix}\to\begin{pmatrix}1 & 0 & -1\\ 0 & 0 & a+1\\ 0 & 0 & 0\end{pmatrix}.$$

要使 $R(\boldsymbol{E}-\mathbf{A})=1$，得 $a+1=0$，即 $a=-1$. 因此，当 $a=-1$ 时，矩阵 $\mathbf{A}$ 能对角化.

§5.4 实对称矩阵对角化

一个 n 阶矩阵具有什么条件才能对角化？这是一个较复杂的问题．我们对此不进行一般性的讨论，本节仅讨论当 $\boldsymbol{A}$ 为实对称矩阵的情形.

5.4.1 实对称矩阵的性质

实对称矩阵是一类特殊的矩阵，其特征值和特征向量具有以下性质：

性质 1 实对称矩阵的特征值全为实数.

证 设$\boldsymbol{A}=(a_{ij})$为实对称矩阵，即$\boldsymbol{A}^{\mathrm{T}}=\boldsymbol{A}$，且定义$\boldsymbol{A}$的共轭复矩阵$\overline{\boldsymbol{A}}=(\overline{a_{ij}})$，由于$a_{ij}(i, j=1, 2, \cdots, n)$为实数，即$\overline{a_{ij}}=a_{ij}$，所以$\overline{\boldsymbol{A}}=\boldsymbol{A}$.

设复数λ为实对称矩阵$\boldsymbol{A}$的特征值，复向量$\boldsymbol{x}$为对应的特征向量. 用$\bar{\lambda}$表示λ的共轭复数，$\bar{\boldsymbol{x}}$表示$\boldsymbol{x}$的共轭复向量，下面证明λ是实数，即只需证明$\bar{\lambda}=\lambda$. 由定义 6 有

$$\boldsymbol{A}\boldsymbol{x}=\lambda\boldsymbol{x}, \qquad x\neq 0,$$

于是$\boldsymbol{A}\bar{\boldsymbol{x}}=\overline{\boldsymbol{A}}\bar{\boldsymbol{x}}=\overline{\boldsymbol{A}\boldsymbol{x}}=\overline{\lambda\boldsymbol{x}}=\bar{\lambda}\bar{\boldsymbol{x}}$，有

$$\boldsymbol{x}^{\mathrm{T}}=\boldsymbol{x}^{\mathrm{T}}(\boldsymbol{A}\boldsymbol{x})=\boldsymbol{x}^{\mathrm{T}}\lambda\boldsymbol{x}=\lambda\boldsymbol{x}^{\mathrm{T}}\boldsymbol{x},$$

以及

$$\boldsymbol{x}^{\mathrm{T}}\boldsymbol{A}\boldsymbol{x}=(\boldsymbol{x}^{\mathrm{T}}\boldsymbol{A}^{\mathrm{T}})\boldsymbol{x}=(\boldsymbol{A}\boldsymbol{x})^{\mathrm{T}}\boldsymbol{x}=(\bar{\lambda}\boldsymbol{x})^{\mathrm{T}}\boldsymbol{x}=\bar{\lambda}\boldsymbol{x}^{\mathrm{T}}\boldsymbol{x},$$

两式相减，得

$$(\lambda-\lambda)\boldsymbol{x}^{\mathrm{T}}\boldsymbol{x}=\boldsymbol{0}.$$

但因$\boldsymbol{x}\neq\boldsymbol{0}$，从而$\boldsymbol{x}^{\mathrm{T}}\boldsymbol{x}=\sum_{i=1}^{n}\bar{x}_i x_i=\sum_{i=1}^{n}|x_i|^2\neq 0$，所以

$$\lambda-\bar{\lambda}=0,$$

即$\lambda=\bar{\lambda}$，表明λ为实数.

当λ为实数时，齐次线性方程组$(\boldsymbol{A}-\lambda\boldsymbol{E})\boldsymbol{x}=\boldsymbol{0}$是实系数线性方程组，由$|\boldsymbol{A}-\lambda\boldsymbol{E}|=0$知，必有实的基础解系，所以对应的特征向量可以取到实向量.

性质 2 实对称矩阵对应于不同特征值的特征向量正交.

证 设$\boldsymbol{A}$为实对称矩阵，λ_1，λ_2是$\boldsymbol{A}$的两个不同的特征值$(\lambda_1\neq\lambda_2)$，$\boldsymbol{p}_1$，$\boldsymbol{p}_2$分别是对应的特征向量. 要证$\boldsymbol{p}_1$，$\boldsymbol{p}_2$正交，只需证$[\boldsymbol{p}_1, \boldsymbol{p}_2]=\boldsymbol{p}_1^{\mathrm{T}}\boldsymbol{p}_2=0$. 由定义 6 可得

$$\boldsymbol{A}\boldsymbol{p}_1=\lambda_1\boldsymbol{p}_1, \quad \boldsymbol{A}\boldsymbol{p}_2=\lambda_2\boldsymbol{p}_2,$$

于是

$$\begin{aligned}\lambda_1\boldsymbol{p}_1^{\mathrm{T}}\boldsymbol{p}_2 &=(\lambda_1\boldsymbol{p}_1)^{\mathrm{T}}\boldsymbol{p}_2=(\boldsymbol{A}\boldsymbol{p}_1)^{\mathrm{T}}\boldsymbol{p}_2=\boldsymbol{p}_1^{\mathrm{T}}\boldsymbol{A}^{\mathrm{T}}\boldsymbol{p}_2\\ &=\boldsymbol{p}_1^{\mathrm{T}}(\boldsymbol{A}\boldsymbol{p}_2)=\boldsymbol{p}_1^{\mathrm{T}}(\lambda_2\boldsymbol{p}_2)=\lambda_2\boldsymbol{p}_1^{\mathrm{T}}\boldsymbol{p}_2,\end{aligned}$$

移项并提取公因式，得

$$(\lambda_1-\lambda_2)\boldsymbol{p}_1^{\mathrm{T}}\boldsymbol{p}_2=0.$$

因$\lambda_1\neq\lambda_2$，只有$\boldsymbol{p}_1^{\mathrm{T}}\boldsymbol{p}_2=0$，即$\boldsymbol{p}_1$与$\boldsymbol{p}_2$正交.

性质 3 设$\boldsymbol{A}$是n阶实对称矩阵，λ是$\boldsymbol{A}$的特征方程的r重根，那么，齐次线性方程组$(\boldsymbol{A}-\lambda\boldsymbol{E})\boldsymbol{x}=0$的系数矩阵的秩$R(\boldsymbol{A}-\lambda\boldsymbol{E})=n-r$，从而对应于特征值$\lambda$的线性无关的特征向量恰有$r$个.

这个性质不予证明.

5.4.2 实对称矩阵的对角化

定理 5 设 $\boldsymbol{A}$ 是 n 阶实对称矩阵，则必存在正交矩阵 $\boldsymbol{P}$，使得 $\boldsymbol{P}^{-1}\boldsymbol{A}\boldsymbol{P}=\boldsymbol{\Lambda}$，其中 $\boldsymbol{\Lambda}$ 为实对角矩阵，且 $\boldsymbol{\Lambda}$ 对角线上的元素是方阵 $\boldsymbol{A}$ 的 n 个特征值.

证 设 $\boldsymbol{A}$ 的互不相等的特征值为 λ_1，λ_2，…，λ_s，它们的重数分别为 r_1，r_2，…，r_s，且 $r_1+r_2+\cdots+r_s=n$.

由性质 1 及性质 3 知，对应特征值 $\lambda_i(i=1, 2, \cdots, s)$，有 r_i 个线性无关的实特征向量，把它们正交化并单位化，即得 r_i 个单位正交的特征向量．由 $r_1+r_2+\cdots+r_s=n$ 知，这样的特征向量共有 n 个.

由性质 2 知，对应于不同特征值的特征向量正交，故这 n 个单位特征向量两两正交，于是以它们为列向量构成正交矩阵 $\boldsymbol{P}$，并有

$$\boldsymbol{P}^{-1}\boldsymbol{A}\boldsymbol{P}=\boldsymbol{P}^{-1}\boldsymbol{P}\boldsymbol{\Lambda}=\boldsymbol{\Lambda},$$

其中，对角矩阵 $\boldsymbol{\Lambda}$ 的对角元素含 r_1 个 λ_1，…，r_s 是 λ_s，恰是 $\boldsymbol{A}$ 的 n 个特征值.

定理 5 表明，实对称矩阵不仅相似于对角矩阵，而且正交相似于对角矩阵．定理 5 的证明过程就是正交矩阵 $\boldsymbol{P}$ 的具体构造过程．具体步骤如下：

(1)求出 $\boldsymbol{A}$ 的全部特征值 λ_1，λ_2，…，λ_s，它们的重数分别为 r_1，r_2，…，r_s，且 $r_1+r_2+\cdots+r_s=n$. 由性质 1 知，λ_1，λ_2，…，λ_s 全为实数，对应的特征向量全取实向量.

(2)求出 $\boldsymbol{A}$ 的对应于特征值 $\lambda_i(i=1, 2, \cdots, s)$的全部特征向量．由性质 3 知，$\boldsymbol{A}$ 对应于 λ_i 的线性无关的特征向量恰有 r_i 个，并且这 r_i 个特征向量就是线性方程组 $(\boldsymbol{A}-\lambda_i\boldsymbol{E})\boldsymbol{x}=\boldsymbol{0}$ 的一个基础解系.

(3)由性质 2 知，不同特征值对应的特征向量正交，因此只需分别将对应于 λ_i 的 r_i 个特征向量正交化、单位化，由此得到 $\boldsymbol{A}$ 的 n 个单位正交特征向量.

(4)这样得到的 n 个单位正交特征向量构成矩阵 $\boldsymbol{P}$，那么，$\boldsymbol{P}$ 就是正交矩阵($\boldsymbol{P}^{-1}=\boldsymbol{P}^{\mathrm{T}}$)，且 $\boldsymbol{P}^{-1}\boldsymbol{A}\boldsymbol{P}=\boldsymbol{\Lambda}$，$\boldsymbol{\Lambda}$ 的对角线上的元素恰是 $\boldsymbol{A}$ 的 n 个特征值.

例 1 求正交矩阵 $\boldsymbol{P}$，将对称矩阵 $\boldsymbol{A}=\begin{pmatrix}3 & -2 & 0\\ -2 & 2 & -2\\ 0 & -2 & 1\end{pmatrix}$ 化为对角矩阵.

解 (1)求 $\boldsymbol{A}$ 的特征值，令

$$|\boldsymbol{A}-\lambda\boldsymbol{E}|=\begin{vmatrix}3-\lambda & -2 & 0\\ -2 & 2-\lambda & -2\\ 0 & -2 & 1-\lambda\end{vmatrix}=(1+\lambda)(2-\lambda)(5-\lambda)=0,$$

得特征值 $\lambda_1=-1$，$\lambda_2=2$，$\lambda_3=5$.

(2)求 $\boldsymbol{A}$ 对应于不同特征值的特征向量.

当 $\lambda_1=-1$ 时，解方程 $(\boldsymbol{A}+\boldsymbol{E})\boldsymbol{x}=\boldsymbol{0}$，由

$$A+E=\begin{pmatrix}4&-2&0\\-2&3&-2\\0&-2&2\end{pmatrix}\to\begin{pmatrix}4&-2&0\\0&2&-2\\0&0&0\end{pmatrix}\to\begin{pmatrix}2&0&-1\\0&1&-1\\0&0&0\end{pmatrix},$$

得特征向量

$$\xi_1=\begin{pmatrix}1\\2\\2\end{pmatrix}.$$

当 $\lambda_2=2$ 时，解方程 $(A-2E)x=0$，由

$$A-2E=\begin{pmatrix}1&-2&0\\-2&0&-2\\0&-2&-1\end{pmatrix}\to\begin{pmatrix}1&-2&0\\0&-4&-2\\0&0&0\end{pmatrix}\to\begin{pmatrix}1&0&1\\0&-2&-1\\0&0&0\end{pmatrix},$$

得特征向量

$$\xi_2=\begin{pmatrix}2\\1\\-2\end{pmatrix}.$$

当 $\lambda_3=5$ 时，解方程 $(A-5E)x=0$，由

$$A-5E=\begin{pmatrix}-2&-2&0\\-2&-3&-2\\0&-2&-4\end{pmatrix}\to\begin{pmatrix}-2&-2&0\\0&-1&-2\\0&-2&-4\end{pmatrix}\to\begin{pmatrix}1&0&-2\\0&-1&-2\\0&0&0\end{pmatrix},$$

得特征向量

$$\xi_3=\begin{pmatrix}2\\-2\\1\end{pmatrix}.$$

(3)将特征向量正交化、单位化.

因 λ_1，λ_2，λ_3 互不相等，由性质 2 知，ξ_1，ξ_2，ξ_3 是正交向量组，所以只需单位化，取

$$p_1=\frac{\xi_1}{\|\xi_1\|}=\frac{1}{3}\begin{pmatrix}1\\2\\2\end{pmatrix},\ p_2=\frac{\xi_2}{\|\xi_2\|}=\frac{1}{3}\begin{pmatrix}2\\1\\-2\end{pmatrix},\ p_3=\frac{\xi_3}{\|\xi_3\|}=\frac{1}{3}\begin{pmatrix}2\\-2\\1\end{pmatrix}.$$

(4)构造正交矩阵

$$P=(p_1,\ p_2,\ p_3)=\frac{1}{3}\begin{pmatrix}1&2&2\\2&1&-2\\2&-2&1\end{pmatrix},$$

有

$$P^{-1}AP=\begin{pmatrix}-1&0&0\\0&2&0\\0&0&5\end{pmatrix}.$$

例 2 设对称矩形 $A=\begin{pmatrix}4&0&0\\0&3&1\\0&1&3\end{pmatrix}$，求正交矩形 P，使 $P^{-1}AP=\Lambda$ 为对角矩阵.

解 由

$$|\boldsymbol{A}-\lambda\boldsymbol{E}|=\begin{vmatrix}4-\lambda & 0 & 0\\ 0 & 3-\lambda & 1\\ 0 & 1 & 3-\lambda\end{vmatrix}=(2-\lambda)(4-\lambda)^2=0,$$

得特征值 $\lambda_1=2$，$\lambda_2=\lambda_3=4$.

当 $\lambda_1=2$ 时，解方程 $(\boldsymbol{A}-2\boldsymbol{E})\boldsymbol{x}=\boldsymbol{0}$. 由

$$\boldsymbol{A}-2\boldsymbol{E}=\begin{pmatrix}2 & 0 & 0\\ 0 & 1 & 1\\ 0 & 1 & 1\end{pmatrix}\rightarrow\begin{pmatrix}1 & 0 & 0\\ 0 & 1 & 1\\ 0 & 0 & 0\end{pmatrix},$$

得特征向量

$$\boldsymbol{\xi}_1=\begin{pmatrix}0\\ 1\\ -1\end{pmatrix}.$$

单位化，取

$$\boldsymbol{p}_1=\frac{\boldsymbol{\xi}_1}{\|\boldsymbol{\xi}_1\|}=\frac{1}{\sqrt{2}}\begin{pmatrix}0\\ 1\\ -1\end{pmatrix}.$$

当 $\boldsymbol{\lambda}_2=\boldsymbol{\lambda}_3=4$ 时，解方程 $(\boldsymbol{A}-4\boldsymbol{E})\boldsymbol{x}=\boldsymbol{0}$. 由

$$\boldsymbol{A}-4\boldsymbol{E}=\begin{pmatrix}0 & 0 & 0\\ 0 & -1 & 1\\ 0 & 1 & -1\end{pmatrix}\rightarrow\begin{pmatrix}0 & 0 & 0\\ 0 & -1 & 1\\ 0 & 0 & 0\end{pmatrix},$$

解得

$$\boldsymbol{x}=k_1\begin{pmatrix}1\\ 0\\ 0\end{pmatrix}+k_2\begin{pmatrix}0\\ 1\\ 1\end{pmatrix}=k_1\boldsymbol{\xi}_1+k_2\boldsymbol{\xi}_2\quad(k_1,\ k_2\in\mathbf{R}).$$

基础解系中，$\boldsymbol{\xi}_1=\begin{pmatrix}1\\ 0\\ 0\end{pmatrix}$，$\boldsymbol{\xi}_2=\begin{pmatrix}0\\ 1\\ 1\end{pmatrix}$ 恰好正交，再单位化，取

$$\boldsymbol{p}_2=\frac{\boldsymbol{\xi}_1}{\|\boldsymbol{\xi}_1\|}=\begin{pmatrix}1\\ 0\\ 0\end{pmatrix},\quad \boldsymbol{p}_3=\frac{\boldsymbol{\xi}_2}{\|\boldsymbol{\xi}_2\|}=\frac{1}{\sqrt{2}}\begin{pmatrix}0\\ 1\\ 1\end{pmatrix},$$

那么，$\boldsymbol{p}_1$，$\boldsymbol{p}_2$ 为对应于 $\lambda_2=\lambda_3=4$ 的单位、正交特征向量，作正交矩阵

$$\boldsymbol{P}=(\boldsymbol{p}_1,\ \boldsymbol{p}_2,\ \boldsymbol{p}_3)=\frac{1}{\sqrt{2}}\begin{pmatrix}0 & \sqrt{2} & 0\\ 1 & 0 & 1\\ -1 & 0 & 1\end{pmatrix},$$

有

$$\boldsymbol{P}^{-1}\boldsymbol{A}\boldsymbol{P}=\begin{pmatrix}2 & 0 & 0\\ 0 & 4 & 0\\ 0 & 0 & 4\end{pmatrix}.$$

注意：由于基础解系不唯一，因此当 $\lambda_2=\lambda_3=4$ 时，

$$\boldsymbol{\xi}_1=\begin{pmatrix}1\\1\\1\end{pmatrix},\quad \boldsymbol{\xi}_2=\begin{pmatrix}0\\1\\1\end{pmatrix}$$

也是方程 $(\boldsymbol{A}-4\boldsymbol{E})\boldsymbol{x}=\boldsymbol{0}$ 的一个基础解系，用正交化施密特方法将其正交化，取

$$\boldsymbol{\eta}_1=\boldsymbol{\xi}_1,$$

$$\boldsymbol{\eta}_2=\boldsymbol{\xi}_2-\frac{[\boldsymbol{\xi}_2,\ \boldsymbol{\eta}_1]}{[\boldsymbol{\eta}_1,\ \boldsymbol{\eta}_1]}=\begin{pmatrix}0\\1\\1\end{pmatrix}-\frac{2}{3}\begin{pmatrix}1\\1\\1\end{pmatrix}=\frac{1}{3}\begin{pmatrix}-2\\1\\1\end{pmatrix},$$

再单位化，取

$$\boldsymbol{p}_2=\frac{\boldsymbol{\eta}_1}{\|\boldsymbol{\eta}_1\|}=\frac{1}{\sqrt{3}}\begin{pmatrix}1\\1\\1\end{pmatrix},\quad \boldsymbol{p}_3=\frac{\boldsymbol{\eta}_2}{\|\boldsymbol{\eta}_2\|}=\frac{1}{\sqrt{6}}\begin{pmatrix}-2\\1\\1\end{pmatrix},$$

于是得正交矩阵

$$\boldsymbol{P}=\begin{pmatrix}0 & \frac{1}{\sqrt{3}} & -\frac{2}{\sqrt{6}}\\ \frac{1}{\sqrt{2}} & \frac{1}{\sqrt{3}} & \frac{1}{\sqrt{6}}\\ -\frac{1}{\sqrt{2}} & \frac{1}{\sqrt{3}} & \frac{1}{\sqrt{6}}\end{pmatrix},$$

有

$$\boldsymbol{P}^{-1}\boldsymbol{A}\boldsymbol{P}=\begin{pmatrix}2&0&0\\0&4&0\\0&0&4\end{pmatrix}.$$

例 3 已知 $\boldsymbol{A}=\begin{pmatrix}1&-1&1\\x&4&y\\-3&-3&5\end{pmatrix}$ 对可角化，$\lambda=2$ 是 $\boldsymbol{A}$ 的两重特征值，求可逆矩阵 $\boldsymbol{P}$，使得 $\boldsymbol{P}^{-1}\boldsymbol{A}\boldsymbol{P}=\boldsymbol{\Lambda}$.

解

$$\boldsymbol{A}-2\boldsymbol{E}=\begin{pmatrix}-1&-1&1\\x&2&y\\-3&-3&3\end{pmatrix}\xrightarrow{\text{初等行变换}}\begin{pmatrix}-1&-1&1\\0&2-x&x+y\\0&0&0\end{pmatrix}.$$

因为 $\boldsymbol{A}$ 可对角化，所以对应 $\lambda=2$ 有两个线性无关的特征向量，于是

$$R(\boldsymbol{A}-2\boldsymbol{E})=1,$$

即

$$x=2,\ y=-2.$$

设 $\lambda_1=\lambda_2=2$，即有

$$\mathrm{tr}\boldsymbol{A}=\lambda_1+\lambda_2+\lambda_3\Rightarrow 10=4+\lambda_3\Rightarrow\lambda_2=6.$$

这里，$\mathrm{tr}\boldsymbol{A}$ 为 $\lambda_1+\lambda_2+\lambda_3$ 的矩阵 $\boldsymbol{A}$ 的迹.

$$A=\begin{pmatrix}1&-1&1\\2&4&-2\\-3&-3&5\end{pmatrix},\quad \Lambda=\begin{pmatrix}2&&\\&2&\\&&6\end{pmatrix},$$

求得

$$p_1=\begin{pmatrix}-1\\1\\0\end{pmatrix},\quad p_2=\begin{pmatrix}1\\0\\1\end{pmatrix},\quad p_3\begin{pmatrix}1\\-2\\3\end{pmatrix}.$$

令 $P=\begin{pmatrix}-1&1&1\\1&0&-2\\0&1&3\end{pmatrix}$，则有 $P^{-1}AP=\Lambda$.

例 4 已知 $A=\begin{pmatrix}-2&0&0\\2&x&2\\3&1&1\end{pmatrix}$ 相似于 $B=\begin{pmatrix}-1&&\\&2&\\&&y\end{pmatrix}$，求 x 和 y.

解 因为 $\mathrm{tr}A=\mathrm{tr}B$，所以 $x-1=y+1$，即 $y=x-2$，又因为 $\lambda_1=-1$，$\lambda_2=2$ 都是 A 的特征值，所以

$$\det(A+E)=0,\ \det(A-2E)=0,$$

而 $\det(A+E)=-2x=0$，故 $x=0$，$y=-2$.

§5.5 矩阵对角化的应用

5.5.1 利用矩阵对角化求矩阵的高次幂

求一般矩阵的高次幂比较困难，而求对角矩阵的高次幂却很简单.

$$\Lambda^n=\Lambda\begin{pmatrix}\lambda_1&&&\\&\lambda_2&&\\&&\ddots&\\&&&\lambda_n\end{pmatrix}=\begin{pmatrix}\lambda_1^n&&&\\&\lambda_2^n&&\\&&\ddots&\\&&&\lambda_n^n\end{pmatrix}.$$

利用矩阵 A 的对角化，可以比较方便地计算矩阵 A 的高次幂. 设矩阵 A 可以对角化，即存在可逆矩阵 P 和对角矩阵 Λ，使得 $P^{-1}AP=\Lambda$，则 $A=P\Lambda P^{-1}$，那么

$$A^n=P\Lambda P^{-1}P\Lambda P^{-1}P\Lambda P^{-1}\cdots P\Lambda P^{-1}=P\Lambda^n P^{-1}.$$

5.5.2 人口迁移模型

在生态学、经济学和工程学等许多领域中经常需要对随时间变化的动态系统进行数学建模，此类系统中的某些量常按离散时间间隔来测量，这样就产生了与时间间隔相应的向量序列 x_0，x_1，x_2，…，x_k，其中 x_k 表示第 k 次测量时系统状态的有关信息，而 x_0 常被称为初始向量.

如果存在矩阵 A，并给定初始向量 x_0，使得 $x_1=Ax_0$，$x_2=Ax_1$，…，即

$$\boldsymbol{x}_{n+1}=\boldsymbol{A}\boldsymbol{x}_n \quad (n=0,\ 1,\ 2,\ \cdots), \tag{5-4}$$

则称方程(5-4)为一个线性差分方程或者递归方程.

人口迁移模型考虑的问题是人口的迁移或人群的流动．但是这个模型还可以广泛应用于生态学、经济学和工程学等许多领域．这里考察一个简单的模型，即某城市及其周边郊区在若干年内人口变化的情况．该模型显然可用于研究我国当前农村的城镇化与城市化过程中农村人口与城市人口的变迁问题.

设定一个初始的年份，比如 2002 年，用 r_0，s_0 分别表示这一年城市和农村的人. 设 $\boldsymbol{x}_0$ 为初始向量. 即 $\boldsymbol{x}_0=\begin{pmatrix} r_0 \\ s_0 \end{pmatrix}$，对 2003 年以及后面的年份，用向量

$$\boldsymbol{x}_1=\begin{pmatrix} r_1 \\ s_1 \end{pmatrix},\quad \boldsymbol{x}_2=\begin{pmatrix} r_2 \\ s_2 \end{pmatrix},\quad \boldsymbol{x}_3=\begin{pmatrix} r_3 \\ s_3 \end{pmatrix},\quad \cdots$$

表示出每一年城市和农村的人口．我们的目标是用数学公式表示出这些向量之间的关系.

假设每年大约有 5%的城市人口迁移到农村(95%仍然留在城市)，有 12%的农村人口迁移到城市(88%仍然留在农村)，如图 5-1 所示，忽略其他因素对人口规模的影响，则一年之后，城市与农村人口的分布分别为：

$$r_0\begin{pmatrix} 0.95 \\ 0.05 \end{pmatrix}\begin{matrix} \text{留在城市} \\ \text{移居农民} \end{matrix},\qquad s_0\begin{pmatrix} 0.12 \\ 0.88 \end{pmatrix}\begin{matrix} \text{移居城市} \\ \text{留在农民} \end{matrix}$$

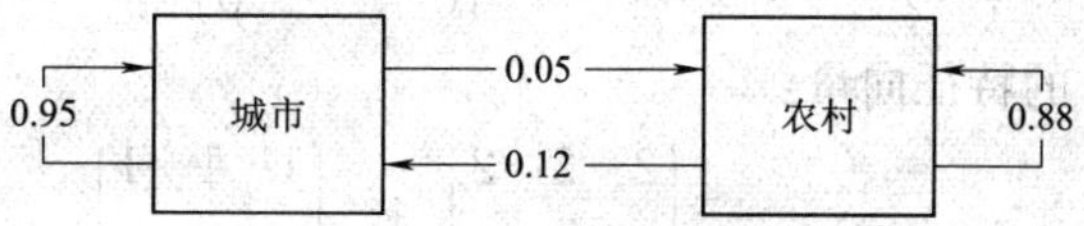

图 5-1　人口迁移图

因此，2003 年全部人口的分布为

$$\begin{pmatrix} r_1 \\ s_1 \end{pmatrix}=r_0\begin{pmatrix} 0.95 \\ 0.05 \end{pmatrix}+s_0\begin{pmatrix} 0.12 \\ 0.88 \end{pmatrix}=\begin{pmatrix} 0.95 & 0.12 \\ 0.05 & 0.88 \end{pmatrix}\begin{pmatrix} r_0 \\ s_0 \end{pmatrix}$$

即

$$\boldsymbol{x}_1=\boldsymbol{M}\boldsymbol{x}_0,$$

其中，$\boldsymbol{M}=\begin{pmatrix} 0.95 & 0.12 \\ 0.05 & 0.88 \end{pmatrix}$称为迁移矩阵.

如果人口迁移的百分比保持不变，则可以继续得到 2004 年，2005 年…的人口分布公式：

$$\boldsymbol{x}_2=\boldsymbol{M}\boldsymbol{x}_1,\ \boldsymbol{x}_3=\boldsymbol{M}\boldsymbol{x}_2,\ \cdots.$$

一般地，有预测差分方程

$$\boldsymbol{x}_{n+1}=\boldsymbol{A}\boldsymbol{x}_n \quad (n=0,\ 1,\ 2,\ \cdots),$$

这里，向量序列$\{\boldsymbol{x}_0,\ \boldsymbol{x}_1,\ \boldsymbol{x}_2,\ \cdots\}$描述了城市与农村人口在若干年内的分布变化，这是一个动态系统模型，进一步有

$$\boldsymbol{x}_n=\boldsymbol{A}\boldsymbol{x}_{n-1}=\boldsymbol{A}^n\boldsymbol{x}_0.$$

注意：如果一个人口迁移模型经验证基本符合实际情况，就可以利用它进一步预

测未来一段时间内人口分布变化的情况，从而为政府决策提供有力的依据.

例 1 设 $\boldsymbol{A}=\begin{pmatrix}1&1\\1&1\end{pmatrix}$，求 $\boldsymbol{A}^n$.

解

$$\lambda_1=0，\lambda_2=2.$$

$$\boldsymbol{P}=\begin{pmatrix}-1&1\\1&1\end{pmatrix}，\boldsymbol{\Lambda}=\begin{pmatrix}0&\\&2\end{pmatrix}，\boldsymbol{P}^{-1}=\frac{1}{2}\begin{pmatrix}-1&1\\1&1\end{pmatrix}，$$

$$\boldsymbol{A}^n=\boldsymbol{P}\boldsymbol{\Lambda}^n\boldsymbol{P}^{-1}=\begin{pmatrix}-1&1\\1&1\end{pmatrix}\begin{pmatrix}0&\\&2\end{pmatrix}^n\frac{1}{2}\begin{pmatrix}-1&1\\1&1\end{pmatrix}=\begin{pmatrix}2^{n-1}&2^{n-1}\\2^{n-1}&2^{n-1}\end{pmatrix}.$$

例 2 设 $\boldsymbol{A}=\begin{pmatrix}1&2&2\\2&1&2\\2&2&1\end{pmatrix}$，求 $\boldsymbol{A}^k(k=2，3，\cdots)$.

解 $|\boldsymbol{A}-\lambda\boldsymbol{E}|=\begin{vmatrix}1-\lambda&2&2\\2&1-\lambda&2\\2&2&1-\lambda\end{vmatrix}=(5-\lambda)(\lambda+1)^2=0$，得

$$\lambda_1=5，\lambda_2=\lambda_3=-1.$$

求 $\lambda_1=5$ 的特征向量：

$$\boldsymbol{A}-5\boldsymbol{E}=\begin{pmatrix}-4&2&2\\2&-4&2\\2&2&-4\end{pmatrix}\xrightarrow{\text{行}}\begin{pmatrix}1&0&-1\\0&1&-1\\0&&0\end{pmatrix}，\quad \boldsymbol{p}_1=\begin{pmatrix}1\\1\\1\end{pmatrix}.$$

求 $\lambda_2=\lambda_3=-1$ 的特征向量：

$$\boldsymbol{A}-(-1)\boldsymbol{E}=\begin{pmatrix}2&2&2\\2&2&2\\2&2&2\end{pmatrix}\xrightarrow{\text{行}}\begin{pmatrix}1&1&1\\0&0&0\\0&0&0\end{pmatrix}，$$

$$\boldsymbol{p}_2=\begin{pmatrix}-1\\1\\1\end{pmatrix}，\quad \boldsymbol{p}_3=\begin{pmatrix}-1\\0\\1\end{pmatrix}.$$

$\boldsymbol{A}$ 有三个线性无关的特征向量，所以 $\boldsymbol{A}$ 可对角化，令

$$\boldsymbol{P}=\begin{pmatrix}1&-1&-1\\1&1&0\\1&0&1\end{pmatrix}，\quad \boldsymbol{\Lambda}=\begin{pmatrix}5&&\\&-1&\\&&-1\end{pmatrix}，$$

则

$$\boldsymbol{P}^{-1}\boldsymbol{A}\boldsymbol{P}=\boldsymbol{\Lambda}，\boldsymbol{A}=\boldsymbol{P}\boldsymbol{\Lambda}\boldsymbol{P}^{-1}，\boldsymbol{A}^k=\boldsymbol{P}\boldsymbol{\Lambda}^k\boldsymbol{P}^{-1}，$$

故

$$\boldsymbol{A}^k=\begin{pmatrix}1&-1&-1\\1&1&0\\1&0&1\end{pmatrix}\begin{pmatrix}5^k&&\\&(-1)^k&\\&&(-1)^k\end{pmatrix}\frac{1}{3}\begin{pmatrix}1&1&1\\-1&2&-1\\-1&-1&2\end{pmatrix}$$

$$=\frac{1}{3}\begin{pmatrix}5^k+2\delta&5^k-\delta&5^k-\delta\\5^k-\delta&5^k+2\delta&5^k-\delta\\5^k-\delta&5^k-\delta&5^k+2\delta\end{pmatrix}\quad(\delta=(-1)^k).$$

例 3 已知某城市 2008 年的城市人口为 500 000 000，农村人口为 780 000 000.

(1)计算 2010 年的人口分布；

(2)计算 2028 年的人口分布.

解 (1)因 2008 年的初始人口为 $\boldsymbol{x}_0=\begin{pmatrix}500\ 000\ 000\\780\ 000\ 000\end{pmatrix}$，故对 2009 年，有

$$\boldsymbol{x}_1=\begin{pmatrix}0.95&0.12\\0.05&0.88\end{pmatrix}\begin{pmatrix}500\ 000\ 000\\780\ 000\ 000\end{pmatrix}=\begin{pmatrix}568\ 600\ 000\\711\ 400\ 000\end{pmatrix}$$

对 2010 年，有

$$\boldsymbol{x}_2=\begin{pmatrix}0.95&0.12\\0.05&0.88\end{pmatrix}\begin{pmatrix}568\ 600\ 000\\711\ 400\ 000\end{pmatrix}=\begin{pmatrix}625\ 538\ 000\\654\ 462\ 000\end{pmatrix}$$

即 2010 年中国的城市人口为 625 538 000，农村人口为 654 462 000.

(2)迁移矩阵 $\boldsymbol{M}=\begin{pmatrix}0.95&0.12\\0.05&0.88\end{pmatrix}$的全部特征值是 $\lambda_1=1$，$\lambda_2=0.83$，其对应的特征向量分别是

$$\boldsymbol{p}_1=\begin{pmatrix}2.4\\1\end{pmatrix},\quad \boldsymbol{p}_2=\begin{pmatrix}1\\-1\end{pmatrix}.$$

因为 $\lambda_1\neq\lambda$，故 $\boldsymbol{M}$ 可对角化.

令 $\boldsymbol{P}=(\boldsymbol{p}_1,\ \boldsymbol{p}_2)=\begin{pmatrix}2.4&1\\1&-1\end{pmatrix}$，有

$$\boldsymbol{P}^{-1}\boldsymbol{M}\boldsymbol{P}=\begin{pmatrix}1&0\\0&0.83\end{pmatrix},$$

则

$$\boldsymbol{M}=\boldsymbol{P}\begin{pmatrix}1&0\\0&0.83\end{pmatrix}\boldsymbol{P}^{-1}.$$

因 2008 年的初始人口为 $\boldsymbol{x}_0=\begin{pmatrix}500\ 000\ 000\\780\ 000\ 000\end{pmatrix}$，故对 2028 年，有

$$\begin{aligned}\boldsymbol{x}_{20}&=\boldsymbol{M}\boldsymbol{x}_{19}=\cdots=\boldsymbol{M}^{20}\boldsymbol{x}_0=\boldsymbol{P}\boldsymbol{\Lambda}^{20}\boldsymbol{P}^{-1}\boldsymbol{x}_0\\&=\begin{pmatrix}2.4&1\\1&-1\end{pmatrix}\begin{pmatrix}1&0\\0&0.83^{20}\end{pmatrix}\begin{pmatrix}2.4&1\\1&-1\end{pmatrix}^{-1}\begin{pmatrix}500\ 000\ 000\\780\ 000\ 000\end{pmatrix}\\&\approx\begin{pmatrix}893\ 814\ 500\\386\ 185\ 500\end{pmatrix}.\end{aligned}$$

即 2028 年中国的城市人口约为 893 814 500，农村人口约为 386 185 500.

5.5.3 教师职业转换预测问题

例 4 某城市有 15 万人具有本科以上学历，其中有 1.5 万人是教师，据调查，平均每年有 10%的人从教师职业转为其他职业，只有 1%的人从其他职业转为教师职业，试预测 10 年以后这 15 万人中还有多少人在从事教师职业.

解 用 $\boldsymbol{x}_n$ 表示第 n 年后从事教师职业和其他职业的人数，则 $\boldsymbol{x}_0=\begin{pmatrix}1.5\\13.5\end{pmatrix}$，用矩阵 $\boldsymbol{A}=(a_{ij})=\begin{pmatrix}0.90 & 0.01\\0.10 & 0.99\end{pmatrix}$表示教师职业和其他职业间的转移，其中 $a_{11}=0.90$ 表示每年有 90%的人原来是教师现在还是教师；$a_{21}=0.10$ 表示每年有 10%的人从教师职业转为其他职业．显然

$$\boldsymbol{x}_1=\boldsymbol{A}\boldsymbol{x}_0=\begin{pmatrix}0.90 & 0.01\\0.10 & 0.99\end{pmatrix}\begin{pmatrix}1.5\\13.5\end{pmatrix}=\begin{pmatrix}1.485\\13.515\end{pmatrix}$$

即一年以后，从事教师职业和其他职业的人数分别为 1.485 万和 13.515 万．又

$$\boldsymbol{x}_2=\boldsymbol{A}\boldsymbol{x}_1=\boldsymbol{A}^2\boldsymbol{x}_0，\cdots，\boldsymbol{x}_n=\boldsymbol{A}\boldsymbol{x}_{n-1}=\boldsymbol{A}^n\boldsymbol{x},$$

所以 $\boldsymbol{x}_{10}=\boldsymbol{A}^{10}\boldsymbol{x}_0$，为计算 $\boldsymbol{A}^{10}$，先需要把 $\boldsymbol{A}$ 对角化.

$$|\lambda\boldsymbol{E}-\boldsymbol{A}|=\begin{pmatrix}\lambda-0.9 & -0.01\\-0.1 & \lambda-0.99\end{pmatrix}=(\lambda-0.9)(\lambda-0.99)-0.001$$
$$=\lambda^2-1.89\lambda+0.891-0.001=\lambda^2-1.89\lambda+0.890=0$$

得 $\lambda_1=1$，$\lambda_2=0.89$，$\lambda_1\neq\lambda_2$，故 $\boldsymbol{A}$ 可对角化.

将 $\lambda_1=1$ 代入$(\lambda\boldsymbol{E}-\boldsymbol{A})\boldsymbol{x}=\boldsymbol{0}$，得其对应特征向量 $\boldsymbol{p}_1=\begin{pmatrix}1\\10\end{pmatrix}$.

将 $\lambda_2=0.89$ 代入$(\lambda\boldsymbol{E}-\boldsymbol{A})\boldsymbol{x}=\boldsymbol{0}$，得其对应特征向量 $\boldsymbol{p}_2=\begin{pmatrix}1\\-1\end{pmatrix}$.

令 $\boldsymbol{P}=(\boldsymbol{p}_1,\ \boldsymbol{p}_2)=\begin{pmatrix}1 & 1\\10 & -1\end{pmatrix}$，有

$$\boldsymbol{P}^{-1}\boldsymbol{A}\boldsymbol{P}=\boldsymbol{\Lambda}=\begin{pmatrix}1 & 0\\0 & 0.89\end{pmatrix}，\boldsymbol{A}=\boldsymbol{P}\boldsymbol{\Lambda}\boldsymbol{P}^{-1}，\boldsymbol{A}^{10}=\boldsymbol{P}\boldsymbol{\Lambda}^{10}\boldsymbol{P}^{-1},$$

而

$$\boldsymbol{P}^{-1}=-\frac{1}{11}\begin{pmatrix}-1 & -1\\-10 & 1\end{pmatrix}=\frac{1}{11}\begin{pmatrix}1 & 1\\10 & -1\end{pmatrix},$$

$$\boldsymbol{x}_{10}=\boldsymbol{P}\boldsymbol{\Lambda}^{10}\boldsymbol{P}^{-1}\boldsymbol{x}_0=\frac{1}{11}\begin{pmatrix}1 & 1\\10 & -1\end{pmatrix}\begin{pmatrix}1 & 0\\0 & 0.89^{10}\end{pmatrix}\begin{pmatrix}1 & 1\\10 & -1\end{pmatrix}\begin{pmatrix}1.5\\13.5\end{pmatrix}$$
$$=\frac{1}{11}\begin{pmatrix}1 & 1\\10 & -1\end{pmatrix}\begin{pmatrix}1 & 0\\0 & 0.311\,817\end{pmatrix}\begin{pmatrix}1 & 1\\10 & -1\end{pmatrix}\begin{pmatrix}1.5\\13.5\end{pmatrix}$$
$$=\begin{pmatrix}1.5425\\13.4575\end{pmatrix},$$

所以 10 年后，15 万人中约 1.54 万人仍是教师，约 13.46 万人从事其他职业.

§5.6 习　题

1. 求下列矩阵的特征值与特征向量：

(1)$\boldsymbol{A}=\begin{pmatrix}2 & -4\\ -3 & 3\end{pmatrix}$；

(2)$\boldsymbol{A}=\begin{pmatrix}2 & 1 & 1\\ 0 & 2 & 0\\ 0 & -1 & 1\end{pmatrix}$；

(3)$\boldsymbol{A}=\begin{pmatrix}2 & 0 & 0\\ 1 & -3 & 0\\ 2 & 3 & 2\end{pmatrix}$.

2. 设$\boldsymbol{A}$为正交矩阵，且$|\boldsymbol{A}|=1$，证明$\lambda=-1$是$\boldsymbol{A}$的特征值.

3. 设三阶矩阵$\boldsymbol{A}$的特征值为1，2，2. $\boldsymbol{E}$为三阶单位矩阵，则$|4\boldsymbol{A}^{-1}-\boldsymbol{E}|=$ ________.

4. 设$\boldsymbol{A}$为二阶矩阵，$\boldsymbol{\alpha}_1$，$\boldsymbol{\alpha}_2$为线性无关的二维列向量，且$\boldsymbol{A\alpha}_1=0$，$\boldsymbol{A\alpha}_2=2\boldsymbol{\alpha}_1+\boldsymbol{\alpha}_2$，$\boldsymbol{A}$的非0特征值为________.

5. 设n阶实对称矩阵$\boldsymbol{A}$满足$\boldsymbol{A}^2\boldsymbol{x}=\boldsymbol{0}$，其中$\boldsymbol{x}\in\mathbf{R}^n$. 试证$\boldsymbol{Ax}=\boldsymbol{0}$.

6. 设四阶方阵$\boldsymbol{A}$满足：$|3\boldsymbol{E}+\boldsymbol{A}|=0$，$\boldsymbol{AA}^{\mathrm{T}}=2\boldsymbol{E}$，$|\boldsymbol{A}|<0$，求$\boldsymbol{A}$的伴随矩阵$\boldsymbol{A}^*$的一个特征值.

7. 已知三阶矩阵$\boldsymbol{A}$的特征值为-1，1，2，矩阵$\boldsymbol{B}=\boldsymbol{A}-3\boldsymbol{A}^2$，试求$\boldsymbol{B}$的特征值与$|\boldsymbol{B}|$.

8. 设三阶矩阵$\boldsymbol{A}$的特征值为$\lambda_1=1$，$\lambda_2=2$，$\lambda_3=3$，对应的特征向量分别为

$$\boldsymbol{\alpha}_1=\begin{pmatrix}1\\1\\1\end{pmatrix},\ \boldsymbol{\alpha}_2=\begin{pmatrix}1\\0\\1\end{pmatrix},\ \boldsymbol{\alpha}_3=\begin{pmatrix}0\\1\\1\end{pmatrix},$$

求矩阵$\boldsymbol{A}$和$\boldsymbol{A}^3$.

9. 已知矩阵$\boldsymbol{A}$，$\boldsymbol{B}$相似，其中

$$\boldsymbol{A}=\begin{pmatrix}1 & -1 & 1\\ 2 & 4 & -2\\ -3 & -3 & a\end{pmatrix},\ \boldsymbol{B}=\begin{pmatrix}2 & & \\ & 2 & \\ & & b\end{pmatrix}.$$

(1)求a，b的值；

(2)求可逆矩阵$\boldsymbol{P}$，使$\boldsymbol{P}^{-1}\boldsymbol{AP}=\boldsymbol{B}$.

10. 矩阵$\begin{pmatrix}1 & a & 1\\ a & b & a\\ 1 & a & 1\end{pmatrix}$与$\begin{pmatrix}2 & 0 & 0\\ 0 & b & 0\\ 0 & 0 & 0\end{pmatrix}$相似的充分必要条件为(　　).

(A)$a=0$，$b=2$；

(B)$a=0$，b为任意常数；

(C)$a=2$，$b=0$；

(D)$a=2$，b为任意常数

11. 设三阶实对称$\boldsymbol{A}$的秩为2，且$\boldsymbol{A}\begin{pmatrix}1 & 1\\ 0 & 0\\ -1 & 1\end{pmatrix}=\begin{pmatrix}-1 & 1\\ 0 & 0\\ 1 & 1\end{pmatrix}$，求

(1)$\boldsymbol{A}$ 的特征值与特征向量；

(2)矩阵 $\boldsymbol{A}$.

12. 对下列实对称矩阵 $\boldsymbol{A}$，求正交矩阵 $\boldsymbol{P}$，使 $\boldsymbol{P}^{-1}\boldsymbol{AP}=\boldsymbol{P}^{\mathrm{T}}\boldsymbol{AP}$ 为对角矩阵．

(1)$\boldsymbol{A}=\begin{pmatrix} 2 & -2 & 0 \\ -2 & 1 & -2 \\ 0 & -2 & 0 \end{pmatrix}$；

(2)$\boldsymbol{A}=\begin{pmatrix} 1 & 2 & 2 \\ 2 & 1 & 2 \\ 2 & 2 & 1 \end{pmatrix}$.

13. 设 $\boldsymbol{A}=\begin{pmatrix} 0 & -1 & 4 \\ -1 & 3 & a \\ 4 & a & 0 \end{pmatrix}$，求正交矩阵 $\boldsymbol{Q}$，使 $\boldsymbol{Q}^{-1}\boldsymbol{AQ}=\boldsymbol{\Lambda}$，若 $\boldsymbol{Q}$ 的第一列列向量为 $\frac{1}{\sqrt{6}}\begin{pmatrix} 1 \\ 2 \\ 1 \end{pmatrix}$，求 a，$\boldsymbol{Q}$.

§5.7　教学实验

5.7.1　内容提要

在矩阵理论和数值计算中，常常要计算一个方阵的高次幂．对角矩阵的高次幂容易计算，而一般矩阵的高次幂的计算则过于烦琐，因此，引入了矩阵的相似对角化、矩阵的特征值和特征向量等概念，现在这些概念和相应理论已被广泛应用于许多学科及工程领域，如物理、材料等方面．

矩阵(既然讨论特征向量的问题，当然专指方阵)乘以一个向量的结果仍是同维数的一个向量，因此，矩阵乘法对应一个变换，该变换把一个向量变换成同维数的另一个向量．一个特征向量经过变换后方向不变(当特征值 $\lambda \geqslant 0$ 时)或方向相反(当特征值 $\lambda < 0$ 时)，长度伸缩了 $|\lambda|$ 倍．由特征值和特征向量的定义 $\boldsymbol{A\xi}=\lambda\boldsymbol{\xi}$ 可知，$\lambda\boldsymbol{\xi}$ 是方阵 $\boldsymbol{A}$ 对向量 $\boldsymbol{\xi}$ 进行变换后的结果，但显然 $\lambda\boldsymbol{\xi}$ 和 $\boldsymbol{\xi}$ 的方向相同或相反，进而如果 $\boldsymbol{\xi}$ 是特征向量，则 $a\boldsymbol{\xi}$ 也是特征向量(a 是标量且不为零)，所以特征向量不是一个向量，而是一个向量族．例如，假设 $\lambda_1=2$，$\lambda_2=-\frac{1}{2}$ 是 $\boldsymbol{A}$ 的两个特征值，$\boldsymbol{x}_1$，$\boldsymbol{x}_2$ 分别是 λ_1，λ_2 的特征向量，则 $\boldsymbol{Ax}_i=\lambda_i x_i$，如图 5-2 所示.

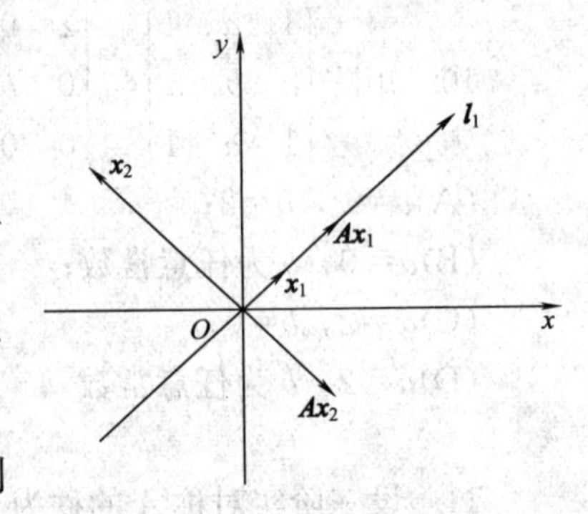

图 5-2　特征向量的几何表示

图 5-2 中，$\boldsymbol{A}\boldsymbol{x}_1=2\boldsymbol{x}_1$ 是将 $\boldsymbol{x}_1$ 拉伸为原来的 2 倍，$\boldsymbol{A}\boldsymbol{x}_2=-\frac{1}{2}\boldsymbol{x}_2$ 是将 $\boldsymbol{x}_2$ 沿反方向收缩为原来的$\frac{1}{2}$，$\boldsymbol{l}_1$ 上的任何向量在 $\boldsymbol{A}$ 的作用下都拉伸 2 倍.

因此，特征值只不过反映了特征向量在变换时的伸缩倍数而已，对一个变换而言，特征向量指明的方向才是更重要的. 比如，平面上的一个变换把一个向量关于横轴做镜像对称变换，即保持一个向量的横坐标不变，但纵坐标取相反数，把这个变换表示为矩阵为$\begin{pmatrix}1 & 0\\0 & -1\end{pmatrix}$. 显然，$\begin{pmatrix}1 & 0\\0 & -1\end{pmatrix}\begin{pmatrix}a\\b\end{pmatrix}=\begin{pmatrix}a\\-b\end{pmatrix}$，这正是我们想要的效果，那么这个矩阵的特征向量是什么？什么向量在这个变换下保持方向不变？显然，横轴上的向量在这个变换下保持方向不变[记住这个变换是镜像对称变换，镜子表面上(横轴上)的向量当然不会变化]，所以可以直接猜测其特征向量是$\begin{pmatrix}a\\0\end{pmatrix}(a\neq 0)$. 此外，纵轴上的向量经过变换后，其方向反向，但仍在同一条轴上，所以也被认为是方向没有变化，所以$\begin{pmatrix}0\\b\end{pmatrix}(b\neq 0)$也是其特征向量，求解该矩阵的特征向量和上述分析结果是一致的.

一般 n 维矩阵的特征值和特征向量用图来表示，可以想象为一个空间张开的各个坐标角度. 这一组向量可以完全表示一个矩阵表示的空间的“特征”，而它们的特征值就表示各个角度上的能量(可以想象成从各个角度上伸出的长短轴，越长的轴就越可以代表这个空间，它的“特征”就越强，长轴为显性特征，而短轴为隐性特征). 因此，通过特征向量、特征值可以完全描述某一几何空间的这一特点，使得特征向量与特征值在几何(特别是空间几何)及其应用中得以发挥.

例如，随着地球的自转，每个从地心往外指的箭头都在旋转，除了在转轴上的那些箭头. 地球自转一小时后的变换为：地心指向地理南极的箭头是这个变换的一个特征向量，但是从地心指向赤道任何一处的箭头不会是一个特征向量. 因为指向极点的箭头没有被地球的自转拉伸，它的特征值是 1.

又如，薄金属板关于一个固定点均匀伸展，使得板上每一个点到该固定点的距离翻倍. 这个伸展是一个有特征值 2 的变换. 从该固定点到板上任何一点的向量是一个特征向量，而相应的特征空间是所有这些向量的集合，

在“线性代数”课程中，矩阵的相似对角化这部分内容主要有矩阵的相似，矩阵的特征值与特征向量，方阵的相似对角化，正交矩阵，实对称矩阵的正交相似对角化.

特征值与特征向量具有以下重要性质：

(1) 方阵 $\boldsymbol{A}$ 的属于不同特征值的特征向量线性无关，实对称矩阵的属于不同特征值的特征向量不但线性无关而且正交.

(2) 若 $\boldsymbol{\xi}$ 是方阵 $\boldsymbol{A}$ 对应特征值 λ 的特征向量，则 $k\boldsymbol{\xi}(k\neq 0)$ 也是方阵 $\boldsymbol{A}$ 对应特征值 λ 均特征向量；若 $\boldsymbol{\xi}_1$，$\boldsymbol{\xi}_2$，…，$\boldsymbol{\xi}_s$ 是方阵 $\boldsymbol{A}$ 对应于特征值 λ 的线性无关的特征向量，则

$$k_1\boldsymbol{\xi}_1+k_2\boldsymbol{\xi}_2+\cdots，k_s\boldsymbol{\xi}_s\quad（k_1，k_2，\cdots，k_s\text{不同时为零}）$$

也是方阵 $\boldsymbol{A}$ 的对应于特征值 λ 的特征向量.

(3) 设 $\boldsymbol{A}$ 是 n 阶方阵，λ_1，λ_2，…，λ_n 是方阵 $\boldsymbol{A}$ 的全部特征值，则下述等式成立：

$$f(\lambda)=|\boldsymbol{A}-\lambda\boldsymbol{E}|=\prod_{j=1}^{n}(\lambda_j-\lambda),$$

$$\sum_{j=1}^{n}\lambda_j=\sum_{j=1}^{n}a_{jj},$$

$$|\boldsymbol{A}|=\prod_{j=1}^{n}\lambda_j,$$

其中，$f(\lambda)$为方阵 $\boldsymbol{A}$ 的特征多项式.

(4) 若 λ 是方阵 $\boldsymbol{A}$ 的特征值，则方阵 $k\boldsymbol{A}$，$a\boldsymbol{A}+b\boldsymbol{E}$，$\boldsymbol{A}^m$、$\boldsymbol{A}^{-1}$，$\boldsymbol{A}^*$ 分别有特征值 $k\lambda$，$a\lambda+b$，λ^m，λ^{-1}，$\lambda^{-1}|\boldsymbol{A}|$；若 $\boldsymbol{\alpha}$ 是方阵 $\boldsymbol{A}$ 的对应于特征值 $\boldsymbol{A}$ 的特征向量，则 $\boldsymbol{\alpha}$ 也是 $k\boldsymbol{A}$，$a\boldsymbol{A}+b\boldsymbol{E}$，$\boldsymbol{A}^m$，$\boldsymbol{A}^{-1}$，$\boldsymbol{A}^*$ 分别对应于特征值 $k\lambda$，$a\lambda+b$，λ^m，λ^{-1}，$\lambda^{-1}|\boldsymbol{A}|$ 的特征向量.

一般计算 n 阶方阵特征值与特征向量的步骤如下：

(1) 解特征方程 $f(\lambda)=|\boldsymbol{A}-\lambda\boldsymbol{E}|=0$，求得方阵 $\boldsymbol{A}$ 的全部相异的特征值 λ_1，λ_2，…，$\lambda_s(1\leqslant s\leqslant n)$.

(2) 对每个特征值 λ_j，解相应的齐次线性方程组$(\boldsymbol{A}-\lambda_j\boldsymbol{E})\boldsymbol{X}=\boldsymbol{0}$(设 $R(\boldsymbol{A}-\lambda_j\boldsymbol{E})=r_j$)，求出它的基础解系 $\boldsymbol{\xi}_1$，$\boldsymbol{\xi}_2$，…，$\boldsymbol{\xi}_{n-rj}$，则方阵 $\boldsymbol{A}$ 的对应于特征值 λ_j 的全部特征向量为

$$k_1\boldsymbol{\xi}_1+k_2\boldsymbol{\xi}_2+\cdots+k_{n-rj}\boldsymbol{\xi}_{n-rj},$$

其中，k_1，k_2，…，k_{n-rj} 是不全为零的任意实数.

n 阶方阵 $\boldsymbol{A}$ 可相似对角化$\Leftrightarrow$$\boldsymbol{A}$ 有 n 个线性无关的特征向量.

若 $\boldsymbol{A}$ 的 n 个线性无关的特征向量为 $\boldsymbol{\xi}_1$，$\boldsymbol{\xi}_2$，…，$\boldsymbol{\xi}_n$，则令 $\boldsymbol{P}=(\boldsymbol{\xi}_1,\boldsymbol{\xi}_2,\cdots,\boldsymbol{\xi}_n)$，有 $\boldsymbol{P}^{-1}\boldsymbol{AP}=\mathrm{diag}(\lambda_1,\lambda_2,\cdots,\lambda_n)$. 这里 $\mathrm{diag}(\lambda_1,\lambda_2,\cdots,\lambda_n)$表示主对角线元素依次分别为 λ_1，λ_2，…，λ_n的对角矩阵. 其中，λ_j是特征向量 $\boldsymbol{\xi}_j$ 所对应的特征值($j=1$，2，…，n).

n 阶方阵 $\boldsymbol{A}$ 相似对角化的步骤如下：

(1) 解特征方程 $f(\lambda)=|\boldsymbol{A}-\lambda\boldsymbol{E}|=0$，求出 $\boldsymbol{A}$ 的全部相异的特征值 λ_1，λ_2，…，λ_s.

(2) 对每个特征值 $\lambda_j(j=1,2,\cdots,s)$，解其相应的齐次线性方程组$(\boldsymbol{A}-\lambda_n\boldsymbol{E})\boldsymbol{X}=\boldsymbol{0}$，求出它的基础解系 $\boldsymbol{\xi}_{j1}$，$\boldsymbol{\xi}_{j2}$，…，$\boldsymbol{\xi}_{jkj}$.

(3) 若 $\sum_{j=1}^{s}k_j,<n$，则 $\boldsymbol{A}$ 不能相似对角化；若 $\sum_{j=1}^{s}k_j=n$，则 $\boldsymbol{A}$ 可相似对角化，此时，求出的这 n 个线性无关的特征向量记为 $\boldsymbol{\xi}_1$，$\boldsymbol{\xi}_2$，…，$\boldsymbol{\xi}_n$.

(4) 若令 $\boldsymbol{P}=(\boldsymbol{\xi}_1,\boldsymbol{\xi}_2,\cdots,\boldsymbol{\xi}_n)$，则有

$$\boldsymbol{P}^{-1}\boldsymbol{AP}=\mathrm{diag}(\lambda_1,\lambda_2,\cdots,\lambda_n),$$

其中，λ_j是特征向量 $\boldsymbol{\xi}_j$ 所对应的特征值($j=1$，2，…，n).

实对称矩阵一定可相似对角化，且可以正交相似对角化. 实对称矩阵正交相似对

角化的步骤如下：

(1)、(2)同 n 阶方阵 $\boldsymbol{A}$ 相似对角化的步骤(1)、(2).

(3) 用施密特正交化方法将相应于每个特征值 λ_j 的线性无关的特征向量 $\boldsymbol{\xi}_{j1}$，$\boldsymbol{\xi}_{j2}$，…，$\boldsymbol{\xi}_{jkj}$，先正交化，再单位化，得到

$$\boldsymbol{\eta}_{j1},\ \boldsymbol{\eta}_{j2},\ \cdots,\ \boldsymbol{\eta}_{jkj}\ (j=1,\ 2,\ \cdots,\ s),$$

此时，若将所求出的这 n 个相互正交的单位向量记为 $\boldsymbol{\eta}_1$，$\boldsymbol{\eta}_2$，…，$\boldsymbol{\eta}_n$，即得正交矩阵 $\boldsymbol{P}=(\boldsymbol{\eta}_1,\ \boldsymbol{\eta}_2,\ \cdots,\ \boldsymbol{\eta}_n)$，使得

$$\boldsymbol{P}^{\mathrm{T}}\boldsymbol{A}\boldsymbol{P}=\boldsymbol{P}^{-1}\boldsymbol{A}\boldsymbol{P}=\mathrm{diag}(\lambda_1,\ \lambda_2,\ \cdots,\ \lambda_n).$$

5.7.2 机算实验

1. 实验目的

熟悉用 MATLAB 软件处理和解决下列问题的程序和方法：

(1) 特征值与特征向量的计算；

(2) 方阵相似的充分必要条件；

(3) 实对称矩阵的相似对角化.

2. 与实验相关的 MATLAB 命令或函数

表 5-1 给出了与本实验相关的 MATLAB 命令或函数.

表 5-1　与本实验相关的 MATLAB 命令或函数

命　令	功能说明	位置
r=eig(A)	$\boldsymbol{r}$ 为一列向量，其元素为矩阵 $\boldsymbol{A}$ 的特征值	例 1
[V, D]=eig(A)	矩阵 $\boldsymbol{D}$ 为矩阵 $\boldsymbol{A}$ 的特征值所构成的对角矩阵，矩阵 $\boldsymbol{V}$ 的列为矩阵 $\boldsymbol{A}$ 的单位特征向量，它与 $\boldsymbol{D}$ 中的特征值一一对应	例 2
[V, D]=schur(A)	矩阵 $\boldsymbol{D}$ 为对称矩阵 $\boldsymbol{A}$ 的特征值所构成的对角矩阵，矩阵 $\boldsymbol{V}$ 的列为矩阵 $\boldsymbol{A}$ 的单位特征向量，它与 $\boldsymbol{D}$ 中的特征值一一对应	例 5
[U, S, V]=svd(A)	$\boldsymbol{U}$，$\boldsymbol{V}$ 都是正交矩阵，$\boldsymbol{S}$ 是矩阵 $\boldsymbol{A}$ 的奇异值构成的对交矩阵，满足 $\boldsymbol{A}=\boldsymbol{U}\boldsymbol{S}\boldsymbol{V}^{\mathrm{T}}$	例 5
eigshow(A1)	显示矩阵 $\boldsymbol{A}_1$ 的特征值和特征向量	例 1

3. 实验内容

例 1 特征值与特征向量的定义及几何演示. 设 λ 是方阵 $\boldsymbol{A}$ 的特征值，$\boldsymbol{\xi}$ 是对应于特征值 λ 的特征向量，则 $\boldsymbol{A\xi}=\lambda\boldsymbol{\xi}(\lambda\neq0)$. 试对如下矩阵，给出其特征值与特征向量的几何演示：

(1) $\boldsymbol{A}_1=\begin{pmatrix}1 & 2\\ 2 & 1\end{pmatrix}$；

(2) $\boldsymbol{A}_2=\begin{pmatrix}0.5 & 1.2\\ 0.1 & 1.5\end{pmatrix}$；

(3) $\boldsymbol{A}_3=\begin{pmatrix}1 & 1\\ 1 & 1\end{pmatrix}$.

解一 用笔计算的思路和主要步骤如下：

依次取单位圆周：$x=\cos\theta$，$y=\sin\theta(0\leqslant\theta\leqslant 2\pi)$上的向量，$r=r(\theta)=\begin{pmatrix}\cos\theta\\ \sin\theta\end{pmatrix}$，分别绘制向量 $\boldsymbol{r}$，$\boldsymbol{Ar}$，当它们共线时绘制一条直线.

解二 用 MATLAB 软件计算如下：

(1) 在 MATLAB 命令窗口，输入以下命令：

```
A1=[1, 2; 2, 1];
[V1, D1]=eig(A1)
eigshow(A1)              %显示矩阵 A1 的特征值和特征向量
```

输出结果如下：

```
V1=
    -0.7071    0.7071
     0.7071    0.7071
D1=
    -1    0
     0    3
```

绘制图形如图 5-3 所示.

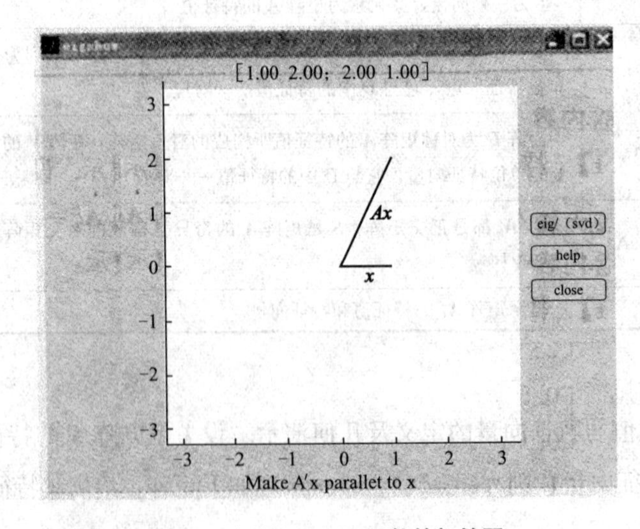

图 5-3 运用 eigshow 函数的初始图

当用鼠标拖动向量 $\boldsymbol{x}$ 顺时针旋转时，$\boldsymbol{Ax}$ 也开始旋转，向量 $\boldsymbol{x}$ 的轨迹是一个圆，而向量 $\boldsymbol{Ax}$ 的轨迹一般为一椭圆(见图 5-4). 向量 $\boldsymbol{x}$ 在旋转的过程中，如果向量 $\boldsymbol{Ax}$ 与向量 $\boldsymbol{x}$ 共线，则此时有等式 $\boldsymbol{Ax}=\lambda\boldsymbol{x}$ 成立，λ 为实数乘子，$\boldsymbol{x}$ 与 $\boldsymbol{Ax}$ 共线的位置即为特征位置.

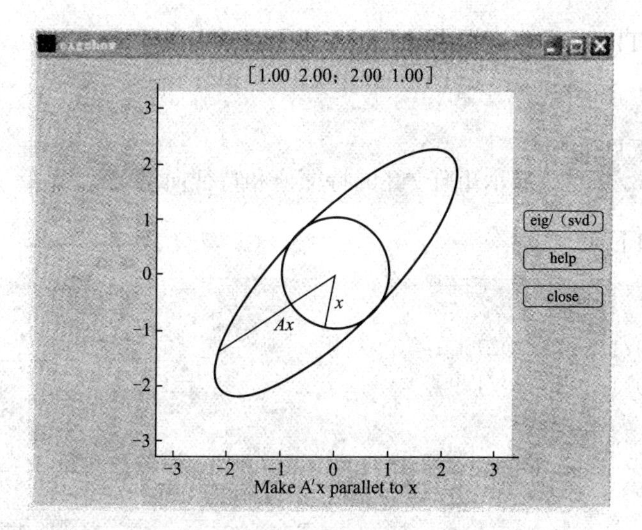

图 5-4　矩形特征值的图形演示 1

(2) 在 MATLAB 命令窗口，输入以下命令：

```
A2=[0.5, 1.2; 0.1, 1.5];
[V2, D2]=eig(A2)
eigshow(A2)      %显示矩阵 A2 的特征值和特征向量
```

输出结果如下：

```
V2=
    -0.9960   -0.7346
     0.0899   -0.6785
D2=
    0.3917   0
    0            1.6083
```

绘制图形后用鼠标拖动向量 $\boldsymbol{x}$ 顺时针旋转时，$\boldsymbol{Ax}$ 也随之旋转，如图 5-5 所示.

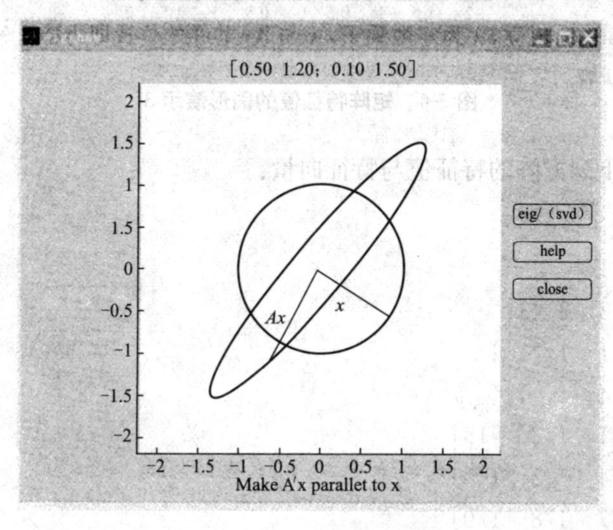

图 5-5　矩形特征值的图形演示 2

(3) 在 MATLAB 命令窗口，输入以下命令：

```
A3=[1, 1; 1, 1];
[V3, D3]=eig(A3)
eigshow(A3)      %显示矩阵 A3 的特征值和特征向量
```

输出结果如下：

```
V3=
   -0.7071    0.7071
    0.7071    0.7071
D3=
   0    0
   0    2
```

绘制图形后用鼠标拖动向量 $\boldsymbol{x}$ 顺时针旋转时，$\boldsymbol{Ax}$ 也随之旋转，如图 5-6 所示.

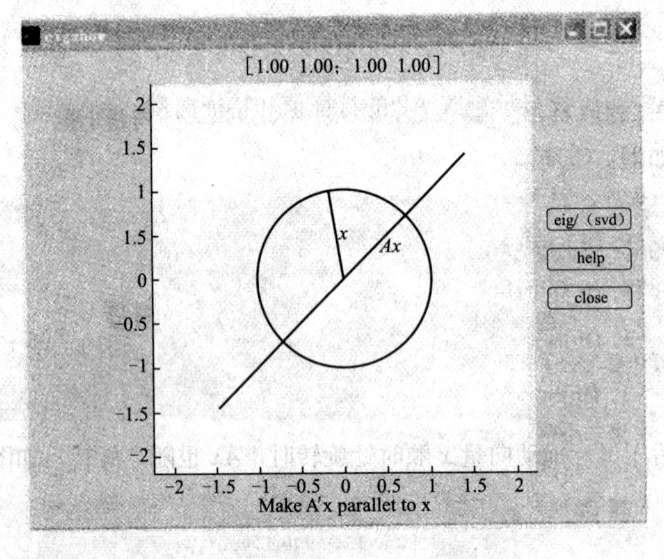

图 5-6　矩阵特征值的图形演示 3

例 2 计算下列方阵的特征值与特征向量：

(1) $\boldsymbol{A}_1=\begin{pmatrix}1 & 6\\ 5 & 2\end{pmatrix}$；

(2) $\boldsymbol{A}_2=\begin{pmatrix}-3 & 2 & 3\\ -1 & 1 & 1\\ -4 & 1 & 4\end{pmatrix}$；

(3) $\boldsymbol{A}_3=\begin{pmatrix}1 & 1/2 & 13\\ 1/4 & 1/5 & 1/6\\ 1/7 & 1/8 & 1/9\end{pmatrix}$.

解一　用笔计算的思路和主要步骤如下：

(1) 解方程$\begin{vmatrix} \lambda-1 & -6 \\ -5 & \lambda-2 \end{vmatrix}=0$，得方程的根$\lambda_1=-4$，$\lambda_2=7$，即为其特征值. 对于每一个特征值，解齐次线性方程组

$$\begin{pmatrix} \lambda_i-1 & -6 \\ -5 & \lambda_i-2 \end{pmatrix}\begin{pmatrix} x_1 \\ x_2 \end{pmatrix}=0 \quad (i=1, 2),$$

求出基础解系，即得属于特征值$\lambda_i(i=1, 2)$的特征向量.

(2)、(3)的计算思路和主要步骤与(1)类似.

解二 用MATLAB软件计算如下：

在MATLAB命令窗口，输入以下命令：

```
clear; clc;
%第一小题
A1=[1, 6; 5, 2];
[V1, D1]=eig(A1)
%第二小题
A2=[-3, 2, 3; -1, 1, 1; -4, 1, 4];
[V2, D2]=eig(A2)
%第三小题
A3=[1,   1/2,   1/3;   1/4,   1/5,   1/6;   1/7,   1/8,   1/9];
[V3, D3]=eig(A3)
```

输出结果如下：

```
V1=
    -0.7071   -0.6402
     0.7071   -0.7682
D1=
    -4     0
     0     7
V2=
    0.6002-0.2144i   0.6002+0.2144i    0.7071
    0.2144-0.1286i   0.2144+0.1286i   -0.0000
            0.7289           0.7289    0.7071
D2=
    1.0000+1.0000i          0               0
          0           1.0000-1.0000i        0
          0                 0           -0.0000
V3=
    0.9514    0.5607    0.1560
    0.2654   -0.6556   -0.7443
    0.1561   -0.5058    0.6494
D3=
    1.1942         0         0
         0    0.1148         0
         0         0    0.0022
```

即 $\boldsymbol{A}_1=\begin{pmatrix}1 & 6\\ 5 & 2\end{pmatrix}$ 的特征值为 -4 和 7，属于 -4 的特征向量为 $a\begin{pmatrix}-0.7071\\ 0.7071\end{pmatrix}$，属于 7 的特征向量为 $b\begin{pmatrix}-0.6402\\ 0.7682\end{pmatrix}$，$a$，$b$ 为任意非零常数；$\boldsymbol{A}_2=\begin{pmatrix}-3 & 2 & 3\\ -1 & 1 & 1\\ -4 & 1 & 4\end{pmatrix}$ 的特征值为 1，1 和 0，属于 1 的特征向量为 $a\begin{pmatrix}0.6002\\ 0.2144\\ 0.7289\end{pmatrix}$，属于 0 的特征向量为 $b\begin{pmatrix}0.7071\\ 0\\ 0.7071\end{pmatrix}$，$a$，$b$ 为任意非零常数；$\boldsymbol{A}_3=\begin{pmatrix}1 & 1/2 & 1/3\\ 1/4 & 1/5 & 1/6\\ 1/7 & 1/8 & 1/9\end{pmatrix}$ 的特征值为 1.1942，0.1148 和 0.0022，属于 1.194 2 的特征向量为 $a=\begin{pmatrix}0.9514\\ 0.2654\\ 0.1561\end{pmatrix}$，属于 0.1148 的特征向量为 $b=\begin{pmatrix}0.5607\\ -0.6556\\ 0.5058\end{pmatrix}$，属于 0.0022 的特征向量为 $c=\begin{pmatrix}0.1560\\ -0.7443\\ 0.6494\end{pmatrix}$，$a$，$b$，$c$ 为任意非零常数.

例 3 特征值的性质验证.

(1) 构造一个 4×4 随机矩阵 $\boldsymbol{A}$，验证 $\boldsymbol{A}$ 和 $\boldsymbol{A}^{\mathrm{T}}$ 有相同的特征多项式. 它们有相同的特征向量吗？验证 $\boldsymbol{A}^k$ 的特征值及特征向量与 $\boldsymbol{A}$ 的特征值及特征向量之间的关系.

(2) 构造一个 4×4 随机矩阵 $\boldsymbol{A}$，验证特征值的两条重要性质：

① $\sum_{i=1}^{n}\lambda i = \sum_{i=1}^{n}a_{ii}$；

② $\prod_{i=1}^{n}\lambda_i = \det(\boldsymbol{A})$.

解一 用笔计算的思路和主要步骤如下：

(1) 计算 $\det(\boldsymbol{A})$ 和 $\det(\boldsymbol{A}^{\mathrm{T}})$，所得的结果数值相同.

(2) 计算 $\boldsymbol{A}$ 和 $\boldsymbol{A}^{\mathrm{T}}$ 的特征值及特征向量. 由于 $\boldsymbol{A}$ 和 $\boldsymbol{A}^{\mathrm{T}}$ 的特征空间一般不相同，因此特征向量不等价.

(3) 计算可得 $\boldsymbol{A}^K$ 的特征值等于 $\boldsymbol{A}$ 的特征值的 k 次幂，

解二 用 MATLAB 软件计算如下：

在 MATLAB 命令窗口，输入以下命令：

```
clear; clc; syms t;
A=floor(10 * rand(4));          %随机产生一个 4 阶的整数矩阵
B=A'; E=eye(4);
%验证特征值多项式是否相等
PA=det(A-t * E), PB=det(B-t * E);
RES=PA-PB
%验证特征向量是否相等
```

```
[VA, DA]=eig(A)
[VB, DB]=eig(B)
%验证A的幂的特征值与A的特征值之间的关系
A2=A*A; A5=A2* A2* A;
[VA2, DA2]=eig(A2);    DA* DA
[VA5, DA5]=eig(A5);    DA* DA* DA* DA* DA
%验证特征值得性质
A=rand(4);
trA=trace(A); detA=det(A);
[VA, DA]=eig(A) ;
sumEig=trace(DA);    detDA=det (DA) ;
trA-sumEig
detA-detDA
```

输出结果如下：

```
RES=
    0
VA=
   -0.7543    0.2437+0.1991i    0.2437-0.1991i   -0.5547
   -0.3821    0.2241+0.4505i    0.2241-0.4505i    0.5493
   -0.4132    0.1132-0.5091i    0.1132+0.5091i    0.4280
   -0.3382         -0.6131           -0.6131     -0.4554
DA=
   21.4707        0                 0              0
        0     1.1178+4.5139i        0              0
        0         0          1.1178-4.5139i        0
        0         0                 0           2.2938
VB=
   0.5005   -0.6009   -0.3635+0.0483i   -0.3635-0.0483i
   0.4379    0.6970    0.2109+0.42051    0.2109-0.4205i
   0.5831    0.3817   -0.0577-0.4771i   -0.0577+0.4771i
   0.4666    0.0863    0.6428            0.6428
DB=
   21.4707      0           0                0
        0    2.2938         0                0
        0       0     1.1178+4.5139i         0
        0       0           0         1.1178-4.5139i
ans=
   1.0e+002 *
     4.6099         0                  0              0
          0    -0.1913+0.1009i         0              0
          0         0          -0.1913-0.1009i        0
          0         0                  0           0.0526
```

```
ans=
    1.0e+006 *
        4.5628          0                  0                  0
             0     0.0020+0.0008i           0                  0
             0          0           0.0020-0.0008i            0
             0          0                  0              0.0001
ans=
    8.8818e-016
ans=
    1.7347e-017   -8.6736e-019i
```

从输出结果可以看出，所产生的随机阵和其转置阵的行列式的差为0，即 $|\boldsymbol{A}|=|\boldsymbol{A}^{T}|$，且 $\boldsymbol{A}$ 和 $\boldsymbol{A}^{T}$ 的特征值均为 21.4707，1.1178+4.5139i，1.1178-4.5139i，2.2938，但属于相同的特征值的特征向量却并不相同.

例 4 判断方阵 $\boldsymbol{A}=\begin{pmatrix}19 & -9 & -6\\ 25 & -11 & -9\\ 17 & -9 & -4\end{pmatrix}$ 是否可以对角化. 若可以，请找出相似变换矩阵 $\boldsymbol{P}$ 及对角矩阵 $\boldsymbol{D}$.

解一 用笔计算的思路和主要步骤如下：

解特征方程：

$$|\boldsymbol{A}-\lambda\boldsymbol{E}|=\begin{vmatrix}19 & -\lambda-9 & -6\\ 25 & -11-\lambda & -9\\ 17 & -9 & -4-\lambda\end{vmatrix}=0,$$

得方阵 $\boldsymbol{A}$ 的特征值 $\lambda_1=1$，$\lambda_2=2$.

再分别解齐次线性方程组：

$$\begin{pmatrix}19-\lambda_i & -9 & -6\\ 25 & -11-\lambda_i & -9\\ 17 & -9 & -4-\lambda_i\end{pmatrix}\begin{pmatrix}x_1\\ x_2\\ x_3\end{pmatrix}=\boldsymbol{0}\quad (i=1.2),$$

求出基础解系，即得属于每一个特征值的特征向量，若特征值 $\lambda_1=1$ 对应的基础解系有两个特征向量，则 $\boldsymbol{A}$ 可以相似对角化. 若 $\boldsymbol{A}$ 可相似对角化，则相似变换矩阵 $\boldsymbol{P}$ 的列向量由方阵 $\boldsymbol{A}$ 的特征向量构成，对角矩阵 $\boldsymbol{D}$ 取为与特征向量对应的特征值即可.

解二 用 MATLAB 软件计算如下：

在 MATLAB 命令窗口，输入以下命令：

```
clear; clc;
A=[19-9-6; 25-11-9; 17-9-4];
[VA, DA]=eig(A)          %其中，VA 即为所求的正交矩阵，
                         %DA 为 A 的特征值构成的对角矩阵
r=rank(VA)
[m, n]=size( A);
```

```
if r==n      %可相似对角化
  P=VA
  D=DA
  A-P* D*inv(P)
end
```

程序运行结果如下：

```
VA=
    0.5145   0.5145   0.5145
    0.6860   0.6860   0.5145
    0.5145   0.5145   0.6860
DA=
    1.0000        0        0
         0   1.0000        0
         0        0   2.0000
r=
    3
```

从输出结果来看，方阵的秩为3，故可以对角化，相似变换矩阵 $\boldsymbol{P}$ 为 VA，对角矩阵 $\boldsymbol{D}$ 为 DA.

例 5 用正交变换法将实对称矩阵 $\boldsymbol{A}=\begin{pmatrix}2&-1&-1\\-1&2&-1\\-1&-1&2\end{pmatrix}$ 正交相似对角化，并求出相应的相似变换矩阵 $\boldsymbol{P}$ 及对角矩阵 $\boldsymbol{D}$.

解一 用笔计算的思路和主要步骤如下：

解特征方程：

$$|\boldsymbol{A}-\lambda\boldsymbol{E}|=\begin{vmatrix}2-\lambda&-1&-1\\-1&2-\lambda&-1\\-1&-1&2-\lambda\end{vmatrix}=0,$$

得方阵 $\boldsymbol{A}$ 的特征值为 $\lambda_1=0$，$\lambda_2=3$，$\lambda_3=3$.

再分别解齐次线性方程组：

$$\begin{pmatrix}2-\lambda_i&-1&-1\\-1&2-\lambda_i&-1\\-1&-1&2-\lambda_i\end{pmatrix}\begin{pmatrix}x_1\\x_2\\x_3\end{pmatrix}=\boldsymbol{0}\quad(i=1,2,3),$$

求出基础解系，即得属于每一个特征值的特征向量，用施密特正交化方法把所有的特征向量正交化、单位化，则相似变换矩阵 $\boldsymbol{P}$ 的列向量由方阵 $\boldsymbol{A}$ 的正交化、单位化后的特征向量构成，对角矩阵 $\boldsymbol{D}$ 的主对角线上的元素取为与特征向量对应的特征值.

解二 用 MATLAB 软件计算如下：

在 MATLAB 命令窗口，输入以下命令：

```
clear; clc;
A=[2-1-1; -1 2-1; -1-1 2];
[VA, DA]=schur(A)%其中，VA 即为所求的相似变换矩阵，
                   %DA 为 A 的特征值构成的对角矩阵
```

程序运行结果如下：

```
VA=
    0.5774    0.2673    0.7715
    0.5774   -0.8018   -0.1543
    0.5774    0.5345   -0.6172
DA=
   -0.0000         0         0
         0    3.0000         0
         0         0    3.0000
```

从输出结果来看，方阵的秩为 3，故可以对角化，相似变换矩阵 $\boldsymbol{P}$ 为 VA，对角矩阵 $\boldsymbol{D}$ 为 DA.

例 6 已知 $\boldsymbol{A}=\begin{pmatrix}4 & 6 & 0\\ -3 & -5 & 0\\ -3 & -6 & 1\end{pmatrix}$，求 $\boldsymbol{A}^{100}$.

解一 用笔计算的思路和主要步骤如下：

(1) 解方程：

$$|\boldsymbol{A}-\lambda\boldsymbol{E}|=\begin{vmatrix}4-\lambda & 6 & 0\\ -3 & -5-\lambda & 0\\ -3 & -6 & 1-\lambda\end{vmatrix}=0,$$

得 $\boldsymbol{A}$ 的特征值为 $\lambda_1=\lambda_2=1$，$\lambda_3=-2$.

(2) 求出 $\lambda_1=\lambda_2$ 的特征向量为 $\begin{pmatrix}2\\ -1\\ 0\end{pmatrix}$，$\begin{pmatrix}2\\ -1\\ 1\end{pmatrix}$，属于 $\lambda_3=-2$ 的特征向量为 $\begin{pmatrix}-1\\ 1\\ 1\end{pmatrix}$.

(3) $$\boldsymbol{A}^{100}=\begin{pmatrix}2 & 2 & -1\\ -1 & -1 & 1\\ 0 & 1 & 1\end{pmatrix}\begin{pmatrix}1 & 0 & 0\\ 0 & 1 & 0\\ 0 & 0 & -2^{100}\end{pmatrix}\begin{pmatrix}2 & 2 & -1\\ -1 & -1 & 1\\ 0 & 1 & 1\end{pmatrix}^{-1}$$

$$=\begin{pmatrix}2 & 2 & -1\\ -1 & -1 & 1\\ 0 & 1 & 1\end{pmatrix}\begin{pmatrix}1 & 0 & 0\\ 0 & 1 & 0\\ 0 & 0 & (-2)^{100}\end{pmatrix}\begin{pmatrix}2 & 3 & -1\\ -1 & -2 & 1\\ 1 & 2 & 0\end{pmatrix}$$

$$=\begin{pmatrix}2-2^{100} & 2-2^{101} & 0\\ -1+2^{100} & -1+2^{101} & 0\\ -1+2^{100} & -2+2^{101} & 1\end{pmatrix}.$$

解二 用 MATLAB 软件计算如下：

在 MATLAB 命令窗口，输入以下命令：

```
clear; clc;
A=[4, 6, 0; -3, -5, 0; -3, -6, 1];
A^100
```

输出结果如下：

```
1.0e+030 *
-1.267 7   -2.535 3        0
 1.267 7    2.535 3        0
 1.267 7    2.535 3   0.000 0
```

第6章 二 次 型

二次型(quadratic form)的系统研究是从18世纪开始的，它起源于对二次曲线和二次曲面的分类问题的讨论．二次型化简的进一步研究涉及二次型或矩阵的特征方程的概念．特征方程的概念最早出现在欧拉的著作中，拉格朗日在其关于线性微分方程组的著作中首先明确地给出了这个概念．

柯西在别人的基础上，着手研究化简变数的二次型问题，并证明了特征方程在直角坐标系的任何变换下的不变性．魏尔斯特拉斯(Weierstrass，1815—1897)比较系统地完成了二次型的理论并将其推广到双线性型．二次型理论在几何、物理等学科有广泛应用，它是解析几何问题的自然推广．

§6.1 实二次型概念与标准形

在解析几何中二次曲线的一般方程是

$$ax^2+2bxy+cy^2+2dx+2ey+f=0,$$

它的二次项

$$\varphi(x, y)=ax^2+2bxy+cy^2$$

是一个二元二次齐次多项式.

在讨论某些问题时，常遇到 n 元二次齐次多项式.

定义1 只含有二次项的 n 元多项式

$$f(x_1, x_2, \cdots, x_n)=a_{11}x_1^2+2a_{12}x_1x_2+\cdots+2a_{1n}x_1x_n+a_{22}x_2^2+\cdots+2a_{2n}x_2x_n+\cdots+a_{nn}x_n^2 \tag{6-1}$$

称为 $x_1, x_2, \cdots, x_n$ 的一个 n 元二次齐次多项式，简称为 $x_1, x_2, \cdots, x_n$ 的一个 n 元二次型.

作一个 n 阶矩阵

$$\mathbf{A}=\begin{pmatrix} a_{11} & a_{12} & \cdots & a_{1n} \\ a_{21} & a_{22} & \cdots & a_{2n} \\ \vdots & \vdots & & \vdots \\ a_{n1} & a_{n2} & \cdots & a_{nn} \end{pmatrix},$$

其中，a_{ii}为(6-1)中x_i^2的系数($i=1, 2, \cdots, n$)，$a_{ij}=a_{ji}(i\neq j)$为(6-1)中x_ix_j($i, j=1, 2, \cdots, n$)系数的一半．显然，$\boldsymbol{A}$是一个n阶对称矩阵，即$\boldsymbol{A}^{\mathrm{T}}=\boldsymbol{A}$.

设$x=(x_1, x_2, \cdots, x_n)^{\mathrm{T}}$，由矩阵乘法可得

$$\boldsymbol{x}^{\mathrm{T}}\boldsymbol{A}\boldsymbol{x}=(x_1, x_2, \cdots, x_n)\begin{pmatrix} a_{11} & a_{12} & \cdots & a_{1n} \\ a_{21} & a_{22} & \cdots & a_{2n} \\ \vdots & \vdots & & \vdots \\ a_{n1} & a_{n2} & \cdots & a_{nn} \end{pmatrix}\begin{pmatrix} x_1 \\ x_2 \\ \vdots \\ x_n \end{pmatrix}$$

$$=a_{11}x_1^2+a_{12}x_1x_2+\cdots+a_{1n}x_1x_n+a_{21}x_1x_2+a_{22}x_2^2+\cdots+$$
$$a_{2n}x_2x_n+\cdots+a_{n1}x_1x_n+a_{n2}x_2x_n+\cdots+a_{nn}x_n^2$$

因为$a_{ij}=a_{ji}(i, j=1, 2, \cdots, n)$，于是上式可写成

$$\boldsymbol{x}^{\mathrm{T}}\boldsymbol{A}\boldsymbol{x}=a_{11}x_1^2+2a_{12}x_1x_2+\cdots+2a_{1n}x_1x_n+a_{22}x_2^2+\cdots+2a_{2n}x_2x_n+\cdots+a_{nn}x_n^2,$$

即为(6-1)式．我们常用

$$f(x)=\boldsymbol{x}^{\mathrm{T}}\boldsymbol{A}\boldsymbol{x} \quad (\boldsymbol{A}^{\mathrm{T}}=\boldsymbol{A}) \tag{6-2}$$

表示二次型(6-1)，称为二次型(6-1)的矩阵形式．$\boldsymbol{A}$称为二次型(6-1)的矩阵．可见二次型的矩阵都是对称的．显然，一个二次型与一个对称矩阵相对应.

例如，二次型$x_1x_2+x_1x_3+2x_2^2-3x_2x_3$所对应的对称矩阵是

$$\boldsymbol{A}=\begin{pmatrix} 0 & \frac{1}{2} & \frac{1}{2} \\ \frac{1}{2} & 2 & -\frac{3}{2} \\ \frac{1}{2} & -\frac{3}{2} & 0 \end{pmatrix},$$

反之，对称矩阵$\boldsymbol{A}$所对应的二次型是

$$\boldsymbol{x}^{\mathrm{T}}\boldsymbol{A}\boldsymbol{x}=(x_1, x_2, x_3)\begin{pmatrix} 0 & \frac{1}{2} & \frac{1}{2} \\ \frac{1}{2} & 2 & -\frac{3}{2} \\ \frac{1}{2} & -\frac{3}{2} & 0 \end{pmatrix}\begin{pmatrix} x_1 \\ x_2 \\ x_3 \end{pmatrix}=x_1x_2+x_1x_3+2x_2^2-3x_2x_3.$$

在解析几何中，为了确定二次方程

$$ax^2+2bxy+cy^2=d$$

所表示的曲线的性态，通常利用转轴公式

$$\begin{cases} x=x'\cos\theta-y'\sin\theta \\ y=x'\sin\theta+y'\cos\theta \end{cases},$$

选择适当的θ，可使上面的方程化为

$$a'x'^2+b'y'^2=d'.$$

在转轴公式中，θ选定后，$\cos\theta$，$\sin\theta$是常数，x，y是由x'，y'的线性式给出，称为线性替换．一般有下面的定义.

定义 2 关系式

$$\begin{cases} x_1 = c_{11}y_1 + c_{12}y_1 + \cdots + c_{1n}y_n \\ x_2 = c_{21}y_1 + c_{22}y_2 + \cdots + c_{2n}y_n \\ \cdots\cdots \\ x_n = c_{n1}y_1 + c_{n2}y_2 + \cdots + c_{nn}y_n \end{cases} \tag{6-3}$$

称为由变量 x_1，x_2，…，x_n 到变量 y_1，y_2，…，y_n 的一个线性变换替换，简称线性替换．矩阵

$$C = \begin{pmatrix} c_{11} & c_{12} & \cdots & c_{1n} \\ c_{21} & c_{22} & \cdots & c_{2n} \\ \vdots & \vdots & & \vdots \\ c_{n1} & c_{n2} & \cdots & c_{nn} \end{pmatrix}$$

称为线性替换(6-3)的矩阵，$|C| \neq 0$ 时称(6-3)为非退化的线性替换.

如上例中，因为 $\begin{vmatrix} \cos\theta & -\sin\theta \\ \sin\theta & \cos\theta \end{vmatrix} = 1 \neq 0$，所以 $\begin{cases} x = x'\cos\theta - y'\sin\theta \\ y = x'\sin\theta - y'\cos\theta \end{cases}$ 是一个非退化的线性替换.

设 $\boldsymbol{x} = \begin{pmatrix} x_1 \\ x_2 \\ \vdots \\ x_n \end{pmatrix}$，$\boldsymbol{y} = \begin{pmatrix} y_1 \\ y_2 \\ \vdots \\ y_n \end{pmatrix}$ 是两个 n 元变量，则(6-3)可以写成以下矩阵形式

$$\boldsymbol{x} = \boldsymbol{C}\boldsymbol{y}.$$

当 $|\boldsymbol{C}| \neq 0$ 时，即线性替换为非退化的，此时有 $\boldsymbol{y} = \boldsymbol{C}^{-1}\boldsymbol{x}$，把(6-3)代入(6-2)，得

$$\boldsymbol{x}^{\mathrm{T}}\boldsymbol{A}\boldsymbol{x} = (\boldsymbol{C}\boldsymbol{y})^{\mathrm{T}}\boldsymbol{A}(\boldsymbol{C}\boldsymbol{y}) = \boldsymbol{y}^{\mathrm{T}}\boldsymbol{C}^{\mathrm{T}}\boldsymbol{A}\boldsymbol{C}\boldsymbol{y} = \boldsymbol{y}^{\mathrm{T}}\boldsymbol{B}\boldsymbol{y},$$

其中，$\boldsymbol{B} = \boldsymbol{C}^{\mathrm{T}}\boldsymbol{A}\boldsymbol{C}$，$\boldsymbol{B}^{\mathrm{T}} = (\boldsymbol{C}^{\mathrm{T}}\boldsymbol{A}\boldsymbol{C})^{\mathrm{T}} = \boldsymbol{C}^{\mathrm{T}}\boldsymbol{A}\boldsymbol{C} = \boldsymbol{B}$，因此 $\boldsymbol{y}^{\mathrm{T}}\boldsymbol{B}_y$ 是以 $\boldsymbol{B}$ 为矩阵 $\boldsymbol{y}$ 的 n 元二次型.

如果(6-3)是非退化线性替换，$\boldsymbol{y}^{\mathrm{T}}\boldsymbol{B}\boldsymbol{y}$ 有下面的形状

$$d_1y_1^2 + d_2y_2^2 + \cdots + d_yy_r^2,$$

其中，$d_i \neq 0$($i=1$，2，…，r；$r \leqslant n$)，我们称这个形状的二次型为(6-1)的一个标准形．易知 $r = R(\boldsymbol{A})$，称为二次型(6-1)的秩.

定义 3 设 $\boldsymbol{A}$，$\boldsymbol{B}$ 为两个 n 阶矩阵，如果存在 n 阶非奇异矩阵 $\boldsymbol{C}$，使得 $\boldsymbol{C}^{\mathrm{T}}\boldsymbol{A}\boldsymbol{C} = \boldsymbol{B}$，则称矩阵 $\boldsymbol{A}$ 合同于矩阵 $\boldsymbol{B}$，或 $\boldsymbol{A}$ 与 $\boldsymbol{B}$ 合同，记为 $\boldsymbol{A} \simeq \boldsymbol{B}$.

可见，二次型(6-1)的矩阵 $\boldsymbol{A}$ 与经过非退化线性替换 $\boldsymbol{x} = \boldsymbol{C}\boldsymbol{y}$ 得出的二次型的矩阵 $\boldsymbol{C}^{\mathrm{T}}\boldsymbol{A}\boldsymbol{C}$ 是合同的．合同关系具有以下性质：

(1)对于任意一个方阵 $\boldsymbol{A}$，都有 $\boldsymbol{A} \simeq \boldsymbol{A}$．因为 $\boldsymbol{E}^{\mathrm{T}}\boldsymbol{A}\boldsymbol{E} = \boldsymbol{A}$，$\boldsymbol{E}$ 为单位矩阵.

(2)如果 $\boldsymbol{A} \simeq \boldsymbol{B}$，则 $\boldsymbol{B} \simeq \boldsymbol{A}$．因为 $\boldsymbol{C}^{\mathrm{T}}\boldsymbol{A}\boldsymbol{C} = \boldsymbol{B}$，则 $(\boldsymbol{C}^{-1})^{\mathrm{T}}\boldsymbol{B}\boldsymbol{C}^{-1} = \boldsymbol{A}$.

(3)如果 $\boldsymbol{A} \simeq \boldsymbol{B}$，且 $\boldsymbol{B} \simeq \boldsymbol{C}$，则 $\boldsymbol{A} \simeq \boldsymbol{C}$．因为 $\boldsymbol{C}_1^{\mathrm{T}}\boldsymbol{A}\boldsymbol{C}_1 = \boldsymbol{B}$，$\boldsymbol{C}_2^{\mathrm{T}}\boldsymbol{B}\boldsymbol{C}_2 = \boldsymbol{C}$，则 $(\boldsymbol{C}_1\boldsymbol{C}_2)^{\mathrm{T}}\boldsymbol{A}(\boldsymbol{C}_1\boldsymbol{C}_2) = \boldsymbol{C}$，而 $|\boldsymbol{C}_1\boldsymbol{C}_2| = |\boldsymbol{C}_1|\,|\boldsymbol{C}_2| \neq 0$.

§6.2　化实二次型为标准形

现在讨论用非退化的线性替换化简二次型的问题.

定理 1　任何一个二次型都可以通过非退化线性替换化为标准形.

证　对二次型(6-1)按以下步骤进行：当 a_{ii} $(i=1,\ 2,\ \cdots,\ n)$不全为零时执行(1)，否则执行(2).

(1)a_{ii}不全为零，设 $a_{11}\neq 0$，则(6-1)改写成

$$f(x_1,\ x_2,\ \cdots,\ x_n)=a_{11}\left[x_1^2+2x_1\left(\frac{x_{12}}{x_{11}}x_2+\cdots+\frac{a_{1n}}{x_{11}}x_n\right)\right]+a_{22}x_2^2+2a_{23}x_2x_3+\cdots+$$
$$2a_{2n}x_2x_n+\cdots+a_{nn}x_n^2,$$

配方得

$$f(x_1,\ x_2,\ \cdots,\ x_n)=a_{11}\left(x_1+\frac{a_{12}}{a_{11}}x_2+\cdots+\frac{a_{1n}}{a_{11}}x_n\right)^2-$$
$$\frac{1}{a_{11}}(a_{12}x_2+a_{13}x_3+\cdots+a_{1n}x_n)^2+$$
$$a_{22}x_2^2+2a_{23}x_2x_3+\cdots+2a_{2n}x_2x_n+\cdots+a_{nn}x_n^2. \tag{6-4}$$

令

$$\begin{cases}x_1=y_1-\dfrac{a_{12}}{a_{11}}y_2-\dfrac{a_{13}}{a_{11}}y_3-\cdots-\dfrac{a_{1n}}{a_{11}}y_n\\ x_2=y_2\\ \cdots\cdots\\ x_n=y_n\end{cases}, \tag{6-5}$$

(6-5)是一个非退化的线性替换，代入(6-4)，得

$$f(x_1,\ x_2,\ \cdots,\ x_n)=a'_{11}y_1^2+a'_{22}y_2^2+2a'_{23}y_2y_3+\cdots+2a'_{2n}y_2y_n+a'_{33}y_3^2+\cdots+$$
$$2a'_{3n}y_3y_n+\cdots+a'_{nn}y_n^2$$

$$a'_{11}=a_{11},\ a'_{ij}=\frac{1}{a_{11}}\begin{vmatrix}a_{11} & a_{1j}\\ a_{i1} & a_{ij}\end{vmatrix}\quad (i,\ j=1,\ 2,\ \cdots,\ n).$$

对于 $n-1$ 元二次型

$$a'_{22}y_2^2+2a'_{23}y_2y_3+\cdots+2a'_{2a}y_2y_n+a'_{33}y_3^2+\cdots+2a'_{3n}y_3y_n+\cdots+a'_{nn}y_n^2.$$

当 a'_{ii} $(i=2,\ 3,\ \cdots,\ n)$不全为零时继续执行(1)，否则转(2).

(2)$a_{ii}=0$ $(i=1,\ 2,\ \cdots,\ n)$，至少有一个 $a_{ij}\neq 0$，设 $a_{12}\neq 0$，(6-1)成为

$$2a_{12}x_1x_2+2a_{13}x_1x_3+\cdots+2a_{1n}x_1x_n+2a_{23}x_2x_3+\cdots+2a_{2n}x_2x_n+\cdots+2a_{n-1,n}x_{n-1}x_n. \tag{6-6}$$

令

$$\begin{cases} x_1 = y_1 \\ x_2 = y_1 + y_2 \\ x_3 = y_3 \\ \cdots\cdots \\ x_n = y_n \end{cases}, \tag{6-7}$$

(6-7)是非退化线性替换，代入(6-6)，得

$$\begin{aligned} &2a_{12}y_1(y_1+y_2)+2a_{13}y_1y_3+\cdots+2a_{1n}y_1y_n+2a_{23}(y_1+y_2)y_3+\cdots+ \\ &2a_{2n}(y_1+y_2)y_n+\cdots+2a_{n-1,n}y_{n-1}y_n \\ =&2a_{12}y_1^2+2a_{12}y_1y_2+2(a_{13}+a_{23})y_1y_3+\cdots+2(a_{1n}+a_{2n})y_1y_2n+2a_{23}y_2y_3+\cdots+ \\ &2a_{2n}y_2y_n+\cdots+2a_{n-1,n}y_{n-1}y_n \end{aligned} \tag{6-8}$$

其中，y_1^2 的系数 $2a_{12}\neq 0$，转(1).

反复执行(1)、(2)，在有限步内可化二次型(6-1)为标准形.

因为 $\boldsymbol{x}=\boldsymbol{C}\boldsymbol{y}$，$|\boldsymbol{C}|\neq 0$，$\boldsymbol{y}=\boldsymbol{D}\boldsymbol{z}$，$|\boldsymbol{D}|\neq 0$，则 $\boldsymbol{x}=(\boldsymbol{C}\boldsymbol{D})\boldsymbol{z}$，$|\boldsymbol{C}\boldsymbol{D}|=|\boldsymbol{C}|\,|\boldsymbol{D}|\neq 0$ 也是非退化线性替换．因此，任何一个二次型按以上步骤化为标准形时，每一步所经的线性替换都是非退化的，所以总可以找到一个非退化线性替换化二次型(6-1)为标准形.

由定理 1 显然可得定理 2.

定理 2 对任意一个对称矩阵 $\boldsymbol{A}$，存在一个非奇异矩阵 $\boldsymbol{C}$，使 $\boldsymbol{C}^{\mathrm{T}}\boldsymbol{A}\boldsymbol{C}$ 为对角形(称这个对角矩阵为 $\boldsymbol{A}$ 的标准形)，即任一个对称矩阵都与一个对角矩阵合同.

定理 3 任给二次型 $f(x_1, x_2, \cdots, x_n)=\sum_{i,j=1}^{n} a_{ij}x_ix_j\ (a_{ij}=a_{ji})$，总有正交变换 $\boldsymbol{x}=\boldsymbol{P}\boldsymbol{y}$，使 $f(x_1, \cdots, x_n)$ 化为标准形

$$f(x_1, \cdots, x_n)=\lambda_1y_1^2+\lambda_2y_2^2+\cdots+\lambda_ny_n^2,$$

其中，$\lambda_1, \lambda_2, \cdots, \lambda_n$ 是 $f(x_1, \cdots, x_n)$ 的矩阵 $\boldsymbol{A}=(a_{ij})$ 的特征值.

例 1 求一非奇异矩阵 $\boldsymbol{C}$，使 $\boldsymbol{C}^{\mathrm{T}}\boldsymbol{A}\boldsymbol{C}$ 为对角矩阵，其中 $\boldsymbol{A}=\begin{pmatrix} 0 & 1 & 1 \\ 1 & 0 & -2 \\ 1 & -2 & 0 \end{pmatrix}$.

解 $\boldsymbol{A}$ 所对应的二次型

$$(x_1, x_2, x_3)\begin{pmatrix} 0 & 1 & 1 \\ 1 & 0 & -2 \\ 1 & -2 & 0 \end{pmatrix}\begin{pmatrix} x_1 \\ x_2 \\ x_3 \end{pmatrix}=2x_1x_2+2x_1x_3-4x_2x_3. \tag{①}$$

令 $\begin{cases} x_1=y_1, \\ x_2=y_1+y_2, \\ x_3=y_3 \end{cases}$ 其矩形 $\boldsymbol{C}_1=\begin{pmatrix} 1 & 0 & 0 \\ 1 & 1 & 0 \\ 0 & 0 & 1 \end{pmatrix}$，$|\boldsymbol{C}_1|=1\neq 0$，代入式①，得

$$
\begin{aligned}
&2y_1^2+2y_1y_2-2y_1y_3-4y_2y_3\\
&=2\left(y_1+\frac{1}{2}y_2-\frac{1}{2}y_3\right)^2-\frac{1}{2}(y_2-y_3)^2-4y_2y_3\\
&=2\left(y_1+\frac{1}{2}y_2-\frac{1}{2}y_3\right)^2-\frac{1}{2}y_2^2-3y_2y_3-\frac{1}{2}y_3^2 \qquad ②\\
&=2\left(y_1+\frac{1}{2}y_2-\frac{1}{2}y_3\right)^2-\frac{1}{2}(y_2+3y_3)^2+4y_2^2
\end{aligned}
$$

令$\begin{cases} y_1=z_1-\frac{1}{2}z_2+2z_3, \\ y_2=z_2-3z_3, \\ y_3=z_3, \end{cases}$ 其矩形 $\boldsymbol{C}_2=\begin{pmatrix} 1 & -\frac{1}{2} & 2 \\ 0 & 1 & -3 \\ 0 & 0 & 1 \end{pmatrix}$，$|\boldsymbol{C}_2|=1\neq 0$，代入式②，

得标准形为

$$2z_1^2-\frac{1}{2}z_2^2+7z_3^2,$$

因此

$$\boldsymbol{C}=\boldsymbol{C}_1\boldsymbol{C}_2=\begin{pmatrix} 1 & 0 & 0 \\ 1 & 1 & 0 \\ 0 & 0 & 1 \end{pmatrix}\begin{pmatrix} 1 & -\frac{1}{2} & 2 \\ 0 & 1 & -3 \\ 0 & 0 & 1 \end{pmatrix}=\begin{pmatrix} 1 & -\frac{1}{2} & 2 \\ 1 & \frac{1}{2} & -1 \\ 0 & 0 & 1 \end{pmatrix},$$

故

$$\boldsymbol{C}^{\mathrm{T}}\boldsymbol{A}\boldsymbol{C}=\begin{pmatrix} 1 & 1 & 0 \\ -\frac{1}{2} & \frac{1}{2} & 0 \\ 2 & -1 & 1 \end{pmatrix}\begin{pmatrix} 0 & 1 & 1 \\ 1 & 0 & -2 \\ 1 & -2 & 0 \end{pmatrix}\begin{pmatrix} 1 & -\frac{1}{2} & 2 \\ 1 & \frac{1}{2} & -1 \\ 0 & 0 & 1 \end{pmatrix}=\begin{pmatrix} 2 & 0 & 0 \\ 0 & -\frac{1}{2} & 0 \\ 0 & 0 & 4 \end{pmatrix}.$$

由前面所学内容可知，非奇异矩阵可以表示为若干初等矩阵的乘积，在矩阵的左(右)边乘以一个初等矩阵，即等于对该矩阵施以初等行(列)变换．因此，当 $\boldsymbol{C}$ 是非奇异矩阵，$\boldsymbol{C}^{\mathrm{T}}\boldsymbol{A}\boldsymbol{C}$ 是对角矩阵时，设 $\boldsymbol{C}=\boldsymbol{P}_1\boldsymbol{P}_2\cdots\boldsymbol{P}_s$，$\boldsymbol{P}_i(i=1,2,\cdots,s)$是初等矩阵，即 $\boldsymbol{C}=\boldsymbol{E}\boldsymbol{P}_1\boldsymbol{P}_2\cdots\boldsymbol{P}_s$，则 $\boldsymbol{C}^{\mathrm{T}}\boldsymbol{A}\boldsymbol{C}=\boldsymbol{P}'_s\cdots\boldsymbol{P}'_2\boldsymbol{P}'_1\boldsymbol{A}\boldsymbol{P}_1\boldsymbol{P}_2\cdots\boldsymbol{P}_s$ 是对角矩阵.

可见，对 $2n\times n$ 矩阵$\begin{pmatrix}\boldsymbol{A}\\ \boldsymbol{I}\end{pmatrix}$施以相应于右乘 $\boldsymbol{P}_1$，$\boldsymbol{P}_2$，…，$\boldsymbol{P}_s$ 的初等列变换，再对 $\boldsymbol{A}$ 施以相应于左乘 $\boldsymbol{P}'_1$，$\boldsymbol{P}'_2$，…，$\boldsymbol{P}'_s$的初等行变换，矩阵 $\boldsymbol{A}$ 变为对角矩阵，单位阵 $\boldsymbol{E}$ 就变为所要求的非奇异矩阵$\boldsymbol{C}$.

例 2 求非奇异矩阵 $\boldsymbol{C}$，使 $\boldsymbol{C}^{\mathrm{T}}\boldsymbol{A}\boldsymbol{C}$ 为对角矩阵，其中 $\boldsymbol{A}=\begin{pmatrix} 1 & 1 & 1 \\ 1 & 2 & 2 \\ 1 & 2 & 1 \end{pmatrix}$.

解 $$\begin{pmatrix}\boldsymbol{A}\\ \boldsymbol{I}\end{pmatrix}=\begin{pmatrix} 1 & 1 & 1 \\ 1 & 2 & 2 \\ 1 & 2 & 1 \\ 1 & 0 & 0 \\ 0 & 1 & 0 \\ 0 & 0 & 1 \end{pmatrix}\xrightarrow[c_3-c_1]{c_2-c_1}\begin{pmatrix} 1 & 0 & 0 \\ 1 & 1 & 1 \\ 1 & 1 & 0 \\ 1 & -1 & -1 \\ 0 & 1 & 0 \\ 0 & 0 & 1 \end{pmatrix}\xrightarrow[r_3-r_1]{r_2-r_1}\begin{pmatrix} 1 & 0 & 0 \\ 0 & 1 & 1 \\ 0 & 1 & 0 \\ 1 & -1 & -1 \\ 0 & 1 & 0 \\ 0 & 0 & 1 \end{pmatrix}$$

$$\xrightarrow{c_3-c_2}\begin{pmatrix}1&0&0\\0&1&0\\0&1&-1\\1&-1&0\\0&1&-1\\0&0&1\end{pmatrix}\xrightarrow{r_3-r_2}\begin{pmatrix}1&0&0\\0&1&0\\0&0&-1\\1&-1&0\\0&1&-1\\0&0&1\end{pmatrix},$$

因此

$$\boldsymbol{C}=\begin{pmatrix}1&-1&0\\0&1&-1\\0&0&1\end{pmatrix},\ \boldsymbol{C}^{\mathrm{T}}\boldsymbol{AC}=\begin{pmatrix}1&0&0\\0&1&0\\0&0&-1\end{pmatrix}.$$

例 3 求一非退化线性替换，化二次型 $2x_1x_2+2x_1x_3-4x_2x_3$ 为标准形.

解 此二次型对应的矩阵为

$$\boldsymbol{A}=\begin{pmatrix}0&1&1\\1&0&-2\\1&-2&0\end{pmatrix}.$$

$$\begin{pmatrix}\boldsymbol{A}\\\boldsymbol{I}\end{pmatrix}\longrightarrow\begin{pmatrix}0&1&1\\1&0&-2\\1&-2&0\\1&0&0\\0&1&0\\0&0&1\end{pmatrix}\xrightarrow{c_2+c_1}\begin{pmatrix}1&1&1\\1&0&-2\\-1&-2&0\\1&0&0\\1&1&0\\0&0&1\end{pmatrix}\xrightarrow{r_2+r_1}\begin{pmatrix}2&1&-1\\1&0&-2\\-1&-2&0\\1&0&0\\1&1&0\\0&0&1\end{pmatrix}$$

$$\xrightarrow[c_3+\frac{1}{2}c_1]{c_2-\frac{1}{2}c_1}\begin{pmatrix}2&0&0\\1&-\frac{1}{2}&-\frac{3}{2}\\-1&-\frac{3}{2}&-\frac{1}{2}\\1&-\frac{1}{2}&\frac{1}{2}\\1&\frac{1}{2}&\frac{1}{2}\\0&0&1\end{pmatrix}\xrightarrow[r_3+\frac{1}{2}r_1]{r_2-\frac{1}{2}r_1}\begin{pmatrix}2&0&0\\1&-\frac{1}{2}&-\frac{3}{2}\\-1&-\frac{3}{2}&-\frac{1}{2}\\1&-\frac{1}{2}&\frac{1}{2}\\1&\frac{1}{2}&\frac{1}{2}\\0&0&1\end{pmatrix}$$

$$\xrightarrow{c_3-3c_2}\begin{pmatrix}2&0&0\\0&-\frac{1}{2}&0\\0&-\frac{3}{2}&4\\0&-\frac{1}{2}&2\\0&\frac{1}{2}&-1\\0&0&1\end{pmatrix}\xrightarrow{r_3-3r_2}\begin{pmatrix}2&0&0\\0&-\frac{1}{2}&0\\0&0&4\\1&-\frac{1}{2}&2\\1&\frac{1}{2}&-1\\0&0&1\end{pmatrix},$$

所以 $\boldsymbol{C}=\begin{pmatrix}1 & -\frac{1}{2} & 2\\ 1 & \frac{1}{2} & -1\\ 0 & 0 & 1\end{pmatrix}$，$|\boldsymbol{C}|=1\neq0$，令 $\begin{cases}x_1=z_1-\frac{1}{2}z_2+2z_3,\\ x_2=z_1+\frac{1}{2}z_2-z_3,\\ x_3=z_3,\end{cases}$ 代入原二次型可得标准形

$$2z_1^2-\frac{1}{2}z_2^2+4z_3^2.$$

以上介绍了用配方法和初等变换法求二次型的标准形，下面再介绍用正交变换化实二次型为标准形的方法.

由前面所学内容可知，任给实对称阵，总有正交矩阵 $\boldsymbol{P}$，使 $\boldsymbol{P}^{-1}\boldsymbol{A}\boldsymbol{P}=\boldsymbol{\Lambda}$，即 $\boldsymbol{P}^{\mathrm{T}}\boldsymbol{A}\boldsymbol{P}=\boldsymbol{\Lambda}$. 把此结论应用于二次型.

例 4 化实二次型 $f(x_1, x_2, x_3, x_4)=2x_1x_2+2x_1x_3-2x_1x_4-2x_2x_3+2x_2x_4+2x_3x_4$ 为标准形.

解 这个二次型对应的实对称阵为

$$\boldsymbol{A}=\begin{pmatrix}0 & 1 & 1 & -1\\ 1 & 0 & -1 & 1\\ 1 & -1 & 0 & 1\\ -1 & 1 & 1 & 0\end{pmatrix},$$

容易求出 $\boldsymbol{A}$ 的特征多项式 $|\lambda\boldsymbol{E}-\boldsymbol{A}|=(\lambda-1)^3(\lambda+3)$，故 $\boldsymbol{A}$ 的特征值为 1，1，1，-3. 因此 $\boldsymbol{A}$ 可以化为 $y_1^2+y_2^2+y_3^2-3y_4^2$ 这样一个标准形．下面来求正交变换阵 $\boldsymbol{P}$.

先求 $\lambda=1$ 的特征向量，这时有齐次线性方程组

$$\begin{pmatrix}1 & -1 & -1 & 1\\ -1 & 1 & 1 & -1\\ 1 & 1 & 1 & -1\\ 1 & -1 & -1 & 1\end{pmatrix}\begin{pmatrix}x_1\\ x_2\\ x_3\\ x_4\end{pmatrix}=\begin{pmatrix}0\\ 0\\ 0\\ 0\end{pmatrix},$$

可求出基础解系为

$$\begin{pmatrix}1\\ 1\\ 0\\ 0\end{pmatrix},\ \begin{pmatrix}1\\ 0\\ 1\\ 0\end{pmatrix},\ \begin{pmatrix}-1\\ 0\\ 0\\ 1\end{pmatrix},$$

用施密特方法将这三个向量正交化并单位化为

$$\begin{pmatrix}\frac{1}{\sqrt{2}}\\ \frac{1}{\sqrt{2}}\\ 0\\ 0\end{pmatrix},\ \begin{pmatrix}\frac{1}{\sqrt{6}}\\ -\frac{1}{\sqrt{6}}\\ \sqrt{\frac{2}{3}}\\ 0\end{pmatrix},\ \begin{pmatrix}-\frac{1}{2\sqrt{3}}\\ \frac{1}{2\sqrt{3}}\\ \frac{1}{2\sqrt{3}}\\ \frac{\sqrt{3}}{2}\end{pmatrix}.$$

再求 $\lambda=-3$ 时的特征向量，这时齐次线性方程组 $(\lambda\boldsymbol{E}-\boldsymbol{A})\boldsymbol{x}=\boldsymbol{0}$ 为

$$\begin{pmatrix}-3&-1&-1&1\\-1&-3&1&-1\\-1&1&-3&-1\\1&-1&-1&-3\end{pmatrix}\begin{pmatrix}x_1\\x_2\\x_3\\x_4\end{pmatrix}=\begin{pmatrix}0\\0\\0\\0\end{pmatrix},$$

求出它的基础解系，为一个向量 $\begin{pmatrix}1\\-1\\-1\\1\end{pmatrix}$，将它标准化为 $\begin{pmatrix}1/2\\-1/2\\-1/2\\1/2\end{pmatrix}$，于是

$$\boldsymbol{P}=\begin{pmatrix}\frac{1}{\sqrt{2}}&\frac{1}{\sqrt{6}}&-\frac{1}{2\sqrt{3}}&\frac{1}{2}\\\frac{1}{\sqrt{2}}&-\frac{1}{\sqrt{6}}&\frac{1}{2\sqrt{3}}&\frac{1}{2}\\0&\sqrt{\frac{2}{3}}&\frac{1}{2\sqrt{3}}&-\frac{1}{2}\\0&0&\frac{\sqrt{3}}{2}&\frac{1}{2}\end{pmatrix}.$$

§6.3 实二次型的正惯性指数

设 $f(x_1,x_2,\cdots,x_n)$ 是一实系数的二次型，化为标准形后，如果有必要可重新安排变量的次序(这也是一个非退化线性替换)，使这个标准形为以下形状：

$$d_1x_1^2+\cdots+d_px_p^2-d_{p+1}x_{p+1}^2-\cdots-d_rx_r^2,$$

其中 $d_i>0(i=1,2,\cdots,r)$.

我们常对标准形的各项符号感兴趣，通过如下的非退化线性替换

$$\begin{cases}x_i=\dfrac{1}{\sqrt{d_i}}y_i & (i=1,2,\cdots,r)\\ x_j=y_j & (j=r+1,r+2,\cdots,n)\end{cases}$$

化二次型 $d_1x_1^2+\cdots+d_px_p^2-d_{p+1}x_{p+1}^2-\cdots-d_rx_r^2$ 为

$$y_1^2+\cdots+y_p^2-y_{p+1}^2-\cdots-y_r^2,$$

这种形式的二次型称为二次型(6-1)的规范形，因此有下面的定理：

定理 4 任意一个实数域上的二次型，经过一适当的非退化线性替换可以变成规范形，且规范形是唯一的.

证 定理的前一半在上面已经证明，下面证明唯一性.

设实二次型 $f(x_1,x_2,\cdots,x_n)$ 经过非退化线性替换

$$\boldsymbol{X}=\boldsymbol{B}\boldsymbol{Y}$$

化成规范形

$$f(x_1, x_2, \cdots, x_n)=y_1^2+\cdots+y_p^2-y_{p+1}^2-\cdots-y_r^2,$$

而经过非退化线性替换

$$\boldsymbol{X}=\boldsymbol{CZ}$$

也化成规范形

$$f(x_1, x_2, \cdots, x_n)=z_1^2+\cdots+z_q^2-z_{q+1}^2-\cdots-z_r^2,$$

现在来证 $p=q$. 用反证法. 设 $p>q$，由以上假设有

$$y_1^2+\cdots+y_p^2-y_{p+1}^2-\cdots-y_r^2=z_1^2+\cdots+z_q^2-z_{q+1}^2-\cdots-z_r^2, \tag{6-9}$$

其中

$$\boldsymbol{Z}=\boldsymbol{C}^{-1}\boldsymbol{BY}. \tag{6-10}$$

令

$$\boldsymbol{C}^{-1}\boldsymbol{B}=\boldsymbol{G}=\begin{pmatrix} g_{11} & g_{12} & \cdots & g_{1n} \\ g_{21} & g_{22} & \cdots & g_{2n} \\ \vdots & \vdots & & \vdots \\ g_{n1} & g_{n2} & \cdots & g_{nn} \end{pmatrix},$$

即

$$\begin{cases} z_1=g_{11}y_1+g_{12}y_2+\cdots+g_{1n}y_n \\ z_2=g_{21}y_1+g_{22}y_2+\cdots+g_{2n}y_n \\ \cdots\cdots \\ z_n=g_{n1}y_1+g_{n2}y_2+\cdots+g_{nn}y_n \end{cases}.$$

考虑齐次线性方程组

$$\begin{cases} g_{11}y_1+g\ 12y_2+\cdots+g_{1n}y_n=0 \\ \cdots\cdots \\ g_{q1}y_1+g_{q2}y_2+\cdots+g_{qn}y_n=0 \\ y_{p+1}=0 \\ \cdots\cdots \\ y_n=0 \end{cases}, \tag{6-11}$$

此方程组含有 n 个未知量，而含有

$$q+(n-p)=n-(p-q)<n$$

个方程，因此它有非零解. 令

$$(y_1, \cdots, y_p, y_{p+1}, \cdots, y_n)=(k_1, \cdots k_p, k_{p+1}, \cdots, k_n),$$

是其中的一个非零解，显然

$$k_{p+1}=k_{p+2}=\cdots=k_n=0,$$

因此把它代入(6-9)的左端，得到的值

$$k_1^2+\cdots+k_p^2>0,$$

通过(6-10)把它代入(6-9)的右端，因为它是(6-11)的解，故有

$$z_1=\cdots=z_q=0,$$

所以得到的值为

$$-z_{q+1}^2-\cdots-z_r^2\leqslant 0,$$

这是一个矛盾，它说明假设 $p>q$ 是不对的，因此证明了 $p\leqslant q$.

同理可证 $q\leqslant p$，从而 $p=q$，这就证明了规范形的唯一性.

通常称这个定理为惯性定理.

定义 4 在实二次型 $f(x_1, x_2, \cdots, x_n)$ 的规范形中，正平方项的个数 p 称为 $f(x_1, x_2, \cdots, x_n)$ 的正惯性指数；负平方项的个数 $r-p$ 称为 $f(x_1, x_2, \cdots, x_n)$ 的负惯性指数；它们的差 $p-(r-p)=2p-r$ 称为 $f(x_1, x_2, \cdots, x_n)$ 的符号差.

定理 4 表明，任何合同的对称矩阵具有相同的规范形 $\begin{pmatrix} I_p & 0 & 0 \\ 0 & -I_{r-p} & 0 \\ 0 & 0 & 0 \end{pmatrix}$，即合同的实对称矩阵具有相同的正惯性指数和秩.

惯性定律反映在几何上就是：通过非奇异线性变换把二次曲线方程化为标准方程时，方程的系数和所作的线性变换有关，但曲线的类型(椭圆型、双曲型等)是不会因所作线性变换的不同而有所改变的.

§6.4 正定二次型

定义 5 若对于不全为零的任何实数 $x_1, x_2, \cdots, x_n$，二次型

$$f(x_1, x_2, \cdots, x_n)=\sum_{i,j=1}^{n} a_{ij}x_ix_j=\boldsymbol{x}^{\mathrm{T}}\boldsymbol{A}\boldsymbol{x} \quad (a_{ij}=a_{ji})$$

的值都是正数，则称此二次型为正定的，而其对应的矩阵称为正定矩阵.

下面介绍判断一个二次型为正定的充分必要条件：

定理 5 二次型 $\boldsymbol{x}^{\mathrm{T}}\boldsymbol{A}\boldsymbol{x}$ 是正定的充分必要条件为其正惯性指数等于 n.

证 设非齐异线性变换 $\boldsymbol{x}=\boldsymbol{C}\boldsymbol{y}$ 使

$$\boldsymbol{x}^{\mathrm{T}}\boldsymbol{A}\boldsymbol{x}=d_1y_1^2+d_2y_2^2+\cdots+d_ny_n^2.$$

因为 C 是非奇异的，所以 x_1, x_2, x_n 不全为零，与 $y_1, y_2, \cdots, y_n$ 不全为零是等价的. 显然，当 $y_1, y_2, \cdots, y_n$ 不全为零时，

$$dy_1^2+d_2y_2^2+\cdots+d_ny_n^2>0 \tag{6-12}$$

的充分必要条件为 $d_i>0, d_2>0, \cdots, d_n>0$.

如果在(6-12)式中再令 $z_i=\sqrt{d_i}\,y_i (i=1, 2, \cdots, n)$，即

$$\boldsymbol{y}=\boldsymbol{C}_1\boldsymbol{z}$$

其中 $\boldsymbol{y}=\begin{pmatrix} y_1 \\ y_2 \\ \vdots \\ y_n \end{pmatrix}$，$\boldsymbol{C}_1=\begin{pmatrix} \frac{1}{\sqrt{d_1}} & 0 & \cdots & 0 \\ 0 & \frac{1}{\sqrt{d_2}} & \cdots & 0 \\ \vdots & \vdots & & \vdots \\ 0 & 0 & \cdots & \frac{1}{\sqrt{d_n}} \end{pmatrix}$，$\boldsymbol{z}=\begin{pmatrix} z_1 \\ z_2 \\ \vdots \\ z_n \end{pmatrix}$，

则通过非奇异线性变换 $\boldsymbol{x}=\boldsymbol{C}\boldsymbol{C}_l\boldsymbol{z}=\boldsymbol{M}\boldsymbol{z}$，使

$$\boldsymbol{x}^{\mathrm{T}}\boldsymbol{A}\boldsymbol{x}=z_1^2+z_2^2+\cdots+z_n^2.$$

这样又有：

推论 1 二次型 $\boldsymbol{x}^{\mathrm{T}}\boldsymbol{A}\boldsymbol{x}$ 是正定的充分必要条件为存在非齐异线性变换 $\boldsymbol{x}=\boldsymbol{M}\boldsymbol{y}$ 使

$$\boldsymbol{x}^{\mathrm{T}}\boldsymbol{A}\boldsymbol{x}=y_1^2+y_2^2+\cdots+y_n^2.$$

用矩阵来描述就是，实对称矩阵 $\boldsymbol{A}$ 是正定的充分必要条件为存在非奇异矩阵 $\boldsymbol{M}$，使 $\boldsymbol{M}^{\mathrm{T}}\boldsymbol{A}\boldsymbol{M}=\boldsymbol{E}$，其中 $\boldsymbol{E}$ 为单位矩阵，即 $\boldsymbol{A}$ 与单位矩阵合同.

因为总是存在正交变换 $\boldsymbol{x}=\boldsymbol{C}\boldsymbol{y}$ 使

$$\boldsymbol{x}^{\mathrm{T}}\boldsymbol{A}\boldsymbol{x}=\lambda_1 y_1^2+\lambda_2 y_2^2+\cdots+\lambda_n y_n^2,$$

其中，λ_1，λ_2，…，λ_n 为实对称矩阵 $\boldsymbol{A}$ 的特征值．所以又有：

推论 2 二次型 $\boldsymbol{x}^{\mathrm{T}}\boldsymbol{A}\boldsymbol{x}$ 是正定的充分必要条件为实对称矩阵 $\boldsymbol{A}$ 的特征值全是正数.

推论 3 正定矩阵的行列式大于零.

证 设 $\boldsymbol{A}$ 为正定矩阵，由推论 1 知必存在非奇异矩阵 $\boldsymbol{M}$，使 $\boldsymbol{M}^{\mathrm{T}}\boldsymbol{A}\boldsymbol{M}=\boldsymbol{E}$，两边取行列式

$$|\boldsymbol{M}^{\mathrm{T}}|\,|\boldsymbol{A}|\,|\boldsymbol{M}|=|\boldsymbol{E}|=1,$$

而 $|\boldsymbol{M}^{\mathrm{T}}|=|\boldsymbol{M}|\neq 0$，因而 $|\boldsymbol{A}|$，$|\boldsymbol{M}|^2=1$，所以 $|\boldsymbol{A}|>0$.

推论 3 也说明了正定矩阵一定是非奇异的.

用行列式来判别一个矩阵(或二次型)是否是正定的也是一种常用的方法．设有矩阵

$$\boldsymbol{A}=\begin{pmatrix} a_{11} & a_{12} & \cdots & a_{1n} \\ a_{21} & a_{22} & \cdots & a_{2n} \\ \vdots & \vdots & & \vdots \\ a_{n1} & a_{n2} & \cdots & a_{nn} \end{pmatrix},$$

我们称下列 n 个行列式为 $\boldsymbol{A}$ 的 n 个顺序主子式：

$$|a_{11}|,\ \begin{vmatrix} a_{11} & a_{12} \\ a_{21} & a_{22} \end{vmatrix},\ \begin{vmatrix} a_{11} & a_{12} & a_{13} \\ a_{21} & a_{22} & a_{23} \\ a_{31} & a_{32} & a_{33} \end{vmatrix},\ \cdots,\ \begin{vmatrix} a_{11} & a_{12} & \cdots & a_{1n} \\ a_{21} & a_{22} & \cdots & a_{2n} \\ \vdots & \vdots & & \vdots \\ a_{n1} & a_{n2} & \cdots & a_{nn} \end{vmatrix}.$$

这里 $|a_{11}|$ 表示一阶行列式而不是绝对值．$\boldsymbol{A}$ 的第 i 个顺序主子式实际上就是由 $\boldsymbol{A}$ 的前 i 行与前 i 列交叉点上的元素构成的行列式.

定理 6 二次型 $f(x_1, x_2, \cdots, x_n)=\sum\limits_{i,j=1}^{n} a_{ij}x_ix_j$ 是正定的充分必要条件为实对称矩阵 $\boldsymbol{A}=(a_{ij})$ 的各阶顺序主子式都大于零.

证 必要性. 实际上，$\boldsymbol{A}$ 的 k 阶顺序主子式

$$P_k=\begin{vmatrix} a_{11} & a_{12} & \cdots & a_{1k} \\ a_{21} & a_{22} & \cdots & a_{2k} \\ \vdots & \vdots & & \vdots \\ a_{k1} & a_{k2} & \cdots & a_{kk} \end{vmatrix}$$

就是二次型
$$g(x_1, x_2, \cdots, x_k)=\sum_{i,j=1}^{k} a_{ij}x_ix_j$$
的矩阵的行列式，所以只要证明此二次型是正定的，由定理 5 的推论 3 就有 $P_k>0$. 而这由 $g(x_1, x_2, \cdots, x_k)=f(x_l, x_2, \cdots, x_k, 0, \cdots, 0)$ 与 $f(x_1, x_2, \cdots, x_n)$ 的正定性即可推出.

充分性. 对 n 用数学归纳法.

当 $n=1$ 时，$f(x_1)=a_{11}x_1^2$，当 $a_{11}>0$ 时，显然是正定的.

设充分性对 $n-1$ 元二次型成立，现考虑 n 元二次型 $f(x_1, x_2, \cdots, x_n)$. 由于 $a_{11}\neq 0$，可对含有 x_1 的项配方，得

$$f(x_1, x_2, \cdots, x_n)=a_{11}\left[x_1+\frac{1}{a_{11}}(a_{12}x_2+\cdots+a_{1n}x)\right]^2+g(x_2, x_3, \cdots, x_n), \tag{6-13}$$

其中

$$g(x_2, x_3, \cdots, x_n)=\sum_{i,j=2}^{n} a_{ij}x_ix_j-\frac{1}{a_{11}}(a_{12}x_2+\cdots+a_{1n}x_n)^2. \tag{6-14}$$

而
$$(a_{12}x_2+\cdots+a_{1n}x_n)^2=\sum_{i,j=2}^{n} a_{1i}a_{1j}x_ix_j,$$

代入(6-14)式，得

$$g(x_2, x_3, \cdots, x_n)=\sum_{i,j=2}^{n}\left(a_{ij}-\frac{a_{1i}a_{1j}}{a_{11}}\right)x_ix_j=\sum_{i,j=2}^{n} b_{ij}x_ix_j,$$

其中

$$b_{ij}=a_{ij}=\frac{a_{1i}a_{1j}}{a_{11}}=a_{ij}-\frac{a_{i1}a_{j1}}{a_{11}}\quad(i, j=2, 3, \cdots, n).$$

由矩阵 $\boldsymbol{A}=(a_{ij})$ 的对称性可知 $\boldsymbol{B}=(b_{ij})$ 也是实对称矩阵，下面证明 $\boldsymbol{B}$ 的各阶顺序主子式都大于零.

在 $\boldsymbol{A}$ 的 k 阶顺序主子式 P_k 中，将第一行的 $-\frac{a_{i1}}{a_{11}}$ 倍加到第 i 行($i=2, 3, \cdots, n$)，便得

$$P_k=\begin{vmatrix} a_{11} & a_{12} & \cdots & a_{1k} \\ a_{21} & a_{22} & \cdots & a_{2k} \\ \vdots & \vdots & & \vdots \\ a_{k1} & a_{k2} & \cdots & a_{kk} \end{vmatrix}=\begin{vmatrix} a_{11} & a_{12} & \cdots & a_{1k} \\ 0 & a_{22}-\frac{a_{21}a_{12}}{a_{11}} & \cdots & a_{2k}-\frac{a_{21}a_{1k}}{a_{11}} \\ \vdots & \vdots & & \vdots \\ 0 & a_{k2}-\frac{a_{k1}a_{12}}{a_{11}} & \cdots & a_{kk}-\frac{a_{k1}a_{1k}}{a_{11}} \end{vmatrix}$$

$$=\begin{vmatrix} a_{11} & a_{12} & \cdots & a_{1k} \\ 0 & b_{22} & \cdots & b_{2k} \\ \vdots & \vdots & & \vdots \\ 0 & b_{k2} & \cdots & b_{kk} \end{vmatrix}=a_{11}\begin{vmatrix} b_{22} & \cdots & b_{2k} \\ \vdots & & \vdots \\ b_{k2} & \cdots & b_{kk} \end{vmatrix}=a_{11}P'_{k-1} \tag{6-15}$$

P'_{k-1}即$n-1$元二次型$g(x_2, x_3, \cdots, x_n)$的是$k-1$阶顺序主子式，由$a_{11}>0$及$P_k>0$，从(6-15)式便知户$P'_{k+1}>0(k=2, 3, \cdots, n)$

由归纳法假设，得出$g(x_2, x_3, \cdots, x_n)$是正定的，从(6-13)式知道$f(x_1, x_2, \cdots, x_n)$也是正定的.

定义6 设$f(x_1, x_2, \cdots, x_n)$是一实二次型，对于任意一组不全为零的实数C_1，C_2，…，C_n，如果都有$f(C_1, C_2, \cdots, C_n)<0$，那么$f(x_1, x_2, \cdots, x_n)$称为负定的；如果都有$f(C_1, C_2, \cdots, C_n)\geqslant 0$，那么$f(x_1, x_2, \cdots, x_n)$称为半正定的；如果都有$f(C_1, C_2, \cdots, C_n)\leqslant 0$，那么$f(x_1, x_2, \cdots, x_n)$称为半负定的；如果它既不是半正定又不是半负定，那么$f(x_1, x_2, \cdots, x_n)$就称为不定的．二次型及其矩阵的正定(负定)、半正定(半负定)统称为二次型及其矩阵的有定性，不具有有定性的二次型及其矩阵统称为二次型及其矩阵是不定的.

由定理6不难得出负定二次型的判别条件．这是因为，当$f(x_1, x_2, \cdots, x_n)$是负定时，$-f(x_1, x_2, \cdots, x_n)$就是正定的.

至于半正定，有以下定理：

定理7 对于实二次型$f(x_1, x_2, \cdots, x_n)=\boldsymbol{X}^{\mathrm{T}}\boldsymbol{A}\boldsymbol{X}$，其中$\boldsymbol{A}$是实对称的，下列条件等价：

(1)$f(x_1, x_2, \cdots, x_n)$是半正定的；

(2)它的正惯性指数与秩相等；

(3)有可逆实矩阵$\boldsymbol{C}$，使

$$\boldsymbol{C}^{\mathrm{T}}\boldsymbol{A}\boldsymbol{C}=\begin{pmatrix} d_1 & & & \\ & d_2 & & \\ & & \ddots & \\ & & & d_n \end{pmatrix},$$

其中$d_i\geqslant 0(i=1, 2, \cdots, n)$；

(4)有实矩阵$\boldsymbol{C}$使$\boldsymbol{A}=\boldsymbol{C}^{\mathrm{T}}\boldsymbol{C}$；

(5)$\boldsymbol{A}$的所有主子式皆大于或等于零(所谓k级主子式，是指形如

$$\begin{vmatrix} a_{i_1i_1} & a_{i_1i_2} & \cdots & a_{i_1i_k} \\ a_{i_2i_2} & a_{i_2i_2} & \cdots & a_{i_2i_k} \\ \vdots & \vdots & & \vdots \\ a_{i_ki_1} & a_{i_ki_2} & \cdots & a_{i_ki_k} \end{vmatrix}$$

的 k 级子式，其中 $1\leqslant i_1<i_2<\cdots<i_k\leqslant n$).

下面利用二次型的有定性，给出在多元微积分中，关于多元函数极值的判定的一个充分条件.

设 n 元函数 $f(x_1, x_2, \cdots, x_n)$ 在 $(x_1^0, x_2^0, \cdots, x_n^0)$ 的某邻域中有一阶和二阶连续偏导数，又 $(x_1^0+h_1, x_2^0+h_2, \cdots, x_n^0+h_n)$ 为该邻域中任意一点．由多元函数的泰勒公式知

$$f(x_0+h)=f(x_0)+\sum_{i=1}^{n} f_i(x_0)h_i+\frac{1}{2!}\sum_{i=1}^{n}\sum_{j=1}^{n} f_{ij}(x_0+\theta h)h_ih_j,$$

其中

$$0<\theta<1,\ x_0=(x_1^0, x_2^0, \cdots, x_n^0),\ h=(h_1, h_2, \cdots, h_n),$$

$$f_i(x_0)=\frac{\partial f(x_0)}{\partial x_i} \quad (i=1, 2, \cdots, n),$$

$$f_{ij}(x_0+\theta h)=f_{ji}(x_0+\theta h)=\frac{\partial^2 f(x_0+\theta h)}{\partial x_i\partial x_j}=\frac{\partial^2 f(x_0+\theta h)}{\partial x_j\partial x_i} \quad (i, j=1, 2, \cdots, n).$$

当 $x_0=(x_1^0, x_2^0, \cdots, x_n^0)$ 是 $f(x)$ 的驻点时，则有 $f_i(x_0)=0(i=1, 2, \cdots, n)$，于是 $f(x_0)$ 是否为 $f(x)$ 的极值取决于 $\sum_{i=1}^{n}\sum_{j=1}^{n} f_{ij}(x_0+\theta h)h_ih_j$ 的符号．由 $f_{ij}(x)$ 在 x_0 的某邻域中的连续性知，在该邻域中，上式的符号可由 $\sum_{i=1}^{n}\sum_{j=1}^{n} f_{ij}(x_0)h_ih_j$ 的符号决定，而后一式是 $h_1, h_2, \cdots, h_n$ 的一个 n 元二次型，它的符号取决于对称矩阵

$$\boldsymbol{H}(x_0)=\begin{pmatrix} f_{11}(x_0) & f_{12}(x_0) & \cdots & f_{1n}(x_0) \\ f_{21}(x_0) & f_{22}(x_0) & \cdots & f_{2n}(x_0) \\ \vdots & \vdots & & \vdots \\ f_{n1}(x_0) & f_{n2}(x_0) & \cdots & f_{nn}(x_0) \end{pmatrix}$$

是否为有定矩阵．这个矩阵称为 $f(x)$ 在 x_0 处的 n 阶赫斯(Hess)矩阵，其顺序 k 阶主子式记为 $|\boldsymbol{H}_k(x_0)|(k=1, 2, \cdots, n)$.

我们有如下判别法：

(1)当 $|\boldsymbol{H}_k|(x_0)>0(k=1, 2, \cdots, n)$，则 $f(x_0)$ 为 $f(x)$ 的极小值；

(2)当 $(-1)^k|\boldsymbol{H}_k(x_0)|>0(k=1, 2, \cdots, n)$，则 $f(x_0)$ 为 $f(x)$ 的极大值；

(3)当 $H(x_0)$ 为不定矩阵，$f(x_0)$ 非极值.

例 1 判别二次型 $f(x, y, z)=5x^2+y^2+5z^2+4xy-8xz-4yz$ 是否正定.

解 二次型的矩阵为

$$\boldsymbol{A}=\begin{pmatrix} 5 & 2 & -4 \\ 2 & 1 & -2 \\ -4 & -2 & 5 \end{pmatrix},$$

其各阶顺序主子式

$$|5|=5>0,\quad \begin{vmatrix}5 & 2\\2 & 1\end{vmatrix}=1>0,\quad \begin{vmatrix}5 & 2 & -4\\2 & 1 & -2\\-4 & -2 & 5\end{vmatrix}=1>0,$$

所以二次型是正定的.

例 2 求函数 $f(x_1, f_2, f_3)=x_1+x_2-e^{x_1}-e^{x_2}+2e^{x_3}-e^{x_3^2}$ 的极值.

解
$$\begin{cases}f_1=1-e^{x_1}=0\\f_2=1-e^{x_2}=0\\f_3=2e^{x_3}-2x_3e^{x_3^2}=0\end{cases},$$

解方程组得驻点 $x_0=(0, 0, 1)$.

$$f_{11}=-e^{x_1},\qquad f_{12}=0,\qquad f_{13}=0,$$
$$f_{21}=0,\qquad f_{22}=-e^{x_2},\qquad f_{23}=0,$$
$$f_{31}=0,\qquad f_{32}=0,\qquad f_{33}=2e^{x_3}-(2+4x_3^2)e^{x_3^2}.$$

$f(x_1, x_2, x_3)$在$(0, 0, 1)$处的赫斯矩阵为

$$\boldsymbol{H}(x_0)=\begin{pmatrix}-1 & 0 & 0\\0 & -1 & 0\\0 & 0 & -4e\end{pmatrix}.$$

因$|H_1(x_0)|=-1<0$，$|H_2(x_0)|=\begin{vmatrix}-1 & 0\\0 & -1\end{vmatrix}=1>0$，$|H_3(x_0)|=-4e$，$<0$，故 $H(x_0)$为负定矩阵，所以 $f(0, 0, 1)=e-1$ 为 $f(x_1, x_2, x_3)$的极大值.

例 3 求出函数 $f(x_1, x_2, x_3)=x_1^3+3x_1x_2+3x_1x_3+x_2^3+3x_2x_3+x_3^3$ 的极值.

解
$$\begin{cases}f_1=3x_1^2+3x_2+3x_3=0\\f_2=3x_1+3x_2^2+3x_3=0.\\f_3=3x_1+3x_2+3x_3^2=0\end{cases}$$

解方程组得驻点 $x_0=(0, 0, 0)$，$\tilde{x}=(-2, -2, -2)$. 又

$$f_{11}=6x_1,\qquad f_{12}=3,\qquad f_{13}=3,$$
$$f_{21}=3,\qquad f_{22}=6x_2,\qquad f_{23}=3,$$
$$f_{31}=1,\qquad f_{32}=3,\qquad f_{33}=6x_3,$$

则

$$\boldsymbol{H}(x_0)=\begin{pmatrix}0 & 3 & 3\\3 & 0 & 3\\3 & 3 & 0\end{pmatrix},\quad \boldsymbol{H}(\tilde{x})=\begin{pmatrix}-12 & 3 & 3\\3 & -12 & 3\\3 & 3 & 12\end{pmatrix}.$$

因$|\boldsymbol{H}_1(x_0)=0$，$|H_2(x_0)|=-9$，$|\boldsymbol{H}_3(x_0)|=54$，故$(\boldsymbol{H}_0)$为非有定矩阵，则在点$(0, 0, 0)$处 $f(x_1, x_2, x_3)$没有极值.

又

$$|\boldsymbol{H}_1(\tilde{x})|=-12<0,\quad |\boldsymbol{H}_2(\tilde{x})|=\begin{pmatrix}-12 & 3\\3 & -12\end{pmatrix}=135>0,$$

$$|\boldsymbol{H}_3(\tilde{x})| = \begin{pmatrix} -12 & 3 & 3 \\ 3 & -12 & 3 \\ 3 & 3 & -12 \end{pmatrix} = -1\,350 < 0,$$

故 $\boldsymbol{H}(x_0)$ 为负定矩阵，所以 $f(-2, -2, -2)=12$ 是给定函数的极大值.

§6.5 习　　题

1. 选择题：

(1)设矩阵 $\boldsymbol{A}=\begin{pmatrix} 2 & -1 & -1 \\ -1 & 2 & -1 \\ -1 & -1 & 2 \end{pmatrix}$，$\boldsymbol{B}=\begin{pmatrix} 1 & 0 & 0 \\ 0 & 1 & 0 \\ 0 & 0 & 0 \end{pmatrix}$，则 $\boldsymbol{A}$ 与 $\boldsymbol{B}$(　　).

(A)合同且相似；　　(B)合同但不相似；

(C)不合同，但是相似；　　(D)即不合同也不相似

(2)设 $\boldsymbol{A}=\begin{pmatrix} 1 & 1 & 1 & 1 \\ 1 & 1 & 1 & 1 \\ 1 & 1 & 1 & 1 \\ 1 & 1 & 1 & 1 \end{pmatrix}$，$\boldsymbol{B}=\begin{pmatrix} 4 & 0 & 0 & 0 \\ 0 & 0 & 0 & 0 \\ 0 & 0 & 0 & 0 \\ 0 & 0 & 0 & 0 \end{pmatrix}$，则 $\boldsymbol{A}$ 与 $\boldsymbol{B}$(　　).

(A)合同且相似；　　(B)合同但不相似；

(C)不合同但相似；　　(D)不合同且不相似

(3)设 $\boldsymbol{A}=\begin{pmatrix} 1 & 2 \\ 2 & 1 \end{pmatrix}$，则在实数域上与 $\boldsymbol{A}$ 合同的矩阵为(　　).

(A)$\begin{pmatrix} -2 & 1 \\ 1 & -2 \end{pmatrix}$；　(B)$\begin{pmatrix} 2 & -1 \\ -1 & 2 \end{pmatrix}$；　(C)$\begin{pmatrix} 2 & 1 \\ 1 & 2 \end{pmatrix}$；　(D)$\begin{pmatrix} 1 & -2 \\ -2 & 1 \end{pmatrix}$

(4)与矩阵 $\boldsymbol{A}=\begin{pmatrix} 1 & 2 & 0 \\ 2 & 1 & 0 \\ 0 & 0 & 1 \end{pmatrix}$ 合同的矩阵为(　　).

(A)$\begin{pmatrix} 1 & & \\ & 1 & \\ & & 1 \end{pmatrix}$；　(B)$\begin{pmatrix} 1 & & \\ & 1 & \\ & & -1 \end{pmatrix}$；　(C)$\begin{pmatrix} 1 & & \\ & -1 & \\ & & -1 \end{pmatrix}$；　(D)$\begin{pmatrix} -1 & & \\ & -1 & \\ & & -1 \end{pmatrix}$

2. 填空题：

(1)矩阵 $\boldsymbol{A}=\begin{pmatrix} 1 & -1 & 2 \\ -1 & 1 & 1 \\ 2 & 1 & 2 \end{pmatrix}$ 所对应的二次型为____________；

(2)二次型 $f=2x_1^2+x_2^2-5x_3^2+4x_1x_2-7x_2x_3$ 所对应的矩阵为____________；

(3)二次型 $f=x_1^2-3x_2^2-2x_1x_2+2x_1x_3-6x_2x_3$ 的秩为____________，正惯性指数是____________；

(4)二次型 $f(x_1\quad x_2\quad x_3)=x_1^2+3x_2^2+x_3^2+2x_1x_2+2x_1x_3+2x_2x_3$，则 f 的正惯性

指数为________________；

3. 用配方法化下列二次型为标准形，并写出所用的线性变换.

(1) $f=x_1x_2-3x_1x_3+x_2x_3$；

(2) $f=x_1^2+2x_2^2+5x_3^2+2x_1x_2+2x_1x_3+6x_2x_3$.

4. 用正交变换化下列二次型为标准形，并写出所用的正交变换.

(1) $f=-2x_1^2-x_2^2+2x_3^2+4x_2x_3$；

(2) $f=3x_1^2+6x_2^2+3x_3^2-4x_1x_2-8x_1x_3-4x_2x_3$.

5. 求参数 t 的范围，满足下列条件.

(1) $f=x_1^2+4x_2^2+x_3^2+2tx_1x_2+2tx_2x_3$ 是正定的；

(2) $f=-x_1^2-4x_2^2-2x_3^2+2tx_1x_2+2x_1x_3+4x_2x_3$ 是负定的.

6. 已知 $f=2x_1^2+3x_2^2+3x_3^2+2ax_2x_3\,(a>0)$，通过正交变换化为 $f=y_1^2+2y_2^2+5y_3^2$，求参数 a 及所用的正交变换.

7. 设 $\boldsymbol{A}$，$\boldsymbol{B}$ 都是 n 阶正定矩阵，证明 $\boldsymbol{A}+2\boldsymbol{B}$ 也是正定矩阵.

8. 设 $\boldsymbol{A}$ 是 n 阶正定矩阵，证明 $|\boldsymbol{A}+\boldsymbol{E}|>1$.

9. 讨论 k 的取值范围，使二次曲面 $2x_1^2+x_2^2+x_3^2+2x_1x_2+kx_2x_3=1$ 表示椭球面.

10. 证明二次型 $f=\boldsymbol{x}^{\mathrm{T}}\boldsymbol{A}\boldsymbol{x}$ 在 $\|\boldsymbol{x}\|=1$ 时的最大值为矩阵 $\boldsymbol{A}$ 的最大特征值.

§6.6 教学实验

6.6.1 内容提要

二次型就是二次齐次多项式，其研究始于解析几何中化二次曲线和二次曲面的方程为标准型的问题. 例如，在平面解析几何中，为了便于研究一般二次曲线的几何性质，我们选取适当的坐标变换，从代数学的观点看，化标准形意味着通过变量的线性变换化简二次齐次多项式，使它仅含平方项. 该问题在数学的其他分支中也常常遇到，因而二次型的理论有着广泛的应用.

在“线性代数”课程中，二次型这部分内容主要有二次型及其标准形，矩阵的合同，化实二次型为标准形，实二次型的规范形，正定二次型，正定矩阵.

n 个变量 $\boldsymbol{x}_1$，$\boldsymbol{x}_2$，…，$\boldsymbol{x}_n$ 的二次型是指它们的二次齐次多项式函数，一般形式为

$$f(x_1,x_2,\cdots,x_n)=\sum_{i=1}^{n}\sum_{j=1}^{n}a_{ij}x_ix_j\,,$$

其中，$\boldsymbol{a}_{ij}=\boldsymbol{a}_{ji}\,(i,\ j=1,\ 2,\ \cdots,\ n)$.

若令

$$\boldsymbol{X}=\begin{pmatrix}x_1\\x_2\\\vdots\\x_n\end{pmatrix},$$

$$A=\begin{pmatrix} a_{11} & a_{12} & \cdots & a_{1n} \\ a_{21} & a_{22} & \cdots & a_{2n} \\ \vdots & \vdots & & \vdots \\ a_{n1} & a_{n2} & \cdots & a_{nn} \end{pmatrix},$$

则 $f=\boldsymbol{X}^{\mathrm{T}}\boldsymbol{AX}$，称矩阵 $\boldsymbol{A}$ 为二次型 $f(x_1, x_2, \cdots, x_n)$ 的矩阵，矩阵 $\boldsymbol{A}$ 的秩称为二次型 $f(x_1, x_2, \cdots, x_n)$ 的秩(二次型的矩阵是对称矩阵，它和二次型是互相决定的).

二次型 $f=\boldsymbol{X}^{\mathrm{T}}\boldsymbol{AX}$ 经过合同变换 $\boldsymbol{X}=\boldsymbol{CY}$ 可化为如下形式：

$$f=\boldsymbol{X}^{\mathrm{T}}\boldsymbol{AX}=\boldsymbol{Y}^{\mathrm{T}}(\boldsymbol{C}^{\mathrm{T}}\boldsymbol{AC})\boldsymbol{Y}=\sum_{i=1}^{r} d_i y_i^2 \quad (r\leqslant n),$$

该表达式称为 f 的标准形.

二次型的标准形不唯一，与所作的合同变换有关，但系数不为零的平方项的个数唯一确定，化二次型为标准形的方法有配方法和正交变换法.

正交变换法指对二次型的矩阵 $\boldsymbol{A}$ 作正交矩阵 $\boldsymbol{T}$，使得 $\boldsymbol{T}^{-1}\boldsymbol{AT}$ 为对角矩阵，于是变换 $\boldsymbol{X}=\boldsymbol{TY}$ 把原二次型化为标准二次型. 因 $\boldsymbol{T}$ 是正交矩阵，故称变换 $\boldsymbol{X}=\boldsymbol{TY}$ 为正交变换.

设 $\boldsymbol{A}$ 是 n 阶实对称矩阵，正交变换矩阵按以下步骤求得：

(1) 求出 $\boldsymbol{A}$ 的全部特征值 $\lambda_1, \lambda_2, \cdots, \lambda_t$.

(2) 对每一个 $\lambda_i (i=1, 2, \cdots, t)$，求出 $(\lambda_i \boldsymbol{E}-\boldsymbol{A})\boldsymbol{X}=\boldsymbol{0}$ 的一个基础解系 $\boldsymbol{\alpha}_{i1}, \boldsymbol{\alpha}_{i2}, \cdots, \boldsymbol{\alpha}_{is_i}$.

(3) 将 $\boldsymbol{\alpha}_{i1}, \boldsymbol{\alpha}_{i2}, \cdots, \boldsymbol{\alpha}_{is_i}$ 正交化、单位化，得 $r_{i1}, r_{i2}, \cdots, r_{is_i}$，它是单位正交向量组，而且是 $\boldsymbol{A}$ 的属于 λ_i 的线性无关的特征向量.

(4) 以 $\boldsymbol{r}_{11}, \boldsymbol{r}_{12}, \cdots, \boldsymbol{r}_{1s_1}, \boldsymbol{r}_{21}, \boldsymbol{r}_{22}\cdots, \boldsymbol{r}_{2s_2}\cdots, \boldsymbol{r}_{t1}, \boldsymbol{r}_{t2}, \cdots, \boldsymbol{r}_{ts_t}$ 为列向量，构造正交矩阵 $\boldsymbol{T}$，$\boldsymbol{T}$ 即为所求的正交矩阵，使 $\boldsymbol{T}^{-1}\boldsymbol{AT}$ 为对角矩阵.

如果实二次型，$f(x_1, x_2, \cdots, x_n)=\boldsymbol{X}^{\mathrm{T}}\boldsymbol{AX}$ 对任意一组不全为零的实数 $x=(x_1, x_2, \cdots, x_n)^{\mathrm{T}}$，都有 $f(x_1, x_2, \cdots, x_n)=\boldsymbol{X}^{\mathrm{T}}\boldsymbol{AX}>0$，则称该二次型为正定二次型. 正定二次型的矩阵 $\boldsymbol{A}$ 称为正定矩阵.

判断正定性的常用方法有顺序主子式法、特征值法、定义法.

实二次型 $f(x_1, x_2, \cdots, x_n)=\boldsymbol{X}^{\mathrm{T}}\boldsymbol{AX}$ 正定的充要条件是以下条件之一成立：

(1) 正惯性指数为 n.

(2) $\boldsymbol{A}$ 的特征值全大于零.

(3) $\boldsymbol{A}$ 的所有顺序主子式全大于零.

(4) 存在可逆矩阵 $\boldsymbol{P}$，使 $\boldsymbol{A}=\boldsymbol{P}^{\mathrm{T}}\boldsymbol{P}$.

(5) 存在正交矩阵 $\boldsymbol{Q}$，使

$$\boldsymbol{Q}^{\mathrm{T}}\boldsymbol{AQ}=\boldsymbol{Q}^{-1}\boldsymbol{AQ}=\begin{pmatrix} \lambda_1 & & & \\ & \lambda_2 & & \\ & & \ddots & \\ & & & \lambda_n \end{pmatrix} \quad (\lambda_i>0;\ i=1, 2, \cdots, n).$$

6.6.2 机算实验

1. 实验目的

熟悉用 MATLAB 软件处理和解决下列问题的程序和方法：

(1) 用正交变换法将二次型化为标准形；

(2) 判断二次型的正定性；

(3) 二次型在几何、极值方面的应用.

2. 与实验相关的 MATLAB 命令或函数

在使用 MATLAB 软件时，将二次型化为标准形和判断二次型的正定性可用 eig 或 schur 函数来完成. 其调用格式为

```
[V, D]=eig(A)
[V, D]=schur(A)
```

其中，矩阵 $\boldsymbol{V}$ 即为所求的正交矩阵，矩阵 $\boldsymbol{D}$ 为矩阵 $\boldsymbol{A}$ 的特征值构成的对角矩阵.

3. 实验内容

例 1 用正交变换法将二次型 $f=2x_1^2+3x_2^2+3x_3^2+4x_2x_3$ 化为标准形.

解一 用笔计算的思路和主要步骤如下：

写出二次型的对称矩阵 $\boldsymbol{A}=\begin{pmatrix}2&0&0\\0&3&2\\0&2&3\end{pmatrix}$，解特征方程

$$\begin{vmatrix}2-\lambda&0&0\\0&3-\lambda&2\\0&2&3-\lambda\end{vmatrix}=0,$$

得方程的特征根为 $\lambda_1=1$，$\lambda_2=2$，$\lambda_3=5$. 对于每一个特征值，解齐次线性方程组

$$\begin{pmatrix}2-\lambda_i&0&0\\0&3-\lambda_i&2\\0&2&3-\lambda_i\end{pmatrix}\begin{pmatrix}x_1\\x_2\\x_3\end{pmatrix}=\mathbf{0}\quad(i=1,\ 2,\ 3),$$

求出一个基础解系并将其单位化，这样便得三个两两正交的单位特征向量 $\boldsymbol{\eta}_1$，$\boldsymbol{\eta}_2$，$\boldsymbol{\eta}_3$. 令 $\boldsymbol{P}=(\boldsymbol{\eta}_1,\ \boldsymbol{\eta}_2,\ \boldsymbol{\eta}_3)$，则 $\boldsymbol{P}$ 为正交矩阵，这时二次型 $f=\boldsymbol{X}^{\mathrm{T}}\boldsymbol{A}\boldsymbol{X}$ 通过正交变换 $\boldsymbol{X}=\boldsymbol{P}\boldsymbol{Y}$ 化成标准形 $f=y_1^2+2y_2^2+5y_3^2$.

解二 用 MATLAB 软件计算如下：

在 MATLAB 命令窗口，输入以下命令：

```
%用正交变换法将二次型化为标准形
clear;
A=[2 0 0; 0 3 2; 0 2 3];          %输入二次型矩阵 A
[VA, DA]=eig( A)                  %矩阵 VA 即为所求的正交矩阵，矩阵
                                  %DA 为矩阵 A 的特征值构成的对角矩阵
syms y1 y2 y3
```

```
f=
   [y1 y2 y3]* DA*[y1; y2; y3]
```

运行结果如下：

```
VA=
             0   1.0000          0
      -0.7071        0    0.7071
       0.7071        0    0.70 71
DA=
       1.0000        0         0
            0   2.0000         0
            0        0    5.0000
f=
   y1^2+2*y2^2+5*y3^2
```

例 2 用正交变换法将二次型 $f=x_1^2+4x_2^2+4x_3^2-4x_1x_2+4x_1x_3-8x_2x_3$ 化为标准形.

解一 用笔计算的思路和主要步骤如下：

写出二次型的对称矩阵 $\boldsymbol{A}=\begin{pmatrix}1&-2&2\\-2&4&-4\\2&-4&4\end{pmatrix}$，解特征方程 $\begin{vmatrix}1-\lambda&-2&2\\-2&4-\lambda&-4\\2&-4&4-\lambda\end{vmatrix}=0$，得方程的特征根为 $\lambda_1=0$，$\lambda_2=0$，$\lambda_3=9$. 对于特征值 $\lambda_1=\lambda_2=0$，解齐次线性方程组

$$\begin{pmatrix}1&-0&-2&2\\-2&4&-0&-4\\2&-4&4&-0\end{pmatrix}\begin{pmatrix}x_1\\x_2\\x_3\end{pmatrix}=\mathbf{0},$$

将对应的基础解系(两个线性无关的解向量)先正交化，再单位化；对于特征值 $\lambda_3=9$，解齐次线性方程组

$$\begin{pmatrix}1&-9&-2&2\\-2&4&-9&-4\\2&-4&4&-9\end{pmatrix}\begin{pmatrix}x_1\\x_2\\x_3\end{pmatrix}=\mathbf{0},$$

将对应的基础解系(一个解向量)单位化. 这样便得到三个两两正交的单位特征向量 $\boldsymbol{\eta}_1$，$\boldsymbol{\eta}_2$，$\boldsymbol{\eta}_3$，令 $\boldsymbol{P}=(\boldsymbol{\eta}_1, \boldsymbol{\eta}_2, \boldsymbol{\eta}_3)$，则 $\boldsymbol{P}$ 为正交矩阵，二次型 $f=\boldsymbol{X}^{\mathrm{T}}\boldsymbol{A}\boldsymbol{X}$ 通过正交变换 $\boldsymbol{X}=\boldsymbol{P}\boldsymbol{Y}$ 化成标准形 $f=9y_3^2$.

解二 用 MATLAB 软件计算如下：

在 MATLAB 命令窗口，输入以下命令：

```
%用正交变换法将二次型化为标准形
clear;
A=[1-2 2; -2 4  -4; 2  -4 4];        %输入二次型矩阵 A
```

```
[VA, DA]=eig(A)                          %其中矩阵VA即为所求的正
                                         %交矩阵，矩阵DA为矩阵A
                                         %的特征值构成的对角矩阵
syms y1 y2 y3
f=[y1 y2 y3] * DA * [y1; y2; y3]
```

运行结果如下：

```
VA=
    0.8944    0.2981   -0.3333
    0.4472   -0.5963    0.6667
         0   -0.7454   -0.6667
DA=
     0     0     0
     0     0     0
     0     0     9
f=
    9 * y3^2
```

例3 判断下列二次型的正定性：

(1) $f=10x_1^2+4x_2^2+x_3^2+2x_1x_2-2x_2x_3-4x_1x_3$；

(2) $f=-3x_1^2-3x_2^2-3x_3^2+4x_1x_2+2x_1x_3$；

(3) $f=x_1^2+2x_2^2+5x_3^2+4x_1x_2+6x_1x_3-2x_2x_3$.

解一 用笔计算的思路和主要步骤如下：

(1) 写出二次型的对称矩阵：

$$\boldsymbol{A}=\begin{pmatrix}10 & 1 & -2\\ 1 & 4 & -1\\ -2 & -1 & 1\end{pmatrix}.$$

解特征方程

$$\begin{vmatrix}10-\lambda & 1 & -2\\ 1 & 4-\lambda & -1\\ -2 & -1 & 1-\lambda\end{vmatrix}=0$$

得特征根为$\lambda_1=0.4037$，$\lambda_2=3.9581$，$\lambda_3=10.6382$. 由于矩阵的特征值全正，因此矩阵$\boldsymbol{A}$正定.

(2) 写出二次型的对称矩阵为

$$\boldsymbol{A}=\begin{pmatrix}-3 & 2 & 1\\ 2 & -3 & 0\\ 1 & 0 & -3\end{pmatrix}.$$

解特征方程：

$$\begin{vmatrix} -3-\lambda & 2 & 1 \\ 2 & -3-\lambda & 0 \\ 1 & 0 & -3-\lambda \end{vmatrix}=0,$$

得特征根为 $\lambda_1=-5.2361$，$\lambda_2=-3$，$\lambda_3=-0.7639$. 由于矩阵的特征值全负，因此矩阵 $\boldsymbol{A}$ 负定.

(3) 写出二次型的对称矩阵为

$$\boldsymbol{A}=\begin{pmatrix} 1 & 2 & 3 \\ 2 & 2 & -1 \\ 3 & -1 & 5 \end{pmatrix}$$

解特征方程

$$\begin{vmatrix} 1-\lambda & 2 & 3 \\ 2 & 2-\lambda & -1 \\ 3 & -1 & 5-\lambda \end{vmatrix}=0,$$

得特征根为 $\lambda_1=-1.89$，$\lambda_2=3.2835$，$\lambda_3=6.6065$. 由于矩阵的特征值有正有负，因此矩阵 $\boldsymbol{A}$ 不定.

解二 用 MATLAB 软件计算如下：

在 MATLAB 命令窗口，输入以下命令：

```
A=[10  1  -2; 1  4  -1; -2  -1  1];
B=[-3  2  1; 2  -3  0; 1  0  -3];
C=[1  2  3; 2  2  -1; 3  -1  5];
A1=eig(A)
B1=eig(B)
B1=eig(B)
```

运行结果如下：

```
A1=
    0.4037
    3.9581
    10.6382
B1=
    -5.2361
    -3.0000
    -0.7639
C1=
    -1.8900
     3.2835
     6.6065
```

从矩阵特征值的正负可以看出，矩阵 $\boldsymbol{A}$ 正定，矩阵 $\boldsymbol{B}$ 负定，矩阵 $\boldsymbol{C}$ 不定，

例 4 在直角坐标系下，曲线方程为 $5x_1^2-4x_1x_2+5x_2^2=48$，试确定该曲线的类型.

解一 用笔计算的思路和主要步骤如下：

本题可以看成二次型的几何意义问题. 由于正交变换保持图形的几何性质不变，因此曲线的方程经正交变换后，所得方程对应的几何图形和原方程对应的几何图形完全相同.

写出该二次型对应的实对称矩阵 $\boldsymbol{A}$，求出特征值及相应的单位特征向量 $\boldsymbol{P}_1$ 和 $\boldsymbol{P}_2$，令 $\boldsymbol{P}=(\boldsymbol{P}_1, \boldsymbol{P}_2)$，则变换 $\boldsymbol{X}=\boldsymbol{PY}$ 为正交变换，原曲线方程经正交变换后变为

$$3y_1^2+7y_2^2=48,$$

故该曲线为中心在原点的椭圆.

解二 用 MATLAB 软件计算如下：

在 MATLAB 命令窗口，输入以下命令：

```
clear;
A=[5-2; -2 5];          %输入二次型矩阵 A
[VA, DA]=eig(A)         %其中矩阵 VA 即为所求的正交矩阵，矩阵
                        %DA 为矩阵 A 的特征值构成的对角矩阵
syms y1 y2
[y1  y2]* DA* [y1;   y2]=48
```

运行结果如下：

```
VA=
     -0.7071   -0.70 71
     -0.7071    0.70 71
DA=
     3     0
     0     7
     3*y1^2+7*y2^2=48
```

故该曲线为中心在原点的椭圆.

例 5 求二次型函数

$$f(x_1, x_2, x_3)=3x_1^2+2x_2^2+2x_3^2+2x_1x_2+2x_1x_3$$

在单位球面 $x_1^2+x_2^2+x_3^2=1$ 上的最大值与最小值.

解一 用笔计算的思路和主要步骤如下：

该题实质上是求多元函数在某约束条件下的最大值与最小值问题. 对于二次齐次函数(二次型)，可根据它的标准形理论来解决最大(小)值问题. 首先，由于正交变换 $\boldsymbol{X}=\boldsymbol{PY}$ 不改变向量的长度，因此 $x_1^2+x_2^2+x_3^2=1$ 的充要条件是 $y_1^2+y_2^2+y_3^2=1$，于是问题转化为求二次型函数

$$f(x_1, x_2, x_3)=3x_1^2+2x_2^2+2x_3^2+2x_1x_2+2x_1x_3$$

在经过正交变换 $\boldsymbol{X}=\boldsymbol{PY}$ 后的标准形 $f=y_1^2+2y_2^2+4y_3^2$ 在单位球面 $y_1^2+y_2^2+y_3^2=1$ 上的最大值与最小值问题.

写出二次型的对称矩阵 $\boldsymbol{A}=\begin{pmatrix}3&1&1\\1&2&0\\1&0&2\end{pmatrix}$，解特征方程

$$\begin{vmatrix}3-\lambda&1&1\\1&2-\lambda&0\\1&0&2-\lambda\end{vmatrix}=0,$$

得方程的特征根为 $\lambda_1=1$，$\lambda_2=2$，$\lambda_3=4$. 对于每一个特征值，解齐次线性方程组

$$\begin{pmatrix}3-\lambda_i&1&1\\1&2-\lambda_i&0\\1&0&2-\lambda_i\end{pmatrix}\begin{pmatrix}x_1\\x_2\\x_3\end{pmatrix}=\boldsymbol{0}\quad(i=1,\ 2,\ 3),$$

求出一个基础解系并将其单位化，这样便得三个两两正交的单位特征向量 $\boldsymbol{\eta}_1$，$\boldsymbol{\eta}_2$，$\boldsymbol{\eta}_3$. 令 $\boldsymbol{P}=(\boldsymbol{\eta}_1,\ \boldsymbol{\eta}_2,\ \boldsymbol{\eta}_3)$，则 $\boldsymbol{P}$ 为正交矩阵，这时二次型 $f=\boldsymbol{X}^{\mathrm{T}}\boldsymbol{A}\boldsymbol{X}$ 通过正交变换 $\boldsymbol{X}=\boldsymbol{P}\boldsymbol{Y}$ 化成标准形 $f=y_1^2+2y_2^2+4y_3^2$.

由于在单位球面 $y_1^2+y_2^2+y_3^2=1$ 上，有

$$1=y_1^2+y_2^2+y_3^2\leqslant f\leqslant 4(y_1^2+y_2^2+y_3^2)=4.$$

又由于取 $(y_1,\ y_2,\ y_3)^{\mathrm{T}}=(1,\ 0,\ 0)^{\mathrm{T}}$，则 f 在此点的值为 1，取 $(y_1,\ y_2,\ y_3)^{\mathrm{T}}=(0,\ 0,\ 1)^{\mathrm{T}}$，则 f 在此点的值为 4，因此，f 在单位球面 $x_1^2+x_2^2+x_3^2=1$ 上的最大值为 4，最小值为 1.

解二 用 MATLAB 软件计算如下：

在 MATLAB 命令窗口，输入以下命令：

```
A=[3 1 1; 1 2 0; 1 0 2];
A1=eig(A);
a=1 * min(A1);
b=1 * max(A1);
a
b
```

运行结果如下：

```
a=
    1.0000
b=
    4
```

附录 A　MATLAB软件简介

MATLAB软件是一种科学计算软件，全称是 Matrix Laboratory，由美国 Mathwork 公司于 1984 年推出. 与其他高级语言相比，MATLAB 简洁和智能化，符合人们的思维习惯和书写方式，可高效完成科学、工程计算及绘图等需求. 最初它是一种专门用于矩阵运算的软件，矩阵和数组是MATLAB的核心，经过多年的不断升级，MATLAB已经成为功能全面的软件，几乎可以解决科学计算中的所有问题. 学习和使用MATLAB软件可大大提高“线性代数”课程教学、解题作业、分析研究的效率，为将来科学与工程计算打下基础.

§A.1　MATLAB操作基础

A.1.1　MATLAB概述

1. MATLAB的主要功能

1)数值计算和符号计算功能

MATLAB以矩阵作为数据操作的基本单位，还提供了十分丰富的数值计算函数. 通过和著名的符号计算语言 Maple 相结合，MATLAB可以具有符号计算功能.

2)绘图功能

MATLAB提供了两个层次的绘图操作：一个是对图形句柄进行的低层绘图操作，另一个是建立在低层绘图操作之上的高层绘图操作.

3)编程语言

MATLAB具有程序结构控制、函数调用、数据结构、输入/输出、面向对象等程序语言特征，而且简单易学，编程效率高.

4)MATLAB工具箱

MATLAB工具箱包含两部分内容：基本部分和各种可选的工具箱.

MATLAB工具箱分为两大类：功能性工具箱和学科性工具箱.

2. MATLAB的工作界面

1)MATLAB的启动界面

当MATLAB启动时，展现在屏幕上的界面为MATLAB的默认界面，它有四个窗口，分别是命令窗口、主窗口、帮助窗口和历史窗口.

2)MATLAB系统的退出

要退出MATLAB系统，有三种常见方法：

(1) 在MATLAB主窗口中选择 File→Exit MATLAB命令.

(2) 在MATLAB命令窗口输入 Exit 或 Quit 命令.

(3) 单击MATLAB主窗口中的“关闭”按钮.

3. 主窗口

MATLAB主窗口是MATLAB的主要工作界面. 主窗口除了嵌入一些子窗口外，还主要包括菜单栏和工具栏.

1)菜单栏

在MATLAB 6.5 主窗口的菜单栏中，共包含 File、Edit、View、Web、Window 和 Help 6 个菜单项，

(1) File 菜单项：用于实现有关文件的操作.

(2) Edit 菜单项：用于命令窗口的编辑操作.

(3) View 菜单项：用于设置MATLAB集成环境的显示方式.

(4) Web 菜单项：用于设置MATLAB的 Web 操作.

(5) Window 菜单项：只包含一个子菜单 Close All，用于关闭所有打开的编辑器窗口，包括 M-file、Figure、Model 和 GUI 窗口.

(6) Help 菜单项：用于提供帮助信息.

2)工具栏

MATLAB 6.5 主窗口的工具栏共提供了 10 个命令按钮. 这些命令按钮均有对应的菜单命令，但比菜单命令使用起来更快捷、方便.

4. 命令窗口

命令窗口是MATLAB的主要交互窗口，用于输入命令并显示除图形以外的所有执行结果. MATLAB命令窗口中的“>>”为命令提示符，表示MATLAB正处于准备状态. 在命令提示符后输入命令并按 Enter 键，MATLAB就会解释执行所输入的命令，并在命令后面给出计算结果. 如果一个命令行很长，一个物理行之内写不下，则可以在第一个物理行之后加上三个小黑点并按 Enter 键，接着在下一个物理行继续写命令的其他部分. 三个小黑点称为续行符，即把下面的物理行看作该行的逻辑继续. 在MATLAB中，有很多控制键和方向键可用于命令行的编辑.

A.1.2 MATLAB帮助系统

1. 帮助窗口

进入帮助窗口可以通过以下三种方法：

(1) 单击MATLAB主窗口工具栏中的 Help 按钮.

(2) 在命令窗口中输入 helpwin、helpdesk 或 doc.

(3) 选择 Help→MATLAB Help 命令.

2. 帮助命令

MATLAB帮助命令包括 help、lookfor 以及模糊查询.

1)help 命令

在MATLAB 6.5 命令窗口中直接输入 help 命令将会显示当前帮助系统中所包含的所有项目，即搜索路径中所有的目录名称. 同样，可以通过 help 加函数名来显示该函数的帮助说明.

2)模糊查询

MATLAB 6.5 以上版本提供了一种类似模糊查询的命令查询方法，用户只需要输入命令的前几个字母，然后按 Tab 键，系统就会列出所有以这几个字母开头的命令，

3. 演示系统

在帮助窗口中选择演示系统(Demos)选项卡，然后在其中选择相应的演示模块，或者在命令窗口输入 Demos，或者选择主窗口中的 Help→Demos 命令，即可打开演示系统.

§A.2 MATLAB矩阵及其运算

A.2.1 变量和数据操作

1. 变量与赋值

1)变量命名

在MATLAB 6.5 中，变量名是以字母开头，后接字母、数字或下画线的字符序列，最多 63 个字符. 在MATLAB中，变量名区分字母的大小写.

2)赋值语句

(1) 变量=表达式.

(2) 表达式.

其中，表达式是用运算符将有关运算量连接起来的式子，其结果是一个矩阵.

例 1 计算表达式的值，并显示计算结果.

在MATLAB命令窗口输入命令：

```
x=1+2i;
y=3-sqrt(17);
z=(cos(abs(x+y))-sin(78*pi/180))/(x+abs(y))
```

其中，pi 和 i 都是MATLAB预先定义的变量，分别代表圆周率 π 和虚数单位.

输出结果如下：

```
z=
    -0.3488+0.3286i
```

2. 预定义变量

在MATLAB工作空间中，还驻留了几个由系统本身定义的变量，例如，用 pi 表示圆周率 π 的近似值，用 i，j 表示虚数单位，预定义变量有特定的含义，在使用时，应尽量避免对这些变量重新赋值.

3. 内存变量的管理

1)内存变量的删除与修改

MATLAB工作空间窗口专门用于管理内存变量. 在工作空间窗口中可以显示所有内存变量的属性，当选中某些变量后，单击 Delete 按钮，就能删除这些变量，当选中某些变量后，单击 Open 按钮，将进入变量编辑器. 通过变量编辑器可以直接观察变量中的具体元素，也可修改变量中的具体元素.

clear 命令用于删除在 MATLAB 工作空间中的变量. who 和 whos 这两个命令用于显示在MATLAB工作空间中已经驻留的变量名清单. who 命令只显示出驻留变量的名称，whos 在给出变量名的同时，还给出它们的大小、所占字节数及数据类型等信息.

2)内存变量文件

利用 MAT 文件可以把当前MATLAB工作空间中的一些有用变量长久地保留下来，其扩展名是 . mat. MAT 文件的生成和装入由 save 和 load 命令来完成. 其常用格式如下：

```
save 文件名[变量名表][—append][—ascii]
load 文件名[变量名表][—ascii]
```

其中，文件名可以带路径，但不需带扩展名 . mat，命令隐含文件名一定对所有 . mat 文件进行操作；变量名表中的变量个数不限，只要内存或文件中存在即可，变量名之间以空格分隔，当变量名表省略时，保存或装入全部变量；—ascii 选项使文件以 ASCII 格式处理，省略该选项时文件将以二进制格式处理；save 命令中的—append 选项用于控制将变量追加到 MAT 文件中.

4. MATLAB常用数学函数

MATLAB提供了许多数学函数，函数的自变量规定为矩阵变量，运算法则是将函数逐项作用于矩阵的元素上，因而运算的结果是一个与自变量同维数的矩阵.

函数使用说明：

(1) 三角函数以弧度为单位计算.

(2) abs 函数可以求实数的绝对值、复数的模、字符串的 ASCII 码值.

(3) 用于取整的函数有 fix、floor、ceil、round，要注意它们的区别.

(4) 注意 rem 与 mod 函数的区别. rem(x，y)和 mod(x，y)要求 x，y 必须为相同大小的实矩阵或标量.

5. 数据的输出格式

MATLAB用十进制数表示一个常数，具体可采用日常计数法和科学计数法两种表示方法.

一般情况下，MATLAB内部每一个数据元素都是用双精度数来表示和存储的，

数据输出时用户可以用 format 命令设置或改变数据输出格式. format 命令的格式为:

```
format 格式符
```

其中，格式符决定数据的输出格式.

A. 2. 2 MATLAB矩阵

1. 矩阵的建立

1)直接输入法

最简单的建立矩阵的方法是从键盘直接输入矩阵的元素，具体方法如下：将矩阵的元素用方括号括起来，按矩阵行的顺序输入各元素，同一行的各元素之间用空格或逗号分隔，不同行的元素之间用分号分隔.

2)利用 M 文件建立矩阵

对于比较大且比较复杂的矩阵，可以为它专门建立一个 M 文件. 下面通过一个简单例子来说明如何利用 M 文件创建矩阵.

例 2 利用 M 文件建立 MYMAT 矩阵.

(1) 启动有关编辑程序或MATLAB文本编辑器，并输入待建矩阵.

(2) 把输入的内容以纯文本方式存盘(设文件名为 mymatrix. m).

(3) 在MATLAB命令窗口中输入 mymatrix，即运行该 M 文件，就会自动建立一个名为 MYMAT 的矩阵，可供以后使用.

3)利用冒号表达式建立一个向量

冒号表达式可以产生一个行向量，一般格式为

```
e1：e2：e3
```

其中，e1 为初始值，e2 为步长，e3 为终止值.

在MATLAB中，还可以用 linspace 函数产生行向量. 其调用格式为

```
linspace(a，b，n)
```

其中，a 和 b 是生成向量的第一个和最后一个元素，n 是元素总数.

显然，linspace(a，b，n)与 a：(b−a)/(n−1)：b 等价.

2. 矩阵的拆分

1)矩阵元素

可通过下标引用矩阵的元素，例如：

```
A(3，2)=200
```

也可采用矩阵元素的序号来引用矩阵元素，矩阵元素的序号就是相应元素在内存中的排列顺序. 在MATLAB中，矩阵元素按列存储，先第一列，再第二列，依此类推.

例如：

```
A=[1, 2, 3; 4, 5, 6];
A(3)
ans=
    2
```

显然，序号(Index)与下标(Subscript)是一一对应的. 以 $m \times n$ 矩阵 $\boldsymbol{A}$ 为例，矩阵元素 A(i, j)的序号为(j−1) * m+i. 其相互转换关系也可利用 sub2ind 和 ind2sub 函数求得.

2)矩阵拆分

(1) 利用冒号表达式获得子矩阵.

A(:, j)表示取 **A** 矩阵第 j 列的全部元素；A(i, :)表示取 **A** 矩阵第 i 行的全部元素；A(i, j)表示取 **A** 矩阵第 i 行第 j 列的元素.

A(i: i+m, :)表示取 **A** 矩阵第 $i \sim i+m$ 行的全部元素；A(:, k: k+m)表示取 **A** 矩阵第 $k \sim k+m$ 列的全部元素；A(i: i+m, k: k+m)表示取 **A** 矩阵第 $i \sim i+m$ 行内，且在第 $k \sim k+m$ 列中的所有元素. 此外，还可利用一般向量和 end 运算符来表示矩阵下标，从而获得子矩阵. end 表示某一维的末尾元素下标.

(2) 利用空矩阵删除矩阵的元素.

在MATLAB中，定义[]为空矩阵，给变量 X 赋空矩阵的语句为 X=[].

注意： X=[]与 clear X 不同，clear 是将 X 从工作空间中删除，而空矩阵则存在于工作空间中，只是维数为 0.

3. 特殊矩阵

常用的产生特殊矩阵的函数有以下几个：

(1) zeros：产生全 0 矩阵(零矩阵).

(2) ones：产生全 1 矩阵(幺矩阵).

(3) eye：产生单位矩阵.

(4) rand：产生 0~1 间均匀分布的随机矩阵.

(5) randn：产生均值为 0、方差为 1 的标准正态分布随机矩阵，

例 3 分别建立 3×3、3×2 和与矩阵 **A** 同样大小的零矩阵.

(1) 建立一个 3×3 零矩阵：

```
zeros(3)
```

(2) 建立一个 3×2 零矩阵：

```
zeros(3, 2)
```

(3) 设 **A** 为 2×3 矩阵，则可以用 zeros(size(A))建立一个与矩阵 **A** 同样大小的零矩阵：

```
A=[1 2 3; 4 5 6];        %产生一个 2×3 阶矩阵 A
zeros(size(A))           %产生一个与矩阵 A 同样大小的零矩阵
```

A. 2. 3 MATLAB运算

1. 算术运算

1)基本算术运算

MATLAB的基本算术运算有+(加)、-(减)、*(乘)、/(右除)、\(左除)、^(乘方).

注意： 运算是在矩阵意义下进行的，单个数据的算术运算只是一种特例.

(1) 矩阵加减运算.

假定有两个矩阵 $\boldsymbol{A}$ 和 $\boldsymbol{B}$，则可以由 $\boldsymbol{A}+\boldsymbol{B}$ 和 $\boldsymbol{A}-\boldsymbol{B}$ 实现矩阵的加减运算，运算规则是：若 $\boldsymbol{A}$ 和 $\boldsymbol{B}$ 矩阵的维数相同，则可以执行矩阵的加减运算，A 和 B 矩阵的相应元素相加减. 如果 $\boldsymbol{A}$ 与 $\boldsymbol{B}$ 的维数不相同，则MATLAB将给出错误信息，提示用户两个矩阵的维数不匹配.

(2) 矩阵乘法.

假定有两个矩阵 $\boldsymbol{A}$ 和 $\boldsymbol{B}$，若 $\boldsymbol{A}$ 为 $m\times n$ 矩阵，$\boldsymbol{B}$ 为 $n\times p$ 矩阵，则 C=A*B 为 $m\times p$ 矩阵.

(3) 矩阵除法.

在MATLAB中，有两种矩阵除法运算：\ 和/，分别表示左除和右除. 如果 $\boldsymbol{A}$ 矩阵是非奇异方阵，则 A\B 和 B/A 运算都可以实现. A\B 等效于 $\boldsymbol{A}$ 的逆左乘 $\boldsymbol{B}$ 矩阵，即 inv(A)*B，而 B/A 等效于 $\boldsymbol{A}$ 矩阵的逆右乘 $\boldsymbol{B}$ 矩阵，即 B*inv(A).

对于含有标量的运算，两种除法运算的结果相同，如 3/4 和 4\3 有相同的值，都等于 0.75. 又如，设 a=[10.5, 25]，则 a/5=5\a=[2.1000 5.0000]. 对于矩阵来说，左除和右除表示两种不同的除数矩阵和被除数矩阵的关系. 对于矩阵运算，一般 A\B≠B/A.

(4) 矩阵的乘方.

一个矩阵的乘方运算可以表示成 A^x，要求 $\boldsymbol{A}$ 为方阵，x 为标量.

2)点运算

在MATLAB中，有一种特殊的运算，因为其运算符是在有关算术运算符前面加点，所以叫点运算. 点运算符有 .*、./、.\ 和 .^. 两矩阵进行点运算是指它们的对应元素进行相关运算，要求两矩阵的维数相同.

2. 关系运算

MATLAB提供了六种关系运算符：<(小于)、<=(小于或等于)、>(大于)、>=(大于或等于)、==(等于)、~=(不等于). 它们的含义不难理解，但要注意其书写方法与数学中的不等式符号不尽相同.

关系运算符的运算法则如下：

(1) 当两个比较量是标量时，直接比较两数的大小. 若关系成立，则关系表达式结果为 1，否则为 0.

(2) 当参与比较的量是两个维数相同的矩阵时，比较是对两矩阵相同位置的元素按标量关系运算规则逐个进行，并给出元素的比较结果. 最终关系运算的结果是一个维数与原矩阵相同的矩阵，它的元素由 0 或 1 组成.

当参与比较的一个是标量，而另一个是矩阵时，则把标量与矩阵的每一个元素按标量关系运算规则逐个比较，并给出元素的比较结果. 最终关系运算的结果是一个维数与原矩阵相同的矩阵，它的元素由0或1组成.

例4 产生五阶随机方阵***A***，其元素为[10，90]区间的随机整数，然后判断A的元素能否被3整除.

(1) 生成五阶随机方阵***A***：

```
A=fix((90-10+1)* rand(5)+10)
```

(2) 判断***A***的元素能否被3整除：

```
P=rem(A，3)==0
```

其中，rem(A，3)是矩阵***A***的每个元素除以3的余数矩阵，此时0被扩展为与***A***同维数的零矩阵；***P***是进行等于(==)比较的结果矩阵.

3. 逻辑运算

MATLAB提供了三种逻辑运算符：&(与)、|(或)和~(非). 逻辑运算的运算法则如下：

(1) 在逻辑运算中，确认非零元素为真，用1表示，零元素为假，用0表示.

(2) 设参与逻辑运算的是两个标量a和b，那么可得：

a&b：a、b全为非零时，运算结果为1，否则为0.

a | b：a、b中只要有一个非零，运算结果为1.

~a：当a是零时，运算结果为1；当a是非零时，运算结果为0.

(3) 若参与逻辑运算的是两个同维矩阵，那么运算将对矩阵相同位位置上的元素按标量规则逐个进行，最终运算结果是一个与原矩阵同维的矩阵，其元素由1或0组成.

(4) 若参与逻辑运算的一个是标量，一个是矩阵，那么运算将在标量与矩阵中的每个元素之间按标量规则逐个进行. 最终运算结果是一个与矩阵同维的矩阵，其元素由1或0组成.

(5) 逻辑非是单目运算符，也服从矩阵运算规则.

(6) 在算术、关系、逻辑运算中，算术运算的优先级最高，逻辑运算的优先级最低.

例5 建立矩阵***A***，然后找出大于4的元素的位置.

(1) 建立矩阵***A***：

```
A=[4，-65，-54，0，6；56，0，67，-45，0]
```

(2) 找出大于4的元素的位置：

```
find(A>4)
```

A.2.4 矩阵分析

1. 对角矩阵与三角矩阵

1)对角矩阵

只有对角线上有非0元素的矩阵才称为对角矩阵，对角线上的元素相等的对角矩阵称为数量矩阵. 对角线上的元素都为 1 的对角矩阵称为单位矩阵.

(1) 提取矩阵的对角线元素. 设 **A** 为 $m\times n$ 矩阵，diag(A)函数用于提取矩阵 **A** 的主对角线元素，产生一个具有 min(m，n)个元素的列向量. diag(A)函数还有一种形式 diag(A，k)，其功能是提取第 k 条对角线的元素.

(2) 构造对角矩阵. 设 **V** 为具有 m 个元素的向量，diag(V)将产生一个 $m\times m$ 对角矩阵，其主对角线元素即为向量 **V** 的元素. diag(V)函数也有另一种形式 diag(V，k)，其功能是产生一个 $n\times n(n=m+|k|)$对角矩阵，其第 k 条对角线的元素即为向量 **V** 的元素.

例 6 先建立 5×5 矩阵 **A**，然后将 **A** 的第一行元素乘以 1，第二行乘以 2，…，第五行乘以 5.

```
A=[17, 0, 1, 0, 15; 23, 5, 7, 14, 16; 4, 0, 13, 0, 22; 10, 12, 19, 21,
3; …; 11, 18, 25, 2, 19];
D=diag(1: 5);
D*A   %用 D 左乘 A，对 A 的每行乘以一个指定常数
```

2)三角矩阵

三角矩阵分为上三角矩阵和下三角矩阵. 所谓上三角矩阵，是指矩阵的对角线以下的元素全为 0 的一种矩阵. 下三角矩阵则是对角线以上的元素全为 0 的一种矩阵.

(1) 上三角矩阵.

求矩阵 **A** 的上三角矩阵的MATLAB函数是 triu(A).

triu(A)函数也有另一种形式 triu(A，k)，其功能是求矩阵 **A** 的第 k 条对角线以上的元素. 例如，提取矩阵 **A** 的第二条对角线以上的元素，形成新的矩阵 ***B***.

(2) 下三角矩阵.

在MATLAB中，提取矩阵 **A** 的下三角矩阵的函数是 tril(A)和 tril(A，k)，其用法与提取上三角矩阵的函数 triu(A)和 triu(A，k)完全相同.

2. 矩阵的转置与旋转

1)矩阵的转置

转置运算符是单撇号(′).

2)矩阵的旋转

利用函数 rot90(A，k)可将矩阵 **A** 旋转 90°的 k 倍，当 k 为 1 时可省略.

3)矩阵的左右翻转

对矩阵实施左右翻转是将原矩阵的第一列和最后一列调换，第二列和倒数第二列调换，依此类推. MATLAB对矩阵 **A** 实施左右翻转的函数是 fliplr(A).

4)矩阵的上下翻转

MATLAB对矩阵 **A** 实施上下翻转的函数是 flipud(A).

3. 矩阵的逆与伪逆

1)矩阵的逆

在线性代数中，求一个矩阵的逆是一件非常烦琐的工作，容易出错，但在MATLAB中，求一个矩阵的逆非常容易. 求方阵 **A** 的逆矩阵可调用函数 inv(A).

例 7 用求逆矩阵的方法解线性方程组.

$$\mathbf{Ax}=\boldsymbol{b}$$

其解为

$$\boldsymbol{x}=\boldsymbol{A}^{-1}\boldsymbol{b}$$

2)方阵的行列式

把一个方阵看作一个行列式，并对其按行列式的规则求值，这个值就称为矩阵所对应的行列式的值，在MATLAB中，求方阵 **A** 所对应的行列式的值的函数是 det(A).

4. 矩阵的秩与迹

1)矩阵的秩

矩阵线性无关的行数与列数称为矩阵的秩. 在MATLAB中，求矩阵秩的函数是 rank(A).

2)矩阵的迹

矩阵的迹等于矩阵的对角线元素之和，也等于矩阵的特征值之和，在MATLAB中，求矩阵的迹的函数是 trace(A).

5. 矩阵的特征值与特征向量

在MATLAB中，计算矩阵 **A** 的特征值和特征向量的函数是 eig(A)，常用的调用格式有以下三种：

(1) E=eig(A)：求矩阵 **A** 的全部特征值，构成向量 ***E***.

(2) [V, D]=eig(A)：求矩阵 **A** 的全部特征值，构成对角矩阵 ***D***，并求 **A** 的特征向量，构成 **V** 的列向量.

(3) [V, D]=eig(A,'nobalance')：与第(2)种格式类似，但第(2)种格式中先对 **A** 作相似变换后求矩阵 **A** 的特征值和特征向量，而格式(3)直接求矩阵 **A** 的特征值和特征向量.

A.2.5 字符串

在MATLAB中，字符串是用单撇号括起来的字符序列. MATLAB将字符串当作一个行向量，每个元素对应一个字符，其标识方法和数值向量相同. 也可以建立多行字符串矩阵. 字符串是以 ASCII 码形式存储的. abs 和 double 函数都可以用来获取字符串矩阵所对应的 ASCII 码数值矩阵；相反，char 函数可以把 ASCII 码矩阵转换为字符串矩阵，

例 8 建立一个字符串向量，然后对该向量做如下处理：

(1) 取第 1～5 个字符组成的子字符串.

(2) 将字符串倒过来重新排列.

(3) 将字符串中的小写字母变成相应的大写字母，其余字符不变.

(4) 统计字符串中小写字母的个数.

命令如下：

```
ch='ABc123d4e56Fg9';
subch=ch(1：5)                    %取子字符串
revch=ch(end：-1：1)              %将字符串倒排
k=find(ch>='a'&ch<='z');          %找小写字母的位置
ch(k)=ch(k)-('a'-'A');            %将小写字母变成相应的大写字母
char(ch)
length(k)                         %统计小写字母的个数
```

与字符串有关的另一个重要函数是 eval，其调用格式为

```
eval(t)
```

其中，t 为字符串. 它的作用是把字符串的内容作为对应的MATLAB语句来执行.

§A.3　MATLAB程序设计

A.3.1　M 文件

1. M 文件概述

用MATLAB语言编写的程序称为 M 文件. M 文件可以根据调用方式的不同分为两类：命令文件(Script File)和函数文件(Function File).

例 1　分别建立命令文件和函数文件，将华氏温度 f 转换为摄氏温度 c.

(1) 首先建立命令文件并以文件名 f2c.m 存盘：

```
clear;              %清除工作空间中的变量
f=input('Input Fahrenheit temperature：');
c=5 * (f-32)/9
```

然后在MATLAB的命令窗口中输入 f2c，将会执行该命令文件，执行情况如下：

```
Input Fahrenheit temperature：73
c=
    22.7778
```

(2) 先建立函数文件 f2c.m：

```
function c=f2c(f)
c=5 * (f-32)/9
```

然后在MATLAB的命令窗口调用该函数文件：

```
clear;
y=input('Input Fahrenheit temperature:');
x=f2c(y)
```

输出情况如下：

```
Input Fahrenheit temperature:70
c=
    21.1111
x=
    21.1111
```

2. M 文件的建立与打开

M 文件是一个文本文件，它可以用任何编辑程序来建立和编辑，一般常用且最为方便的是MATLAB提供的文本编辑器.

1)建立新的 M 文件

为建立新的 M 文件，启动MATLAB文本编辑器有以下三种方法：

(1) 菜单操作：从MATLAB主窗口中选择 File→New 命令，再选择 M-file 命令，屏幕上将出现MATLAB文本编辑器窗口.

(2) 命令操作：在MATLAB命令窗口输入命令 edit，启动MATLAB文本编辑器后，输入 M 文件的内容并存盘.

(3) 命令按钮操作：单击MATLAB主窗口工具栏上的 New M-file 按钮，启动MATLAB文本编辑器后，输入 M 文件的内容并存盘.

2)打开已有的 M 文件

打开已有的 M 文件，也有三种方法：

(1) 菜单操作：从MATLAB主窗口中选择 File→Open 命令，则屏幕出现 Open 对话框，在 Open 对话框中选中所需打开的 M 文件，在文档窗口可以对打开的 M 文件进行编辑修改，编辑完成后，将 M 文件存盘.

(2) 命令操作：在MATLAB命令窗口输入命令“edit 文件名”，则打开指定的 M 文件.

(3) 命令按钮操作：单击MATLAB主窗口工具栏上的 OpenFile 按钮，再从弹出的对话框中选择所需打开的 M 文件.

A.3.2 程序控制结构

1. 顺序结构

1)数据的输入

从键盘输入数据，可以使用 input 函数来进行. 该函数的调用格式如下：

```
A=input(提示信息，选项);
```

其中，提示信息为一个字符串，用于提示用户输入什么样的数据.

如果在 input 函数调用时采用's'选项，则允许用户输入一个字符串．例如，想输入一个人的姓名，可采用命令：

```
xm=input('What's your name?','s');
```

2)数据的输出

MATLAB提供的命令窗口输出函数主要有 disp 函数，其调用格式如下：

```
disp(输出项)
```

其中，输出项既可以为字符串，也可以为矩阵.

例 2 输入 x，y 的值，并将它们的值互换后输出.

程序如下：

```
x=input('Input x please.');
y=input('Input y please.');
z=x;
x=y;
y=z;
disp(x);
disp(y);
```

例 3 求一元二次方程 $ax^2+bx+c=0$ 的根.

程序如下：

```
a=input('a=?');
b=input('b=?');
c=input('c=?');
d=b*b-4*a*c;
x=[(-b+sqrt(d))/(2*a), (-b-sqrt(d))/(2* a)];
disp(['x1=', num2str(x(1)),', x2=', num2str(x(2))]);
```

3)程序的暂停

暂停程序的执行可以使用 pause 函数，其调用格式为

```
pause(延迟秒数)
```

如果省略延迟秒数，直接使用 pause，则将暂停程序，直到用户按任一键后程序继续执行．若要强行中止程序的运行，则可按 Ctrl+C 组合键.

2. 选择结构

1)if 语句

在MATLAB中，if 语句有三种格式.

(1) 单分支 if 语句：

```
if 条件
  语句组
end
```

当条件成立时，执行语句组，执行完之后继续执行 if 语句的后继语句；若条件不成立，则直接执行 if 语句的后继语句.

(2) 双分支 if 语句：

```
if 条件
  语句组 1
else
  语句组 2
end
```

当条件成立时，执行语句组 1，否则执行语句组 2，语句组 1 或语句组 2 执行后，再执行 if 语句的后继语句.

(3) 多分支 if 语句：

```
if 条件 1
    语句组 1
elseif 条件 2
    语句组 2
  …
elseif 条件 m
    语句组 m
else
    语句组 n
end
```

多分支 if 语句用于实现多分支选择结构.

2)switch 语句

switch 语句根据表达式的取值不同，分别执行不同的语句，其语句格式如下：

```
switch 表达式
  case 表达式 1
    语句组 1
  case 表达式 2
    语句组 2
    …
  case 表达式 m
    语句组 m
  otherwise
    语句组 n
end
```

当表达式的值等于表达式 1 的值时，执行语句组 1；当表达式的值等于表达式 2 的值时，执行语句组 2；依此类推，当表达式的值等于表达式 m 的值时，执行语句组 m；当表达式的值不等于 case 所列的表达式的值时，执行语句组 n. 当任意一个分支

的语句执行完后，直接执行 switch 语句的下一句.

例 4 某商场对顾客所购买的商品实行打折销售，标准如下(商品价格用 price 来表示)：

price<200	没有折扣
200≤price<500	3%折扣
500≤price<1000	5%折扣
1000≤price<2500	8%折扣
2500≤price<5000	10%折扣
5000≤price	14%折扣

输入所售商品的价格，求其实际销售价格.

程序如下：

```
price=input('请输入商品价格');
switch fix(price/100)
  case{0, 1}                    %价格小于 200
    rate=0;
  case{2, 3, 4}                 %价格大于等于 200 但小于 500
    rate=3/100;
  case num2cell(5:9)            %价格大于等于 500 但小于 1000
    rate=5/100;
  case num2cell(10:24)          %价格大于等于 1000 但小于 2500
    rate=8/100;
  case num2cell(25:49)          %价格大于等于 2500 但小于 5000
    rate=10/100;
  otherwise                     %价格大于等于 5000
    rate=14/100;
end
price=price*(1-rate)            %输出商品的实际销售价格
```

3)try 语句

try 语句格式如下：

```
try
  语句组 1
catch
  语句组 2
end
lasterr
```

try 语句先试探性地执行语句组 1，如果语句组 1 在执行过程中出现错误，则将错误信息赋给保留的 lasterr 变量，并转去执行语句组 2.

例 5 矩阵乘法运算要求两矩阵的维数相容，否则会出错. 先求两矩阵的乘积，若出错，则自动转去求两矩阵的点乘.

程序如下：

```
A=[1, 2, 3; 4, 5, 6]; B=[7, 8, 9; 10, 11, 12];
try
  C=A*B;
catch
  C=A.*B;
end
  C
lasterr                              %显示出错原因
```

3. 循环结构

1)for 语句

for 语句的格式如下：

```
for 循环变量=表达式1：表达式2：表达式3
  循环体语句
end
```

其中，表达式 1 的值为循环变量的初值；表达式 2 的值为步长；表达式 3 的值为循环变量的终值. 步长为 1 时，表达式 2 可以省略.

例 6 若一个三位整数各位数字的立方和等于该数本身，则称该数为水仙花数，输出全部水仙花数.

程序如下：

```
for m=100:999
  m1=fix(m/100);              %求m的百位数字
  m2=rem(fix(m/10), 10);      %求m的十位数字
  m3=rem(m, 10);              %求m的个位数字
  if m==m1*m1*m1+m2*m2*m2+m3*m3*m3
    disp(m)
  end
end
```

for 语句更一般的格式如下：

```
for 循环变量=矩阵表达式
  循环体语句
end
```

其执行过程是：依次将矩阵的各列元素赋给循环变量，然后执行循环体语句，直至各列元素处理完毕.

例 7 写出下列程序的执行结果.

```
s=0;
a=[12, 13, 14; 15, 16, 17; 18, 19, 20; 21, 22, 23];
for k=a
  s=s+k;
end
disp(s');
```

输出结果如下：

```
s=
    210
```

2)while 语句

while 语句的一般格式如下：

```
while(条件)
  循环体语句
end
```

其执行过程为：若条件成立，则执行循环体语句，执行后再判断条件是否成立；如果不成立，则跳出循环.

例 8 从键盘输入若干数，当输入 0 时结束输入，求这些数的平均值和平均值之和.

程序如下：

```
sum=0;
cnt=0;
val=input('Enter a number (end in 0):');
while (val~=0)
     sum=sum+val;
     cnt=cnt+1;
     val=input('Enter a number (end in 0):');
end
if (cnt>0)
     sum
     mean=sum/cnt
end
```

3)break 语句和 continue 语句

与循环结构相关的语句还有 break 语句和 continue 语句. 它们一般与 if 语句配合使用.

break 语句用于终止循环的执行. 当在循环体内执行到该语句时，程序将跳出循环，继续执行循环语句的下一语句.

continue语句控制跳过循环体中的某些语句，当在循环体内执行到该语句时，程序将跳过循环体中所有剩下的语句，继续下一次循环.

4)循环的嵌套

如果一个循环结构的循环体又包括一个循环结构，则称为循环的嵌套，也称多重循环结构.

例9 若一个数等于它的各个真因子之和，则称该数为完数，如6=1+2+3，所以6是完数，求[1，500]之间的全部完数.

程序如下：

```
for m=1：500
 s=0;
 for k=1：m/2
   if rem(m，k)==0
     s=s+k;
   end
 end
 if m==s
     disp(m);
 end
end
```

A.3.3 函数文件

1. 函数文件的基本结构

函数文件由function语句引导，其基本结构如下：

```
function 输出形参表=函数名(输入形参表)
注释说明部分
函数体语句
```

其中，以function开头的一行为引导行，表示该M文件是一个函数文件；输入形参为函数的输入参数；输出形参为函数的输出参数. 当输出形参数多于一个时，应该用方括号括起来.

例10 编写函数文件求半径为r的圆的面积和周长.

函数文件如下：

```
function [s，p]=fcircle(r)
s=pi*r*r;
p=2*pi*r;
```

2. 函数调用

函数调用的一般格式如下：

```
[输出实参表]=函数名(输入实参表)
```

注意：函数调用时各实参出现的顺序、个数应与函数定义时形参的顺序、个数一致，否则会出错．函数调用时，先将实参传递给相应的形参，从而实现参数传递，然后再执行函数的功能，

例 11 用函数文件，实现直角坐标(x，y)与极坐标（ρ，θ)之间的转换.

函数文件 tran. m 为：

```
function [rho, theta]=tran(x, y)
tho=sqrt(x* x+y* y);
theta=atan(y/x);
```

调用 tran. m 的命令文件 mainl. m 为

```
x=input('Please input x=:');
y=input('Please input y=:');
[rho, the]=tran(x, y);
rho
the
```

在MATLAB中，函数可以嵌套调用，即一个函数可以调用别的函数，甚至调用它自身．一个函数调用它自身称为函数的递归调用.

§A. 4 MATLAB文件操作

A. 4. 1 文件的打开与关闭

1. 文件的打开

fopen 函数的调用格式如下：

```
fid=fopen(文件名，打开方式)
```

其中，文件名用字符串形式，表示待打开的数据文件(常见的打开方式中，“r”表示对打开的文件读数据，“w”表示对打开的文件写数据，“a”表示在打开的文件末尾添加数据)；fid 用于存储文件句柄值．句柄值用来标识该数据文件，其他函数可以利用它对该数据文件进行操作．文件数据格式有两种形式：一种是二进制文件；另一种是文本文件．在打开文件时需要进一步指定文件格式类型，即指定是二进制文件还是文本文件.

2. 文件的关闭

文件在进行完读、写等操作后，应及时关闭，

关闭文件用 fclose 函数，其调用格式如下：

```
sta=fclose( fid)
```

该函数用于关闭 fid 所表示的文件. sta 表示关闭文件操作的返回代码，若关闭成功，则返回 0，否则返回 −1.

A. 4. 2　文件的读/写操作

1. 二进制文件的读/写操作

1)读二进制文件

fread 函数可以读取二进制文件的数据，并将数据存入矩阵，其调用格式如下：

```
[A, COUNT]=fread(fid, size, precision)
```

其中，A 用于存放读取的数据；COUNT 返回所读取的数据元素个数；fid 为文件句柄；size 为可选项；precision 代表读/写数据的类型. 若不选用 size，则读取整个文件内容；若选用，则它的值可以是下列值：

(1) N：表示读取 N 个元素到一个列向量.

(2) Inf：表示读取整个文件.

(3) [M, N]：表示读数据到 M×N 矩阵中，数据按列存放.

2)写二进制文件

fwrite 函数可以按照指定的数据类型将矩阵中的元素写入文件中，其调用格式如下：

```
COUNT=fwrite (fid, A, precision)
```

其中，COUNT 返回所写的数据元素个数；fid 为文件句柄；A 用来存放写入文件的数据；precision 用于控制所写数据的类型，其形式与 fread 函数相同.

例 建立一数据文件 magic5. dat，用于存放 5 阶魔方阵.

程序如下：

```
fid=fopen('magic5.dat','w');
cnt=fwrite(fid, magic(5),'int32');
fclose(fid);
```

2. 文本文件的读写操作

1)读文本文件

fscanf 函数的调用格式如下：

```
[A, COUNT]=fscanf (fid, format, size)
```

其中，A 用以存放读取的数据；COUNT 返回所读取的数据元素个数；fid 为文件句柄；format 用以控制读取的数据格式，由%加上格式符组成，常见的格式符有 d、f、c、s；size 为可选项，决定矩阵 A 中数据的排列形式.

2)写文本文件

fprintf 函数的调用格式如下：

```
COUNT=fprintf(fid, format, A)
```

其中，A 存放要写入文件的数据，上述语句表示先按 format 指定的格式将数据矩阵 A 格式化，然后写入到 fid 所指定的文件. fprintf 函数的格式符与 fscanf 函数的相同.

A.4.3 数据文件定位

MATLAB提供了与文件定位操作有关的函数 fseek 和 ftell. fseek 函数用于定位文件位置指针，其调用格式如下：

```
status=fseek(fid, offset, origin)
```

其中，fid 为文件句柄；offset 表示位置指针相对移动的字节数；origin 表示位置指针移动的参照位置. 若定位成功，则 status 返回值为 0；否则，返回值为−1.

ftell 函数返回文件指针的当前位置，其调用格式如下：

```
position=ftell( fid)
```

返回值为从文件开始到指针当前位置的字节数，若返回值为−1，则表示获取文件当前位置失败.

§A.5 MATLAB绘图

A.5.1 二维数据曲线图

1. 绘制单条二维曲线

plot 函数的基本调用格式如下：

```
plot(x, y)
```

其中，x 和 y 为长度相同的向量，分别用于存储 x 坐标和 y 坐标数据.

例 1 在 $0\leqslant x\leqslant 2\pi$ 区间内，绘制曲线：

$$y=2e^{-0.5x}\cos 4\pi x.$$

程序如下：

```
x=0: pi/100: 2*pi;
y=2*exp(-0.5*x)*cos(4*pi*x);
plot(x, y)
```

在这种情况下，当 *x* 是实向量时，以该向量元素的下标为横坐标，以元素值为纵坐标画出一条连续曲线，这实际上是绘制折线图.

2. 绘制多条二维曲线

1)plot 函数的输入参数是矩阵形式

(1) 当 *x* 是向量，*y* 是有一维与 *x* 同维的矩阵时，绘制出多条不同颜色的曲线. 曲线条数等于 *y* 矩阵的另一维数，*x* 被作为这些曲线共同的横坐标.

(2) 当 *x*，*y* 是同维矩阵时，以 *x*，*y* 对应列元素为横、纵坐标分别绘制曲线，曲线条数等于矩阵的列数.

(3) 对只包含一个输入参数的 plot 函数，当输入参数是实矩阵时，按列绘制每列元素值相对其下标的曲线，曲线条数等于输入参数矩阵的列数；当输入参数是复数矩阵时，按列分别以元素实部和虚部为横、纵坐标绘制多条曲线.

2)含多个输入参数的 plot 函数

调用格式如下：

```
plot(x1, y1, x2, y2, …, xn, yn)
```

(1) 当输入参数都为向量时，x1 和 y1，x2 和 y2，…，xn 和 yn 分别组成一组向量对. 每一组向量对的长度可以不同，每一组向量对可以绘制出一条曲线，这样可以在同一坐标内绘制出多条曲线.

(2) 当输入参数有矩阵形式时，配对的 *x*，*y* 按对应列元素为横、纵坐标分别绘制曲线，曲线条数等于矩阵的列数，

例 2 分析下列程序绘制的曲线.

```
x1=linspace(0, 2*pi, 100);
x2=linspace(0, 3*pi, 100);
x3=linspace(0, 4*pi, 100);
y1=sin( x1);
y2=1+sin(x2);
y3=2+sin(x3);
x=[x1; x2; x3]';
y=[y1; y2; y3]';
plot(x, y, x1, y1-1)
```

上述程序可同时绘出四条正弦曲线.

3)具有两个纵坐标标度的图形

在MATLAB中，如果需要绘制出具有不同纵坐标标度的两个图形，则可以使用 plotyy 绘图函数. 其调用格式如下：

```
plotyy(x1, y1, x2, y2)
```

其中，x1 和 y1 对应一条曲线，x2 和 y2 对应另一条曲线；横坐标的标度相同，纵坐标有两个，左纵坐标用于 x1，y1 数据对，右纵坐标用于 x2，y2 数据对，

例 3 用不同标度在同一坐标内绘制曲线 $y_1 = 0.2e^{-0.5x}\cos 4\pi x$ 和 $y_2 = 2e^{-0.5x}\cos \pi x$.

程序如下：

```
x=0: pi/100: 2*pi;
y1=0.2*exp(-0.5*x).*cos(4*pi*x);
y2=2*exp(-0.5*x).*cos(pi*x);
plotyy(x, y1, x, y2);
```

4)图形保持

hold on/off 命令用来控制是保持原有图形还是刷新原有图形，不带参数的 hold 命令在两种状态之间进行切换.

3. 设置曲线样式

MATLAB提供了一些绘图选项，用于确定所绘曲线的线型、颜色和数据点标记符号，它们可以组合使用，例如，“b—.”表示蓝色点画线，“y：d”表示黄色虚线并用菱形符标记数据点.

当省略选项时，MATLAB规定，线型一律用实线，颜色将根据曲线的先后顺序依次选用. 要设置曲线样式，可以在 plot 函数中加绘图选项，其调用格式如下：

```
plot(x1, y1, 选项1, x2, y2, 选项2, …, xn, yn, 选项n)
```

例 4 在同一坐标内，分别用不同线型和颜色绘制曲线 $y_1 = 0.2e^{-0.5x}\cos 4\pi x$ 和 $y_2 = 2e^{-0.5x}\cos \pi x$，并标记两曲线的交叉点.

程序如下：

```
x=linspace(0, 2.pi, 1000);
y1=0.2*exp(-0.5*x).*cos (4* pi*x);
y2=2*exp (-0.5*x).*cos (pi*x),
k=find (abs (y1-y2) <le-2);
                         %查找 y1 与 y2 相等点（近似相等）的下标
x1=x (k);                %取 y1 与 y2 相等点的 x 坐标
y3=0.2*exp (-0.5*x1).*cos (4* pi* x1);
                         %求 y1 与 y2 值相等点的 y 坐标
plot (x, y1, x, y2,'k:', x1, y3,'bp');
```

4. 图形标注与坐标控制

图形标注函数的调用格式如下：

```
title          %图形名称
xlabel         %x 轴说明
ylabel         %y 轴说明
text           %x, y, 图形说明
legend         %图例 1, 图例 2, …
```

函数中的说明文字，除可使用标准的 ASCII 字符外，还可使用 LaTeX 格式的控制字符，这样就可以在图形上添加希腊字母、数学符号及公式等内容. 例如：

```
text (0.3, 0.5,'sin ({\omega} t+ {\beta})')
```

将得到标注效果 sin(ωt+β).

A.5.2 三维图形

1. 三维曲线

plot3 函数与 plot 函数的用法十分相似，其调用格式如下：

```
plot3 (x1, y1, z1, 选项 1, x2, y2, z2, 选项 2, …, xn, yn, zn, 选项 n)
```

其中，每一组 ***x***，***y***，***z*** 组成一组曲线的坐标参数，选项的定义和 plot 函数相同，当 ***x***，***y***，***z*** 是同维向量时，***x***，***y***，***z*** 对应元素构成一条三维曲线；当 ***x***，***y***，***z*** 是同维矩阵时，以 ***x***，***y***，***z*** 对应列元素绘制三维曲线，曲线条数等于矩阵列数.

例 5 绘制三维螺线.

程序如下：

```
t=0: pi/100: 20 * pi;
x=sin (t);
y=cos (t);
z=t. * sin (t). * cos (t);
plot3 (x, y, z);
title ('Line in 3-D Space');
xlabel ('X'); ylabel ('Y'); zlabel ('Z');
grid on;
```

2. 三维曲面

1）产生三维数据

在MATLAB中，利用 meshgrid 函数可产生平面区域内的网格坐标矩阵，其格式如下：

```
x=a: d1: b; y=c: d2: d;
[X, Y] =meshgrid (x, y);
```

语句执行后，矩阵 ***X*** 的每一行都是向量 ***x***，行数等于向量 ***y*** 的元素的个数，矩阵

Y 的每一列都是向量 ***y***，列数等于向量 ***x*** 的元素的个数.

2）绘制三维曲面的函数

mesh 函数和 surf 函数的调用格式如下：

```
mesh (x, y, z, c)
surf (x, y, z, c)
```

一般情况下，***x***，***y***，***z*** 是维数相同的矩阵. ***x***，***y*** 是网格坐标矩阵，***z*** 是网格点上的高度矩阵，***c*** 用于指定在不同高度下的颜色范围.

例 6 绘制三维曲面图 $z=\sin(x+\sin y)-x/10$.

程序如下：

```
[x, y] =meshgrid (0: 0.25: 4 * pi);
z=sin (x+sin (y)) -x/10;
mesh (x, y, z);
axis ( [0, 4 * pi, 0, 4 * pi, -2.5, 1]);
```

此外，还有带等高线的三维网格曲面函数 meshc 和带底座的三维网格曲面函数 meshz. 其用法与 mesh 类似，不同的是 meshc 还在 xy 平面上绘制曲面在 z 轴方向的等高线，而 meshz 还在 xy 平面上绘制曲面的底座.

§A.6 MATLAB数据分析

A.6.1 数据统计处理

1. 最大值与最小值

MATLAB提供的求数据序列的最大值和最小值的函数分别为 max 和 min. 这两个函数的调用格式和操作过程类似.

1）求向量的最大值和最小值

求一个向量 ***X*** 的最大值的函数有两种调用格式，分别如下：

(1) y=max (X)：返回向量 ***X*** 的最大值存入 y，如果 ***X*** 中包含复数元素，则按模取最大值.

(2) [y, I] =max (X)：返回向量 ***X*** 的最大值存入 y，最大值的序号存入 I，如果 ***X*** 中包含复数元素，则按模取最大值.

求向量 X 的最小值的函数是 min (X)，其用法和 max (X) 完全相同.

2）求矩阵的最大值和最小值

求矩阵 ***A*** 的最大值的函数有三种调用格式，分别如下：

(1) max (A)：返回一个行向量，向量的第 i 个元素是矩阵 $\boldsymbol{A}$ 的第 i 列的最大值.

(2) [Y，U] =max (A)：返回行向量 $\boldsymbol{Y}$ 和 $\boldsymbol{U}$，$\boldsymbol{Y}$ 向量记录 $\boldsymbol{A}$ 的每列的最大值，$\boldsymbol{U}$ 向量记录每列最大值的行号.

(3) max (A，[]，dim)：dim 取 1 或 2，当 dim 取 1 时，该函数和 max (A) 完全相同；当 dim 取 2 时，该函数返回一个列向量，其第 i 个元素是 $\boldsymbol{A}$ 矩阵的第 i 行的最大值.

求最小值的函数是 min，其用法和 max 完全相同.

3) 两个向量或矩阵对应元素的比较

函数 max 和 min 还能对两个同型的向量或矩阵进行比较，调用格式如下：

(1) U=max (A，B)：$\boldsymbol{A}$，$\boldsymbol{B}$ 是两个同型的向量或矩阵，结果 $\boldsymbol{U}$ 是与 $\boldsymbol{A}$，$\boldsymbol{B}$ 同型的向量或矩阵，$\boldsymbol{U}$ 的每个元素等于 $\boldsymbol{A}$，$\boldsymbol{B}$ 对应元素的较大者.

(2) U=max (A，n)：n 是一个标量，结果 $\boldsymbol{U}$ 是与 $\boldsymbol{A}$ 同型的向量或矩阵，$\boldsymbol{U}$ 的每个元素等于 $\boldsymbol{A}$ 对应元素和 n 中的较大者.

min 函数的用法和 max 完全相同，

2. 求和与求积

数据序列求和与求积的函数分别是 sum 和 prod，其使用方法类似，设 $\boldsymbol{X}$ 是一个向量，$\boldsymbol{A}$ 是一个矩阵，函数的调用格式如下：

sum (X)：返回向量 $\boldsymbol{X}$ 各元素的和.

prod (X)：返回向量 $\boldsymbol{X}$ 各元素的乘积.

sum (A)：返回一个行向量，其第 i 个元素是 $\boldsymbol{A}$ 的第 i 列的元素和.

prod (A)：返回一个行向量，其第 i 个元素是 $\boldsymbol{A}$ 的第 i 列的元素乘积.

sum (A，dim)：当 dim 为 1 时，该函数等同于 sum (A)；当 dim 为 2 时，返回一个列向量，其第 i 个元素是 $\boldsymbol{A}$ 的第 i 行的各元素之和.

prod (A，dim)：当 dim 为 1 时，该函数等同于 prod (A)；当 dim 为 2 时，返回一个列向量，其第 i 个元素是 $\boldsymbol{A}$ 的第 i 行的各元素乘积.

3. 平均值与中值

求数据序列平均值的函数是 mean，求数据序列中值的函数是 median. 这两个函数的调用格式如下：

mean (X)：返回向量 X 的算术平均值.

median (X)：返回向量 X 的中值.

mean (A)：返回一个行向量，其第 i 个元素是 $\boldsymbol{A}$ 的第 i 列的算术平均值.

median (A)：返回一个行向量，其第 i 个元素是 $\boldsymbol{A}$ 的第 i 列的中值.

mean (A，dim)：当 dim 为 1 时，该函数等同于 mean (A)；当 dim 为 2 时，返回一个列向量，其第 i 个元素是 $\boldsymbol{A}$ 的第 i 行的算术平均值.

median (A，dim)：当 dim 为 1 时，该函数等同于 median (A)；当 dim 为 2 时，返回一个列向量，其第 i 个元素是 $\boldsymbol{A}$ 的第 i 行的中值.

4. 累加和与累乘积

在MATLAB中，使用 cumsum 和 cumprod 函数能方便地求得向量和矩阵元素的累加和与累乘积向量. 这两个函数的调用格式如下：

cumsum（X）：返回向量 ***X*** 累加和向量.

cumprod（X）：返回向量 ***X*** 累乘积向量.

cumsum（A）：返回一个矩阵，其第 i 列是 ***A*** 的第 i 列的累加和向量.

cumprod（A）：返回一个矩阵，其第 i 列是 ***A*** 的第 i 列的累乘积向量.

cumsum（A，dim）：当 dim 为 1 时，该函数等同于 cumsum（A）；当 dim 为 2 时，返回一个矩阵，其第 i 行是 ***A*** 的第 i 行的累加和向量.

cumprod（A，dim）：当 dim 为 1 时，该函数等同于 cumprod（A）；当 dim 为 2 时，返回一个向量，其第 i 行是 ***A*** 的第 i 行的累乘积向量，

5. 标准方差与相关系数

1）标准方差

在MATLAB中，提供了计算数据序列的标准方差的函数 std. 对于向量 ***X***，std（X）返回一个标准方差；对于矩阵 ***A***，std（A）返回一个行向量，它的各个元素便是矩阵 ***A*** 各列或各行的标准方差.

std 函数的一般调用格式如下：

```
Y=std（A，flag，dim）
```

其中，dim 取 1 或 2，当 dim=1 时，求各列元素的标准方差，当 dim=2 时，则求各行元素的标准方差；flag 取 0 或 1，当 flag=0 时，按 σ1 所列公式计算标准方差，当 flag=1 时，按 σ2 所列公式计算标准方差. 默认情况下，flag=0，dim=1.

2）相关系数

MATLAB提供了 corrcoef 函数，用于求出数据的相关系数矩阵. corrcoef 函数的调用格式如下：

corrcoef（X）：返回矩阵 ***X*** 的一个相关系数矩阵，此相关系数矩阵的大小与矩阵 ***X*** 一样. corrcoef（X）把矩阵 ***X*** 的每列作为一个变量，然后求它们的相关系数.

corrcoef（X，Y）：***X***，***Y*** 是向量，它们与 corrcoef（［X，Y］）的作用一样.

例 1 生成满足正态分布的 10 000×5 随机矩阵，然后求各列元素的均值和标准方差，再求这 5 列随机数据的相关系数矩阵.

命令如下：

```
X=randn（10000，5）;
M=mean（X）
D=std（X）
R=corrcoef（X）
```

A. 6. 2 数据插值与曲线拟合

1. 一维数据插值

在MATLAB中，实现数据插值的函数是 interpl. 其调用格式如下：

```
Y1=interpl (X, Y, X1,'method')
```

函数根据 ***X***，***Y*** 的值，计算函数在 Xl 处的值. 上述调用格式中，***X***，***Y*** 是两个等长的已知向量，分别描述采样点和样本值；X1 是一个向量或标量，描述欲插值的点；Y1 是一个与 X1 等长的插值结果；method 是插值方法，允许的取值有 linear、nearest、cubic、spline.

注意： X1 的取值范围不能超出 ***X*** 的给定范围，否则，会给出“NaN”的错误结果.

例 2 用不同的插值方法计算在 π/2 点的值.

MATLAB中有一个专门实现三次样条插值的函数 Y1=spline（X，Y，X1)，其功能及使用方法与函数 Y1=interpl（X，Y，X1,'spline'）完全相同.

2. 曲线拟合

在MATLAB中，用 polyfit 函数来求得最小二乘拟合多项式的系数，再用 polyval 函数按所得的多项式计算所给出的点上的函数近似值.

polyfit 函数的调用格式如下：

```
[P, S] =polyfit (X, Y, m)
```

函数根据采样点 ***X*** 和采样点函数值 ***Y***，产生一个 m 次多项式 P 及其在采样点的误差向量 ***S***. 上述调用格式中，***X***，***Y*** 是两个等长的向量；***P*** 是一个长度为 $m+1$ 的向量，***P*** 的元素为多项式系数.

附录B　习题参考答案

1.4　习　　题

1.(1)D；(2)C；(3)C；(4)D

2. (1) -28；(2) -1；(3) $-\frac{6}{11}$；(4) $6d$

3. (1) -21；(2) 160；(3) $\sum_{n=0}^{3} a_n x^n$；(4) $a_1 a_2 \cdots a_n \prod_{n \geqslant i \geqslant j \geqslant 1} (x_i - x_j)$

4. (1) $(-1)^{\frac{(n-1)(n-2)}{2}} n!$；(2) $b_1 b_2 \cdots b_n$；(3) $(x-1)(x-2)\cdots(x-n+1)$

5. 略

6. $m=-4$, $k=-2$

7. 略

8. 略

9. $\begin{vmatrix} 1 & -5 & 1 & 3 \\ 1 & 1 & 3 & 4 \\ 1 & 1 & 2 & 3 \\ 1 & 1 & 1 & 1 \end{vmatrix} = 6$

10. $\lambda_1=-1, \lambda_2=-2$

11. (1) 用数学归纳法证明；

(2) 当 $a \neq 0$ 时，方程组有唯一解，$x_1 = \frac{D_{n-1}}{D_n} = \frac{n}{(n+1)a}$

2.7　习　　题

1.(1)B；(2)C；(3)D；(4)A；(5)D；(6)C；(7)B；(8)C

2.(1) -27；(2)2；(3) $\frac{1}{9}$；(4) $\frac{1}{2}$

3. $a=6$, $b=8$

4. $\boldsymbol{C}^n = \begin{pmatrix} 3^{n-1} & \frac{3^{n-1}}{2} & 3^{n-2} \\ 2 \cdot 3^{n-1} & 3^{n-1} & 2 \cdot 3^{n-2} \\ 3^n & \frac{3^n}{2} & 3^{n-1} \end{pmatrix}$. 提示：$\boldsymbol{B}^{\mathrm{T}}\boldsymbol{A} = \begin{pmatrix} 1 & \frac{1}{2} & \frac{1}{3} \end{pmatrix} \begin{pmatrix} 1 \\ 2 \\ 3 \end{pmatrix} = 3$，

$$C^e = (AB^{\mathrm{T}})(AB^{\mathrm{T}}) = A(B^{\mathrm{T}}A)B^{\mathrm{T}} = 3AB^{\mathrm{T}}, \cdots, C^n = 3^{n-1}AB^{\mathrm{T}}$$

5. $A^{11} = \dfrac{1}{3}\begin{pmatrix} 1 & +2^{13} & 4 & +2^{13} \\ -1 & -2^{11} & -4 & -2^{11} \end{pmatrix}$

6. $A + B = \begin{pmatrix} 4 & 0 & 0 \\ 0 & 7 & 0 \\ 0 & 0 & 7 \end{pmatrix}$

7. $|A + 2B| - 3^4$

8. (1) $\dfrac{1}{27}a^2$； (2) $\dfrac{1}{8}a$； (3) $\left(\dfrac{1}{2a} - \dfrac{1}{3}\right)^3 a^2$

3.5 习 题

1. 3
2. 线性相关
3. B
4. $a = 15$, $b = 5$
5. A. 提示:$R(\text{Ⅰ}) \leqslant R(\text{Ⅱ})$
6. $a = 6$. 提示:$R(\boldsymbol{a}_1, \boldsymbol{a}_2, \boldsymbol{a}_3) = 2$
7. D. 提示:由 $R(A) = 3$,得 $R(A^*) = 1$
8. $a = -3$ 无解,$a \neq -2, -3$ 有唯一解,$a = 2$ 有无穷多解,其通解为 $c\begin{pmatrix} 5 \\ -4 \\ 1 \end{pmatrix} + \begin{pmatrix} 0 \\ 1 \\ 0 \end{pmatrix}$

4.5 习 题

1. (1) $\begin{pmatrix} -\dfrac{7}{11} & \dfrac{8}{11} & \dfrac{3}{11} \\ \dfrac{1}{11} & \dfrac{2}{11} & -\dfrac{2}{11} \\ \dfrac{19}{11} & -\dfrac{17}{11} & -\dfrac{5}{11} \end{pmatrix}$； (2) $\begin{pmatrix} \dfrac{13}{35} & -\dfrac{2}{35} & \dfrac{8}{35} \\ \dfrac{1}{5} & \dfrac{1}{5} & \dfrac{1}{5} \\ -\dfrac{11}{35} & -\dfrac{1}{35} & \dfrac{4}{35} \end{pmatrix}$

2. (1) $X = \begin{pmatrix} \dfrac{13}{7} & \dfrac{2}{7} \\ \dfrac{10}{7} & -\dfrac{13}{7} \\ \dfrac{18}{7} & -\dfrac{1}{7} \end{pmatrix}$； (2) $X = \begin{pmatrix} \dfrac{1}{7} & \dfrac{20}{7} & \dfrac{1}{7} \\ -\dfrac{8}{7} & \dfrac{57}{7} & \dfrac{20}{7} \end{pmatrix}$

3. (1)3； (2)3

4. (1) $\begin{pmatrix} x_1 \\ x_2 \\ x_3 \\ x_4 \end{pmatrix} = c_1\begin{pmatrix} -\dfrac{3}{7} \\ \dfrac{2}{7} \\ 1 \\ 0 \end{pmatrix} + c_2\begin{pmatrix} -\dfrac{13}{7} \\ \dfrac{4}{7} \\ 0 \\ 1 \end{pmatrix}$ $(\forall c_1, c_2 \in \mathbf{R})$； (2) 只有零解

5. $a=0$ 或 $b=1$

6. (1) 无解； (2) $\begin{pmatrix}x_1\\x_2\\x_3\\x_4\end{pmatrix}=c_1\begin{pmatrix}-\frac{9}{7}\\\frac{1}{7}\\1\\0\end{pmatrix}+c_2\begin{pmatrix}\frac{1}{2}\\-\frac{1}{2}\\0\\1\end{pmatrix}+\begin{pmatrix}1\\-2\\0\\0\end{pmatrix}$ $(\forall c_1,c_2\in\mathbf{R})$

7. (1) 当 $\lambda\neq 0$ 且 $\lambda\neq -1$ 且 $\lambda\neq 1$ 时，方程组有唯一解；

(2) 当 $\lambda=0$ 或 $\lambda=-1$ 时，方程组无解；

(3) 当 $\lambda=1$ 时，方程组有无穷多解，$\begin{pmatrix}x_1\\x_2\\x_3\end{pmatrix}=c\begin{pmatrix}-1\\1\\0\end{pmatrix}+\begin{pmatrix}1\\0\\1\end{pmatrix}$ $(\forall c\in\mathbf{R})$

8. D

9. A

10. 当 $a=1$ 时，可求得公共解为 $\boldsymbol{\xi}=k(1,0,-1)^{\mathrm{T}}$，$k$ 为任意常数；

当 $a=2$ 时，可求得公共解为 $\boldsymbol{\xi}=(0,1,-1)^{\mathrm{T}}$

11. C

5.6 习　　题

1. (1) $\lambda_1=-1$，$\boldsymbol{p}_1=\begin{pmatrix}4\\3\end{pmatrix}$，$k_1\boldsymbol{p}_1(k_1\neq 0)$ 为属于 λ_1 的全部特征向量；

$\lambda_2=6$，$\boldsymbol{p}_2=\begin{pmatrix}-1\\1\end{pmatrix}$，$k_2\boldsymbol{p}_2(k_2\neq 0)$ 为属于 λ_2 的全部特征向量.

(2) $\lambda_1=1$，$\boldsymbol{p}_1=\begin{pmatrix}-1\\0\\1\end{pmatrix}$，$k_1\boldsymbol{p}_1(k_1\neq 0)$ 为属于 λ_1 的全部特征向量；

$\lambda_2=\lambda_3=2$，$\boldsymbol{p}_2=\begin{pmatrix}1\\0\\0\end{pmatrix}$，$\boldsymbol{p}_3=\begin{pmatrix}0\\-1\\1\end{pmatrix}$，$k_2\boldsymbol{p}_2+k_3\boldsymbol{p}_3(k_2,k_3$ 不同时为0) 为属于 $\lambda_2=\lambda_3=2$ 的全部特征向量.

(3) $\lambda_1=1$，$\boldsymbol{p}_1=\begin{pmatrix}-1\\0\\1\end{pmatrix}$，$k_1\boldsymbol{p}_1(k_1\neq 0)$ 为属于 λ_1 的全部特征向量；

$\lambda_2=\lambda_3=3$，$\boldsymbol{p}_2=\begin{pmatrix}1\\0\\1\end{pmatrix}$，$\boldsymbol{p}_3=\begin{pmatrix}0\\1\\0\end{pmatrix}$，$k_2\boldsymbol{p}_2+k_3\boldsymbol{p}_3(k_2,k_3$ 不同时为0) 为属于 $\lambda_2=\lambda_3=3$ 的全部特征向量

2. 略

3. 3. 提示：A 的特征值为 1,2,2，则存在可逆矩阵 $\boldsymbol{P}$，使得

$$P^{-1}AP=\begin{pmatrix}1&&\\&2&\\&&2\end{pmatrix}=B,\quad A=PBP^{-1},\quad A^{-1}=PB^{-1}P^{-1},$$

$$|4A^{-1}-E|=|4PB^{-1}P^{-1}-E|=|4PB^{-1}P^{-1}-PEP^{-1}|$$
$$=|P||4B^{-1}-E||P^{-1}|=|4B^{-1}-E|.$$

因为 $B^{-1}=\begin{pmatrix}1&&\\&\frac{1}{2}&\\&&\frac{1}{2}\end{pmatrix}$,所以 $|4B^{-1}-E|=\begin{vmatrix}3&&\\&1&\\&&1\end{vmatrix}=3$

4. 1. 提示:由题得 $A(\boldsymbol{a}_1,\boldsymbol{a}_2)=(A\boldsymbol{a}_1,A\boldsymbol{a}_2)=(0,2\boldsymbol{a}_1+\boldsymbol{a}_2)=(\boldsymbol{a}_1,\boldsymbol{a}_2)\begin{pmatrix}0&2\\0&1\end{pmatrix}$. 记 $P=(\boldsymbol{a}_1,\boldsymbol{a}_2)$,因 $\boldsymbol{a}_1,\boldsymbol{a}_2$ 线性无关,故 $P=(\boldsymbol{a}_1,\boldsymbol{a}_2)$ 是可逆矩阵. 因此,$AP=P\begin{pmatrix}0&2\\0&1\end{pmatrix}$,从而 $P^{-1},AP=\begin{pmatrix}0&2\\0&1\end{pmatrix}$. 记 $B=\begin{pmatrix}0&2\\0&1\end{pmatrix}$,则 A 与 B 相似,从而有相同的特征值.

因为 $|\lambda E-B|=\begin{vmatrix}\lambda&-2\\0&\lambda-1\end{vmatrix}=\lambda(\lambda-1),\lambda=0,\lambda=1$,故 A 的非零特征值为 1

5. 提示:通过证明 $[A^2x,x]=0$,得到 $\|Ax\|^2=0$,从而 $Ax=\boldsymbol{0}$

6. $\frac{4}{3}$. 提示:$|A|=-4$

7. B 的特征值为 $-4,-2,-10$,$|B|=-80$

8. $A=\begin{pmatrix}1&-1&1\\-2&1&2\\-2&-1&4\end{pmatrix}$,$A^3=\begin{pmatrix}1&-7&7\\-26&1&26\\-26&-7&34\end{pmatrix}$

9. (1)$a=-5,b=6$; (2) $P=\begin{pmatrix}1&1&1\\-1&0&-2\\0&1&3\end{pmatrix}$

10. B. 提示:$\begin{pmatrix}1&a&1\\a&b&a\\1&a&1\end{pmatrix}$与$\begin{pmatrix}2&0&0\\0&b&0\\0&0&0\end{pmatrix}$相似的充要条件为$\begin{pmatrix}1&a&1\\a&b&a\\1&a&1\end{pmatrix}$的特征值为 $2,b,0$,

又 $|\lambda E-A|=\begin{vmatrix}\lambda-1&-a&-1\\-a&\lambda-b&-a\\-1&-a&\lambda-1\end{vmatrix}=\lambda[(\lambda-b)(\lambda-2)-2a^2]$,从而 $a=0$,b 为任意实数.

11. (1)A 的特征值分别为 $1,-1,0$;对应的特征向量分别为 $\begin{pmatrix}1\\0\\1\end{pmatrix},\begin{pmatrix}-1\\0\\1\end{pmatrix},\begin{pmatrix}0\\1\\0\end{pmatrix}$.

提示：$A\begin{pmatrix}-1\\0\\1\end{pmatrix}=-\begin{pmatrix}-1\\0\\1\end{pmatrix}$，$A=\begin{pmatrix}1\\0\\1\end{pmatrix}=\begin{pmatrix}1\\0\\1\end{pmatrix}$，可知 1，−1，均为 $\boldsymbol{A}$ 的特征值，$\boldsymbol{\xi}_1=\begin{pmatrix}1\\0\\1\end{pmatrix}$ 与 $\boldsymbol{\xi}_2=\begin{pmatrix}-1\\0\\1\end{pmatrix}$ 分别为它们的特征向量. 而 $R(\boldsymbol{A})=2$，可知 0 也是 $\boldsymbol{A}$ 的特征值，且 0 的特征向量与 $\boldsymbol{\xi}_1,\boldsymbol{\xi}_2$ 正交，设 $\boldsymbol{\xi}_3=\begin{pmatrix}x_1\\x_2\\x_3\end{pmatrix}$ 为 0 的特征向量，有 $\begin{cases}x_1+x_3=0\\-x_1+x_3=0\end{cases}$，得 $\boldsymbol{\xi}_3=k\begin{pmatrix}0\\1\\0\end{pmatrix}$；所以，$\boldsymbol{A}$ 的特征值分别为 1，−1，0，对应的特征向量分别为 $\begin{pmatrix}1\\0\\1\end{pmatrix}$，$\begin{pmatrix}-1\\0\\1\end{pmatrix}$，$\begin{pmatrix}0\\1\\0\end{pmatrix}$.

(2)$\boldsymbol{A}=\begin{pmatrix}0&0&1\\0&0&0\\1&0&0\end{pmatrix}$

提示：$\boldsymbol{A}=\boldsymbol{P}\boldsymbol{\Lambda}\boldsymbol{P}^{-1}=\begin{pmatrix}1&-1&0\\0&0&1\\1&1&0\end{pmatrix}\begin{pmatrix}1&&\\&-1&\\&&0\end{pmatrix}\begin{pmatrix}1&-1&0\\0&0&1\\1&1&0\end{pmatrix}^{-1}=\begin{pmatrix}0&0&1\\0&0&0\\1&0&0\end{pmatrix}$

12. (1)$\boldsymbol{P}=\frac{1}{3}\begin{pmatrix}1&2&2\\2&1&-2\\2&-2&1\end{pmatrix}$，$\boldsymbol{P}^{-1}\boldsymbol{A}\boldsymbol{P}=\boldsymbol{\Lambda}=\begin{pmatrix}-2&&\\&1&\\&&4\end{pmatrix}$；

(2)$\boldsymbol{P}=\begin{pmatrix}-\frac{1}{\sqrt{2}}&\frac{1}{\sqrt{6}}&\frac{1}{\sqrt{3}}\\\frac{1}{\sqrt{2}}&\frac{1}{\sqrt{6}}&\frac{1}{\sqrt{3}}\\0&-\frac{2}{\sqrt{6}}&\frac{1}{\sqrt{3}}\end{pmatrix}$，$\boldsymbol{P}^{-1}\boldsymbol{A}\boldsymbol{P}=\boldsymbol{\Lambda}=\begin{pmatrix}-1&&\\&-1&\\&&5\end{pmatrix}$

13. $a=-1$，$\boldsymbol{Q}=\begin{pmatrix}\frac{1}{\sqrt{6}}&\frac{1}{\sqrt{3}}&-\frac{1}{\sqrt{2}}\\\frac{2}{\sqrt{6}}&-\frac{1}{\sqrt{3}}&0\\\frac{1}{\sqrt{6}}&\frac{1}{\sqrt{3}}&\frac{1}{\sqrt{2}}\end{pmatrix}$，$\boldsymbol{\Lambda}=\begin{pmatrix}2&&\\&5&\\&&-4\end{pmatrix}$

提示：$\boldsymbol{A}\begin{pmatrix}1\\2\\1\end{pmatrix}=\begin{pmatrix}0&-1&4\\-1&3&a\\4&a&0\end{pmatrix}\begin{pmatrix}1\\2\\1\end{pmatrix}=\lambda_1\begin{pmatrix}1\\2\\1\end{pmatrix}$，解得 $a=-1$，$\lambda_1=2$. 由于 $|\lambda\boldsymbol{E}-\boldsymbol{A}|=$

0,解得 $\boldsymbol{A}$ 的特征值为 2,5,−4. 属于 5 的单位特征向量为 $\frac{1}{\sqrt{3}}(1,-1,1)^{\mathrm{T}}$,属于 −4 的单位特征向量为 $\frac{1}{\sqrt{2}}(-1,0,1)^{\mathrm{T}}$,令 $\boldsymbol{Q}=\begin{pmatrix}\frac{1}{\sqrt{6}} & \frac{1}{\sqrt{3}} & -\frac{1}{\sqrt{2}}\\ \frac{2}{\sqrt{6}} & -\frac{1}{\sqrt{3}} & 0\\ \frac{1}{\sqrt{6}} & \frac{1}{\sqrt{3}} & \frac{1}{\sqrt{2}}\end{pmatrix}$,则有 $\boldsymbol{Q}^{\mathrm{T}}\boldsymbol{A}\boldsymbol{Q}=\begin{pmatrix}2 & & \\ & 5 & \\ & & -4\end{pmatrix}$,故 $\boldsymbol{Q}$ 为所求

6.5 习　　题

1. (1)B. 提示:由 $|\lambda\boldsymbol{E}-\boldsymbol{A}|=\lambda(\lambda-3)^2$,可得 $\lambda_1=\lambda_2=3,\lambda_3=0$,所以 $\boldsymbol{A}$ 的特征值为 3,3,0;而 $\boldsymbol{B}$ 的特征值为 1,1,0,所以 $\boldsymbol{A}$ 与 $\boldsymbol{B}$ 不相似,但是 $\boldsymbol{A}$ 与 $\boldsymbol{B}$ 的秩均为 2,且正惯性指数都为 2,所以 $\boldsymbol{A}$ 与 $\boldsymbol{B}$ 合同;

(2)A,提示:$\boldsymbol{A}$ 与 $\boldsymbol{B}$ 有相同的特征值;

(3)D,提示:$|\lambda\boldsymbol{E}-\boldsymbol{A}|=0$,则 $\lambda_1=-1,\lambda_2=3$,记 $\boldsymbol{D}=\begin{pmatrix}1 & -2\\ -2 & 1\end{pmatrix}$,则 $|\lambda\boldsymbol{E}-\boldsymbol{D}|=0$,有 $\lambda_1=-1,\lambda_2=3$,正负惯性指数相同;

(4)B,提示:先确定矩阵 $\boldsymbol{A}$ 的正惯性指数,考察与 $\boldsymbol{A}$ 的秩和正惯性指数相同的矩阵

2. (1)$f=x_1^2+x_2^2+2x_3^2-2x_1x_2+4x_1x_3+2x_2x_3$;

(2)$\boldsymbol{A}=\begin{pmatrix}2 & 2 & 0\\ 2 & 1 & -\frac{7}{2}\\ 0 & -\frac{7}{2} & -5\end{pmatrix}$;

(3)2,1. 提示:用配方法化为标准形;

(4)2. 提示:$\boldsymbol{A}=\begin{pmatrix}1 & 1 & 1\\ 1 & 3 & 1\\ 1 & 3 & 1\end{pmatrix}$,A 的特征值 $\lambda_1=0,\lambda_2=1,\lambda_3=4$;

3. (1) $\boldsymbol{x}=\boldsymbol{C}\boldsymbol{z}$, $\boldsymbol{C}=\begin{pmatrix}1 & 1 & -1\\ 1 & -1 & 3\\ 0 & 0 & 1\end{pmatrix}$,$f=z_1^2-z_2^2+3z_3^2$;

(2)$\boldsymbol{x}=\boldsymbol{C}\boldsymbol{y}$,$\boldsymbol{C}=\begin{pmatrix}1 & -1 & 1\\ 1 & 1 & -2\\ 0 & 0 & 1\end{pmatrix}$,$f=y_1^2+y_2^2$

4. (1) $\boldsymbol{x}=\boldsymbol{P}\boldsymbol{y}, \boldsymbol{P}=\begin{pmatrix}1 & 0 & 0\\ 0 & -\frac{2}{\sqrt{5}} & \frac{1}{\sqrt{5}}\\ 0 & \frac{1}{\sqrt{5}} & \frac{2}{\sqrt{5}}\end{pmatrix}, f=-2y_1^2-2y_2^2+3y_3^2$;

(2) $\boldsymbol{x}=\boldsymbol{P}\boldsymbol{y}, \boldsymbol{P}=\begin{pmatrix}\frac{2}{3} & \frac{1}{\sqrt{2}} & \frac{1}{3\sqrt{2}}\\ \frac{1}{3} & 0 & -\frac{4}{3\sqrt{2}}\\ \frac{2}{3} & -\frac{1}{\sqrt{2}} & \frac{1}{3\sqrt{2}}\end{pmatrix}, f=-2y_1^2+7y_2^2+7y_3^2$

5. (1) $-\sqrt{2}<t<\sqrt{2}$;(2) $-2<t<0$

6. $a=2$, $\boldsymbol{x}=\boldsymbol{P}\boldsymbol{y}$, $\boldsymbol{P}=\begin{pmatrix}0 & 1 & 0\\ \frac{1}{\sqrt{2}} & 0 & \frac{1}{\sqrt{2}}\\ -\frac{1}{\sqrt{2}} & 0 & \frac{1}{\sqrt{2}}\end{pmatrix}$

7. 提示:利用正定矩阵特征值的性质

8. 提示:利用矩阵行列式与特征值之关系及正定矩阵特征值的性质

9. $-\sqrt{2}<k<\sqrt{2}$,提示:使二次曲面是椭球面,当且仅当二次型为正定二次型

10. 提示:利用正交变换化二次型为标准形,同时注意正交变换可以保持变换前后向量长度不变的性质

参 考 文 献

[1] 谢彦红．线性代数及其MATLAB应用［M］．北京：化学工业出版社，2015.

[2] 杨威，高淑萍．线性代数机算与应用指导（MATLAB版）［M］．西安：西安电子科技大学出版社，2013.

[3] 李富民，白黎．线性代数实验（MATLAB版）［M］．西安：西安电子科技大学出版社，2011.

[4] 欧阳克智，李富民．简明线性代数［M］. 2版．北京：高等教育出版社，2010.

[5] 杨威，高淑萍. 线性代数机算与应用指导（MATLAB版）［M］. 西安：西安电子科技大学出版社，2009.

[6] 陈怀琛，高淑萍，杨威．工程线性代数（MATLAB版）［M］. 北京：电子工业出版社，2009.